高等职业教育土建施工类专业系列教材

中国特色高水平高职学校建设成果

首批国家级职业教育教师教学创新团队"BIM+装配式建筑"新型态教材

建筑工程质量与安全管理

主　编　李科兴　宁　波

副主编　徐珍珍　徐　鹏

图书在版编目(CIP)数据

建筑工程质量与安全管理 / 李科兴，宁波主编. —
西安：西安交通大学出版社，2022.2(2024.8 重印)
ISBN 978-7-5693-2260-6

Ⅰ. ①建… Ⅱ. ①李… ②宁… Ⅲ. ①建筑工程-工程质量-质量管理-教材 ②建筑工程-安全管理-教材
Ⅳ. ①TU712.3 ②TU714

中国版本图书馆 CIP 数据核字(2021)第 160609 号

书　　名　建筑工程质量与安全管理
　　　　　Jianzhu Gongcheng Zhiliang yu Anquan Guanli
主　　编　李科兴　宁　波
策划编辑　曹　昳
责任编辑　曹　昳　张明玥
责任校对　魏　萍

出版发行　西安交通大学出版社
　　　　　(西安市兴庆南路 1 号　邮政编码 710048)
网　　址　http://www.xjtupress.com
电　　话　(029)82668357　82667874(市场营销中心)
　　　　　(029)82668315(总编办)
传　　真　(029)82668280
印　　刷　西安五星印刷有限公司

开　　本　787 mm×1092 mm　1/16　印张 19.25　字数 406 千字
版次印次　2022 年 2 月第 1 版　2024 年 8 月第 3 次印刷
书　　号　ISBN 978-7-5693-2260-6
定　　价　41.70 元

如发现印装质量问题，请与本社市场营销中心联系。
订购热线：(029)82665248　(029)82667874
投稿热线：(029)82668502
读者信箱：phoe@qq.com

国家级职业教育教师教学创新团队
中国特色高水平高职院校重点建设专业

建筑工程技术专业系列教材编审委员会

本书编写团队

主　编	李科兴	陕西铁路工程职业技术学院
	宁　波	陕西铁路工程职业技术学院
副主编	徐珍珍	陕西铁路工程职业技术学院
	徐　鹏	中铁建工集团安装公司
参　编	于本田	兰州交通大学
	祝向群	安庆职业术学院
主　审	李军君	中环建工管理有限公司

前言

PREFACE

本书是依据高职高专的特点，从培养应用型人才这一目标出发，以教学内容、课程体系和教学方法的改革为核心，本着“以应用为目的，以必需、够用为度”的原则，邀请企业技术专家，引入行业标准，同时参考融“教、学、做”为一体理念进行编写的。

本书主要包括建筑工程质量管理和建筑工程安全管理两部分。根据建筑工程质量与安全管理方面的法律法规和技术标准，结合房屋建筑工程的相关专业知识，对建筑工程质量与安全管理的理论、要求、方法等作了详细的阐述，对建筑工程质量管理基础、施工项目质量控制的方法和手段、施工质量控制措施、工程质量评定及验收、安全理念、施工安全技术管理、高层作业安全技术、脚手架安全技术、施工现场临时用电安全管理，施工现场消防安全管理、安全生产管理基本知识等都作了一定的介绍。

本书具有较强的针对性、实用性和通用性，理论联系实际，注重实践能力，便于学生学习。本书可作为高职高专土建类专业及相关专业的教学用书，也可作为建筑施工企业施工员、质量员、安全员等技术岗位的培训用书，还可供从事建筑工程等技术工作的人员参考。

本书由陕西铁路工程职业技术学院李科兴、宁波主编，陕西铁路工程职业技术学院徐珍珍、中铁建工集团安装公司徐鹏担任副主编，兰州交通大学土木学院于本田、安庆职业技术学院祝向群参编，中环建工管理有限公司李军君担任主审。本书在编写中参考了大量的规范专业文献和资料。

由于编者水平有限，不足之处在所难免，恳请广大师生和读者批评指正，编者不胜感激。

编　者

2021 年 8 月

前言

目录

CONTENTS

项目1 建筑工程质量管理基本知识

项目描述

某建筑公司承接了一栋学生宿舍楼的施工任务，该学生宿舍楼位于城市中心区，建筑面积24 112 m^2，地下1层，地上17层，局部9层。现需要质量员对该学生宿舍楼工程进行施工质量控制、质量验收。

知识目标

（1）了解质量与建筑工程质量的定义、工程质量控制的基本原则；了解参与建筑工程施工质量检查与验收各方主体的组成；了解现行验收规范的特点。

（2）掌握施工质量检查和验收的基本思想和思路；掌握分项工程检验批、分项工程、分部工程、单位工程验收程序和组织。

（3）掌握工程质量形成过程与影响因素；掌握建筑工程质量控制的概念；掌握施工项目质量控制的三个阶段；掌握施工项目质量控制的方法。

（4）熟悉建筑工程质量控制的基本原理；熟悉质量不符合要求时的处理和严禁验收的规定。

技能目标

（1）根据需要检查的项目，选择工程质量检查和验收的方法。

（2）能正确地对建筑工程施工质量验收的层次进行划分。

（3）能用建筑工程质量控制的基本原理对施工项目进行质量控制。

素质目标

（1）具有良好的沟通交流能力、团队合作精神和创新意识。

（2）具有爱护环境、尊重自然、保护环境的生态意识。

（3）具有规范操作意识，精益求精、一丝不苟的工匠精神和爱岗敬业的责任意识。

（4）具有法律法规意识。

任务1　建筑工程质量

任务描述

建筑工程质量管理关系到人民能否安全、舒适和健康地生活，关系到工业生产能否安全、有序地进行。建筑工程质量管理是一个系统工程，涉及企业管理的各层次和生产现场的每一个操作环节，必须建立有效的质量管理体系并保持有效运行，才能保证企业质量管理水平不断提高，在激烈的市场竞争中立于不败之地。

接收项目后通过了解质量与建筑工程质量的概念、工程质量控制的基本原则，掌握建筑工程项目质量控制的方法、质量控制的三阶段，需要各小组对学生宿舍楼工程进行质量控制。

一、质量

根据《质量管理体系基础和术语》，质量被定义为“客体的若干固有特性满足要求的程度”。这个定义可以从以下几个方面来理解。

(1)质量不仅是指产品质量，也可以是某项活动或过程的工作质量，还可以是质量管理体系运行的质量。

(2)客体是指可感知或想象的任何事物，如产品、服务、人、组织、体系、资源等。

(3)质量特性是固有的特性，是通过产品、过程或体系设计和开发及其后在实现过程中形成的属性。固有的意思是指在某事或某物中本来就有的，尤其是那种永久的特性。被赋予的特性并非是产品、过程或体系的固有特性，不是它们的质量特性。对产品而言，如钢材的化学成分、力学性能等都是产品本身所固有的特性，而价格和交货期都是被赋予的特性。对体系来说，质量管理体系的固有特性就是其实现质量方针和质量目标的能力。

(4)满足要求是指满足顾客和相关方的要求，包括法律法规及标准规范的要求。

二、工程质量

建设工程质量简称工程质量。工程质量是指工程满足业主需要的，符合国家法律法规、技术规范标准、设计文件及合同规定的特性综合。

建设工程质量的特点是由建设工程本身和建设生产的特点决定的。建设工程(产品)及其生产的特点：一是产品的固定性，生产的流动性；二是产品的多样性，生产的单件性；三是产品形体庞大、高投入、生产周期长、具有风险性；四是产品的社会性，生产的外部约束性。正是由于上述建设工程的特点而形成了工程质量的以下特点：

1)影响因素多

建设工程质量受到多种因素的影响,如决策、设计、材料、机具设备、施工方法、施工工艺、技术措施、人员素质、工期、工程造价等,这些因素直接或间接地影响工程项目质量。

2)质量波动大

由于建筑生产的单件性、流动性,工程质量容易产生波动且波动较大。同时由于影响工程质量的偶然性因素和系统性因素比较多,其中任一因素发生变动,都会使工程质量产生波动。为此,要严防出现系统性因素的质量变异,要把质量波动控制在由偶然性因素引起的范围内。

3)质量的隐蔽性

建设工程在施工过程中,分项工程交接多、中间产品多、隐蔽工程多,因此质量存在隐蔽性。若在施工中不及时进行质量检查,事后只能从表面上检查,就很难发现内在的质量问题,这样就容易产生错误判断,即第一类错误判断(将合格品判为不合格品)和第二类错误判断(将不合格品判为合格品)。

4)终检的局限性

工程项目的终检(竣工验收)无法进行工程内在质量的检验,无法发现隐蔽的质量缺陷。因此,工程项目的终检存在一定的局限性。这就要求工程质量控制应以预防为主,重视事先、事中控制,防患于未然。

5)评价方法的特殊性

工程质量的检查评定及验收是按检验批、分项工程、分部工程、单位工程进行的。隐蔽工程在隐蔽前要检查,检查合格后验收,涉及结构安全的试块、试件,以及有关材料应按规定进行见证取样检测,贯彻"验评分离、强化验收、完善手段、过程控制"的指导思想。

三、工程质量形成

工程建设的不同阶段,对工程项目质量的形成起着不同的作用和影响。

1)项目可行性研究

通过项目的可行性研究,确定项目建设的可行性,并在可行的情况下,通过多方案比较,从中选择出最佳建设方案,作为项目决策和设计的依据。在此阶段,需要确定工程项目的质量要求,并与投资目标相协调。因此,项目的可行性研究直接影响项目的决策质量和设计质量。

2)项目决策

项目决策阶段通过项目可行性研究和项目评估,对项目的建设方案作出决策,项目决策阶段对工程质量的影响主要是确定工程项目应达到的质量目标和水平。

3)工程勘察、设计

工程地质勘察是为建设场地的选择和工程的设计与施工提供地质资料依据。而工程设计是根据建设项目总体需要和地质报告,对工程的外形和内在的实体进行策划、研究、构思、设计和描绘，形成设计说明书和图纸等相关文件，使得质量目标和水平具体化，为施工提供直接依据。

4)工程施工

工程施工活动决定了设计意图能否体现，它直接关系到工程能否达到安全可靠、能否保证使用功能，以及外表观感能否体现建筑设计的艺术水平。在一定程度上，工程施工是形成实体质量的决定性环节。

5)工程竣工验收

工程竣工验收就是对项目施工阶段的质量通过检查评定、试车运转，考核项目质量是否达到设计要求，是否符合决策阶段确定的质量目标和水平，并通过验收确保工程项目的质量。因此工程竣工验收能保证最终产品的质量。

四、影响工程质量的因素

影响工程质量的因素很多，但归纳起来主要有五个方面，即 Man(人)、Material(材料)、Machine(机械)、Method(方法)和 Environment(环境)，简称为 4M1E 因素。

1)人员素质

人是生产经营活动的主体，也是工程项目建设的决策者、管理者、操作者，人员的素质将直接或间接地对规划、决策、勘察、设计和施工的质量产生影响。因此，建筑行业实行经营资质管理和各类专业从业人员持证上岗制度是保证人员素质的重要管理措施。

2)工程材料

工程材料选用是否合理、产品是否合格、材质是否经过检验、保管使用是否得当等，都将直接影响建设工程的结构刚度和强度，影响工程外表及观感，影响工程的使用功能和使用安全。

3)机械设备

机械设备可分为两类：一类是指组成工程实体及配套的工艺设备和各类机具，它们构成了建筑设备安装工程或工业设备安装工程，形成完整的使用功能。另一类是指施工过程中使用的各类机具设备，包括大型垂直与横向运输设备、各类操作工具、各种施工安全设施、各类测量仪器和计量器具等，简称施工机具设备，它们是施工生产的手段。机具设备对工程质量也有重要的影响。

4)方法

在工程施工中，施工方案是否合理，施工工艺是否先进，施工操作是否正确，都将对工程质量产生重大的影响。大力推进新技术、新工艺、新方法，不断提高工艺技术水平，是保证工程质量稳定提高的重要因素。

5)环境条件

环境条件是指对工程质量特性起重要作用的环境因素，包括工程技术环境、工程作业环境、工程管理环境、周边环境等。环境条件往往对工程质量产生特定的影响。加强环境管理，改进作业条件，把握好技术环境，辅以必要的措施，是控制环境对质量影响的重要保证。

五、工程质量控制

1.质量控制

1)质量控制的定义

GB/T 19000—2016 标准中对质量控制的定义：质量控制是质量管理的一部分，致力于满足质量要求。

2)质量控制的目标

质量控制的目标就是确保产品的质量能满足法律法规和用户所提出的质量要求。质量控制的范围涉及产品质量形成全过程的各个环节。

3)质量控制的理解

①质量控制的对象是过程，结果是能使被控制对象达到规定的质量要求；

②作业技术是指专业技术和管理技术结合在一起，作为控制手段和方法的总称；

③质量控制应贯穿于质量形成的全过程(即质量环的所有环节)；

④质量控制的目的在于通过采取预防措施来排除质量环节各个阶段产生问题的原因，以获得期望的经济效益；

⑤质量控制的具体实施主要是通过对影响产品质量的各环节、各因素制订相应的计划和程序，对发现的问题和不合格情况进行及时处理，并采取有效的纠正措施。

4)质量控制的工作内容

质量控制的工作内容包括了作业技术和活动。这些活动包括：

①确定控制对象(一道工序、设计过程、制造过程等)；

②规定控制标准(详细说明控制对象应达到的质量要求)；

③制订具体的控制方法(工艺规程)；

④明确所采用的检验方法及检验手段；

⑤实际进行检验；

⑥说明实际与标准之间存在差异的原因；

⑦为解决差异而采取的行动。

2.工程质量控制

工程质量控制是指致力于满足工程质量要求，即为了保证工程质量满足工程合同、规范标准所采取的一系列措施、方法和手段。工程质量要求主要表现为工程合同、设计文件、技术规范标准规定的质量标准。

(1)工程质量控制按其实施主体不同,分为自控主体和监控主体。前者是指直接从事质量职能的活动者,后者是指对他人质量能力和效果的监控者,主要包括以下四个方面:

①政府的工程质量控制。政府属于监控主体,它主要是以法律法规为依据,通过抓工程报建、施工图设计文件审查、施工许可、材料和设备准用、工程质量监督、重大工程竣工验收备案等主要环节进行的。

②工程监理单位的质量控制。工程监理单位属于监控主体,它主要是受建设单位的委托,代表建设单位对工程实施全过程进行的质量监督和控制,包括勘察设计阶段质量控制、施工阶段质量控制,以满足建设单位对工程质量的要求。

③勘察设计单位的质量控制。勘察设计单位属于自控主体,它是以法律法规及合同为依据,对勘察设计的整个过程进行控制,包括工作程序、工作进度、费用及成果文件所包含的功能和使用价值,以满足建设单位对勘察设计质量的要求。

④施工单位的质量控制。施工单位属于自控主体,它是以工程合同、设计图纸和技术规范为依据,对施工准备阶段、施工阶段、竣工验收交付阶段等施工全过程的工作质量和工程质量进行的控制,以达到合同文件规定的质量要求。

(2)工程质量控制按工程质量形成过程,包括全过程各阶段的质量控制,主要有:

①决策阶段的质量控制,主要是通过项目的可行性研究,选择最佳建设方案,使项目的质量要求符合业主的意图,并与投资目标相协调,与所在地区环境相协调。

②工程勘察设计阶段的质量控制,主要是要选择好勘察设计单位,要保证工程设计符合决策阶段确定的质量要求,保证设计符合有关技术规范和标准的规定,要保证设计文件、图纸符合现场和施工的实际条件,其深度能满足施工的需要。

③工程施工阶段的质量控制,一是择优选择能保证工程质量的施工单位;二是严格监督承建商按设计图纸进行施工,并形成符合合同文件规定质量要求的最终建筑产品。

六、施工质量控制

1.施工质量控制定义

施工质量控制是为达到工程项目质量要求而采取的作业技术和活动,为了保证达到工程合同、设计文件、技术规程规定的质量标准而采取的一系列措施、手段和方法。

2.施工质量控制的基本原则

1)以人为核心

人是质量的创造者,工程质量过程管理必须“以人为核心”,把人作为管理的动力,调动人的积极性、创造性;增强人的责任感,树立“质量第一”的观念,提高人的素质,避免人的失误;以人的工作质量保证工序质量、促进工程质量。

2)以预防为主

"以预防为主",就是要从对工程质量的事后检查把关,转向对工程质量的事前控制、事中控制;从对产品的质量检查,转向对工作质量的检查、对工序质量的检查、对中间产品的质量检查。这是确保工程质量的有效措施。

3)坚持质量标准、严格检查,一切用数据说话

质量标准是评价产品质量的尺度,数据是质量控制的基础和依据。产品的质量是否符合质量标准,必须通过严格检查,用数据说话。

4)贯彻科学、公正、守法的职业规范

建筑施工管理人员,在处理问题过程中,应尊重客观事实,尊重科学;公正,不持偏见;遵纪守法,杜绝不正之风;既要坚持原则、严格要求、秉公办事,又要谦虚谨慎、实事求是。

3.施工质量控制内容

根据工程质量形成阶段的时间,施工阶段的质量控制可以分为事前质量控制、事中质量控制和事后质量控制。

1)事前质量控制

事前质量控制即在施工前进行质量控制,其具体内容有以下几个方面:

①审查各承办单位的技术资质;

②对工程所需材料、构件、配件的质量进行检查和控制;

③对永久性生产设备和装备,按审批同意的设计图纸组织采购和订货;

④施工方案和施工组织设计中应含有保证工程质量的可靠措施;

⑤对工程中采用的新材料、新工艺、新结构、新技术,应审查其技术鉴定书;

⑥检查施工现场的测量标桩、建筑物的定位放线和高程水准点;

⑦完善质量保证体系;

⑧完善现场质量管理制度;

⑨组织设计交底和图纸会审。

2)事中质量控制

事中质量控制即在施工中进行质量控制,其具体内容有以下几个方面:

①完善工序的质量控制;

②重点检查重要部位和作业过程;

③对完成的分部、分项工程按照相应的质量评定标准和办法进行检查、验收;

④审查设计图纸的变更和修改;

⑤组织现场质量会议,及时分析通报质量情况。

3)事后质量控制

①按质量评定标准和办法对已完成的分项分部工程、单位工程进行检查验收；

②组织联动试车；

③审核质量检验报告及有关技术性文件；

④审核竣工图；

⑤整理有关工程项目质量的文件，并编目、建档。

七、施工准备阶段的质量控制

施工准备阶段是工程施工的前奏，技术、物资、机具、人员等各方面准备情况将对工程质量产生很大的影响。

1.图纸会审和设计交底工作

施工阶段，设计文件是建立工作的依据。质量检查员应参加施工单位内部的图纸审查工作，认真做好审核及图纸核对工作，对于审图过程中发现的问题，及时汇报项目技术负责人并以书面形式报告给建设单位。

(1)质量检查员参加设计技术交底会应了解的基本内容。

①设计主导思想，建筑艺术构思和要求，采用的设计规范，确定的抗震等级、防火等级，基础、结构、内外装修及机电设备设计(设备造型)等；

②对主要建筑材料、构配件和设备的要求，所采用的新技术、新工艺、新材料、新设备的要求，以及施工中应特别注意的事项等；

③对建设单位、承包单位和监理单位提出的关于施工图的意见和建议作出的答复。

(2)质量检查员参加设计技术交底会应着重了解的内容。

①有关地形、地貌、水文气象、工程地质及水文地质等自然条件方面的内容；

②主管部门及其他部门(如规划、环保、农业、交通、旅游等)对本工程的要求、设计单位采用的主要设计规范、市场供应的建筑材料情况等；

③设计意图方面诸如设计思想、设计方案的比选情况，基础开挖及基础处理方案，结构设计意图，设备安装和调试要求，施工进度与工期安排等；

④施工注意事项方面如基础处理等要求、对建筑材料方面的要求、主体工程设计中采用新结构或新工艺对施工提出的要求、为实现进度安排而应采用的施工组织和技术保证措施等。在设计交底会上确认的设计变更应由建设单位、设计单位、施工单位和监理单位会签。

(3)施工图纸的现场核对。

施工图是工程施工的直接依据，为了充分了解工程特点、设计要求，减少图纸的差错，确保工程质量，减少工程变更，质量检查员应做好施工图的现场核对工作。

施工图现场核对主要包括以下几个方面：

①图纸与说明书是否齐全，如分期出图，图纸供应等是否满足需要；

②地下构筑物、障碍物、管线是否探明并标注清楚；

③图纸中有无遗漏、差错或相互矛盾之处，图纸的表示方法是否清楚和符合标准等；

④地质及水文地质等基础资料是否充分、可靠，地形、地貌与现场实际情况是否相符；

⑤所需材料的来源有无保证，是否可替代；新材料、新技术的采用有无问题；

⑥所提出的施工工艺、方法是否合理，是否切合实际，是否存在不便于施工之处，能否保证质量要求；

⑦施工图或说明书中所涉及的各种标准、图册、规范、规程等，施工单位是否符合。

2.施工组织设计的审查

1)施工组织设计

施工组织设计主要是针对每个单位工程(或单项工程、工程项目)，编制专门规定的质量措施、资源和活动顺序等的文件。在我国的现行施工管理中，施工承包单位要针对每个特定工程项目进行施工组织设计，以此作为施工准备和施工全过程的指导性文件。

2)施工组织设计的审查程序

(1)在工程项目开工前的约定时间内，施工承包单位必须完成施工组织设计的编制及内部自审批准工作，填写《施工组织设计(方案)报审表》报送项目监理机构。

(2)总监理工程师在约定的时间内，组织专业监理工程师审查，提出意见后，由总监理工程师审核签认。需要承包单位修改时，由总监理工程师签发书面意见，退回承包单位修改后再报审，总监理工程师重新审查。

(3)已审定的施工组织设计由项目监理机构报送建设单位。

(4)承包单位应按审定的施工组织设计文件组织施工。如需对其内容作较大的变更应在实施前将变更内容书面报送项目监理机构审核。

(5)规模大、结构复杂或属于新结构或特种结构的工程，项目监理机构对施工组织设计审查后，还应报送监理单位技术负责人审查，提出审查意见后由总监理工程师签发，必要时与建设单位协商，组织有关专业部门和有关专家会审。

(6)规模大、工艺复杂的工程、群体工程或分期出图的工程，经建设单位批准可分阶段报审施工组织设计；技术复杂或采用新技术的分项、分部工程，承包单位还应编制该分项、分部工程的施工方案，报项目监理机构审查。总监理工程师在约定的时间内，组织专业监理工程师审查，提出意见后，由总监理工程师审核签认。

3)审查施工组织设计的基本要求

(1)施工组织设计应有承包单位负责人签字。

(2)施工组织设计应符合施工合同要求。

(3)施工组织设计应由专业监理工程师审核后,经总监理工程师签字。

(4)施工组织设计的可操作性:承包单位是否有能力执行并保证工期和质量目标;该施工组织设计是否切实可行。

(5)技术方案的先进性:施工组织设计采用的技术方案和措施是否先进适用,技术是否成熟。

(6)质量管理和技术管理体系、质量保证措施是否健全且切实可行。

(7)安全、环保、消防和文明施工措施是否切实可行并符合有关规定。

(8)在满足合同和法规要求的前提下,对施工组织设计的审查,应尊重承包单位的自主技术决策和管理决策。

4)施工组织设计审查的注意事项

(1)重要的分部、分项工程的施工方案,承包单位在开工前,向监理工程师提交并详细说明为完成该项工程的施工方法、施工机械设备及人员配备与组织、质量管理措施,以及进度安排等,报请监理工程师审查认可后方能实施。

(2)在施工顺序上应符合先地下、后地上,先土建、后设备,先主体、后围护的基本规律。所谓先地下、后地上是指地上工程开工前,应尽量把管道、线路等地下设施和土方与基础工程完成,以避免干扰,造成浪费,影响质量。此外,施工流向要合理,即平面和立面上都要考虑施工的质量保证与安全保证;考虑使用的先后和区段的划分,与材料、构配件的运输不发生冲突。

(3)施工方案与施工进度计划的一致性。施工进度计划的编制应以确定的施工方案为依据,正确体现施工的总体部署、流向顺序及工艺关系等。

(4)施工方案与施工平面图布置的协调一致。施工平面图的静态布置内容,如临时施工供水、供电、供热、供气管道,施工道路、临时办公房屋、物资仓库等,以及动态布置内容,如施工材料模板、工具器具等,应做到布置有序,有利于各阶段施工方案的实施。

(5)检查施工现场总体布置是否合理,是否有利于保证施工正常、顺利地进行,是否有利于保证质量,特别是要对场区的道路、防洪排水、器材存放、给水及供电、混凝土供应及主要垂直运输机械设备布置等方面予以重视。

3.施工准备阶段的质量控制

1)工程施工测量质量控制

工程施工测量放线是建设工程产品由设计转化为实物的第一步。施工测量的质量好坏,直接影响工程产品的综合质量,并且制约着施工过程中有关工序的质量。

(1)施工承包单位应对建设单位(或其委托的单位)给定的原始基准点、基准线和标高等测量控制点进行复核,并将复测结果报监理工程师审核,经批准后施工承包单位才能据此进行准确的测量放线,建立施工测量控制网,并应对其正确性负责,同时做好对基桩的保护。

(2)复测施工测量控制网。在工程总平面图上,各种建筑物或构筑物的平面位置是用施工坐标系统来表示的。施工测量控制图的初始坐标和方向,一般是根据测量控制点测定的,测定建筑物的长向主轴线即可作为施工平面控制网的初始方向,以后在控制网加密或建筑物定位时,不再用控制点定向,以免使建筑物发生位移及偏转。复测施工测量控制网时,应抽检建筑方格网、控制高程的水准网点,以及标桩埋设位置等。

2)施工平面布置的控制

为了保证工程能够顺利地施工,质量检查员督促分包单位按照合同事先划定的范围占有和使用现场有关部分。如果在现场的某一区域内需要不同的施工单位同时或先后施工、使用,就应根据施工总进度计划的安排,规定他们各自占用的时间和先后顺序,并在施工总平面图中详细注明各工作区的位置及占用顺序。质量检查员要检查施工现场总体布置是否合理,是否有利于保证施工正常、顺利地进行,是否有利于保证质量,特别是要对场区的道路、防洪排水、器材存放、给水及供电、混凝土供应及主要垂直运输机械设备布置等方面予以重视。

3)材料构配件采购订货的控制

(1)凡由承包单位负责采购的原材料、半成品或构配件,在采购订货前应向监理工程师申报;对于重要的材料,还应提交样品,供试验或鉴定,有些材料则要求供货单位提交理化试验单(如预应力钢筋的硫、磷含量等),经监理工程师审查认可后,方可进行订货采购。

(2)对于半成品或构配件,应按经过审批认可的设计文件和图纸要求采购订货,质量应满足有关标准和设计的要求,交货期应满足施工及安装进度安排的需要。

(3)供货厂家是制造材料、半成品、构配件主体,所以优选合格的供货厂家,是保证采购、订货质量的前提。为此,大宗的器材或材料的采购应当实行招标采购的方式。

(4)对于半成品和构配件的采购订货,监理工程师应提出明确的质量要求、质量检测项目及标准、出厂合格证或产品说明书等质量文件的要求,以及是否需要权威性的质量认证等。

(5)某些材料,诸如瓷砖等装饰材料,订货时最好一次订齐且备足货源,以免由于分批订货而出现色泽不一的质量问题。

(6)供货厂方应向需方(订货方)提供质量文件,用以表明其提供的货物能够完全达到需方提出的质量要求。质量文件主要包括:产品合格证及技术说明书;质量检验证明,检测与试验者的资格证明;关键工序操作人员资格证明及操作记录(例如大型预应力构件的张拉应力工艺操作记录);不合格或质量问题处理的说明及证明;有关图纸及技术资料;必要时还应附有权威性认证资料。

4)施工机械配置的控制

(1)施工机械设备的选择,除应考虑施工机械的技术性能、工作效率、工作质量、可靠性及维修难易、能源消耗，以及安全、灵活等方面对施工质量的影响与保证条件外，还应考虑其数量配置对施工质量的影响与保证条件。例如，为保证混凝土连续浇筑，应配备足够的搅拌机和运输设备；在一些有噪声限制规定的城市中，桩基施工必须采用静力压桩等。此外，要注意设备形式应与施工对象的特点及施工质量要求相适应。例如，对于黏性土的压实，可以采用羊足碾进行分层碾压；但对于砂性土的压实则宜采用振动压实机等类型的机械。在选择机械性能参数方面，也要与施工对象特点及质量要求相适应。

(2)审查施工机械设备的数量是否足够。

(3)审查所需的施工机械设备，是否按已批准的计划备妥；所准备的机械设备是否与监理工程师审查认可的施工组织设计或施工计划中所列者相一致；所准备的施工机械设备是否都处于完好的可用状态等。对于与批准的计划中所列施工机械不一致，或机械设备的类型、规格、性能不能保证施工质量者，以及维护修理不良，不能保证良好的可用状态者，都不准使用。

八、施工阶段质量控制

施工过程是由一系列相互联系与制约的作业活动所构成的，因此，保证作业活动的效果与质量是施工过程质量控制的基础。

1.施工准备状态的控制

1)质量控制点的概念

质量控制点是指为了保证施工(工序)质量而对某些施工内容，施工项目，工程的重点、关键部位和薄弱环节等，在一定时间和条件下进行重点控制和管理，以使其施工过程处于良好的控制状态。对于质量控制点，一般要事先分析可能造成质量问题的原因，再针对原因制订对策和措施进行预控。

2)质量控制点选择的原则

质量控制点应当选择那些难以保证质量的、对质量影响大的或发生质量问题时危害大的对象。

①施工过程中的关键工序或环节及隐蔽工程，例如预应力结构的张拉工序，钢筋混凝土结构中的钢筋架立。

②施工中的薄弱环节，质量不稳定的工序、部位或对象，例如地下防水层施工。

③对后续工程施工或后续工序质量及安全有重大影响的工序、部位或对象，例如预应力结构中的预应力钢筋质量、模板的支撑与固定等。

④采用新技术、新工艺、新材料的部位或环节。

⑤施工上无足够把握的、施工条件困难的或技术难度大的工序或环节，例如复杂曲线模板的放样等。

总之，是否设置为质量控制点，主要是根据其对质量特性影响的大小、危害程度，以及其质量保证的难度大小而定的。

3)质量控制点控制的对象

①人的行为：对某些作业或操作，应以人为重点进行控制；

②物的质量与性能：施工设备和材料是直接影响工程质量和安全的主要因素，对某些工程尤为重要，常作为控制的重点；

③关键的操作；

④施工技术参数；

⑤施工顺序；

⑥技术间歇；

⑦新工艺、新技术、新材料的应用；

⑧产品质量不稳定、不合格率较高及易发生质量通病的工序应列为重点控制对象，应对其仔细分析、严格控制；

⑨易对工程质量产生重大影响的施工方法；

⑩特殊地基或特种结构。

4)质量预控对策的检查

所谓工程质量预控，就是针对所设置的质量控制点或分部、分项工程，事先分析施工中可能发生的质量问题和隐患，分析可能产生的原因，并提出相应的对策，采取有效的措施进行预先控制，以防在施工中发生质量问题。

质量预控及对策的表达方式主要有：

①文字表达；

②表格形式表达；

③解析图形式表达。

2.施工技术交底的控制

承包单位做好技术交底，是取得好的施工质量的条件之一。为此，每一分项工程开始实施前均要进行交底。作业技术交底是对施工组织设计或施工方案的具体化，是更细致、明确、具体的技术实施方案，是工序施工或分项工程施工的具体指导文件。技术交底要紧紧围绕和具体施工有关的操作者、机械设备、使用的材料、构配件、工艺、工法、施工环境、具体管理措施等方面进行，交底中要明确做什么、谁来做、如何做、作业标准和要求、什么时间完成等。

3.进场材料构配件的质量控制

(1)凡运到施工现场的原材料、半成品或构配件，进场前应向项目监理机构提交“工程材料/构配件/设备报审表”检验报告，经监理工程师审查并确认其质量合格后，方准进场。凡是没有产品出厂合格证明或检验不合格者，不得进场。

(2)进口材料的检查、验收，应会同国家商检部门进行检查。

(3)材料构配件存放条件的控制。

(4)对于某些当地材料及现场配制的制品，一般要求承包单位事先进行试验，达到要求的标准方准施工。

4.环境状态的控制

1)施工作业环境的控制

所谓作业环境条件主要是指诸如水、电或动力供应、施工照明、安全防护设备、施工场地空间条件和通道，以及交通运输和道路条件等。这些条件是否良好，直接影响到施工能否顺利进行及施工质量是否良好。

2)施工质量管理环境的控制

施工质量管理环境的控制主要包括：施工承包单位的质量管理体系和质量控制自检系统是否处于良好的状态；系统的组织结构、管理制度、检测制度、检测标准、人员配备等方面是否完善和明确；质量责任制是否落实；监理工程师做好承包单位施工质量管理环境的检查，并督促其落实，以保证作业效果。

3)现场自然环境条件的控制

监理工程师应检查施工承包单位，在未来的施工期间，当自然环境条件可能对施工作业质量有不利影响时，是否已有充分的认识并已做好充足的准备、采取了有效措施与对策以保证工程质量。

5.进场施工机械设备的控制

(1)施工机械设备的进场检查。

(2)机械设备工作状态的检查。

(3)特殊设备安全运行的审核。对于现场使用的塔吊及有特殊安全要求的设备，进入现场后，在使用前，必须经当地劳动安全部门鉴定，符合要求并办好相关手续后方准承包单位投入使用。

(4)大型临时设备的检查。

6.作业技术活动运行过程的控制

工程施工质量是在施工过程中形成的，而不是最后检验出来的；施工过程由一系列相互联系与制约的作业活动所构成，因此，保证作业活动的效果与质量是施工过程质量控制的基础。

1)承包单位自检与专检工作的监控

(1)作业活动的作业者在作业结束后必须自检。

(2)不同工序交接、转换必须由相关人员交接检查。

(3)承包单位专职质检员的专检。

2)技术复核工作监控

(1)民用建筑的测量复核:建筑物定位测量、基础施工测量、墙体皮数杆检测、楼层轴线检测、楼层间高层传递检测等。

(2)工业建筑测量复核:厂房控制网测量、桩基施工测量、柱模轴线与高程检测、厂房结构安装定位检测、动力设备基础与预埋螺栓检测等。

(3)高层建筑测量复核:建筑场地控制测量、基础以上的平面与高程控制、建筑物中垂准检测、建筑物施工过程中沉降变形观测等。

(4)管线工程测量复核:管网或输配电线路定位测量、地下管线施工检测、架空管线施工检测、多管线交汇点高程检测等。

3)见证取样送检工作的控制

见证是指由监理工程师现场监督承包单位某工序全过程完成情况的活动。见证取样则是指对工程项目使用的材料、半成品、构配件的现场取样、工序活动效果的检查实施见证。

为确保工程质量,建设部规定,在市政工程及房屋建筑工程项目中,对工程材料、承重结构的混凝土试块,承重墙体的砂浆试块、结构工程的受力钢筋(包括接头)实行见证取样。

4)工程变更的监控

工程变更的要求可能来自建设单位、设计单位或施工承包单位。为确保工程质量,不同情况下,工程变更的实施、设计图纸的澄清和修改,具有不同的工作程序。在施工过程中承包单位提出的工程变更要求可能是:要求作技术修改或要求作设计变更。

(1)对技术修改要求的处理。所谓技术修改,是指承包单位根据施工现场具体条件和自身的技术、经验及施工设备等条件,在不改变原设计图纸和技术文件原则的前提下,提出的对设计图纸和技术文件的某些技术上的修改要求。例如,对某种规格的钢筋采用替代规格的钢筋、对基坑开挖边坡的修改等。

承包单位提出技术修改的要求时,应向项目监理机构提交"工程变更单",在该表中应说明要求修改的内容、原因或理由,并附图和有关文件。技术修改问题一般可以由专业监理工程师组织承包单位和现场设计的代表参加会议,共同研究,经各方同意后签字并形成纪要,作为工程变更单附件,经总监理工程师批准后实施。

(2)工程变更的要求。这种变更是指施工期间,对于设计单位在设计图纸和设计文件中所表达的设计标准状态的改变和修改。

首先,承包单位应就要求变更的问题填写"工程变更单",送交项目监理机构。然后,总监理工程师根据承包单位的申请,经与设计、建设、承包单位研究并做出变更的决定后,签发"工程变更单",并应附有设计单位提出的变更设计图纸。最终,承包单位签收并按变更后的图纸施工。总监理工程师在签发"工程变更单"之前,应就工程变更引起的工期改变及费用的增减分别与建设单位和承包单位进行协商，力求达成双方均能同意的结果。这种变更，一般均会涉及设计单位重新出图的问题。如果变更涉及结构主体及安全，该工程变更还要按有关规定报送施工图原审查单位进行审批，否则变更不能实施。

5)计量工作质量监控

计量是施工作业过程的基础工作之一，计量作业效果对施工质量有重大影响。监理工程师对计量工作的质量控制包括以下内容：

(1)施工过程中使用的计量仪器，检测设备、称重衡器的质量控制。

(2)从事计量作业人员技术水平资质的审核：尤其是现场从事施工测量的测量工，从事试验、检验的试验工。

(3)现场计量操作的质量控制。作业者的实际作业质量直接影响到作业效果，计量作业现场的质量控制主要是检查其操作方法是否得当。

6)质量记录资料的监控

质量记录资料是施工承包单位进行工程施工或安装期间，实施质量控制活动的记录，还包括监理工程师对这些质量控制活动的意见及施工承包单位对这些意见的答复，质量记录资料详细地记录了工程施工阶段质量控制活动的全过程。

质量记录资料包括以下三方面内容：

①施工现场质量管理检查记录资料；

②工程材料质量记录；

③施工过程作业活动质量记录资料。

施工或安装过程可按分项、分部、单位工程建立相应的质量记录资料。施工质量记录资料应真实、齐全、完整，相关各方人员的签字齐备、字迹清楚、结论明确，与施工过程的进展同步。在对作业活动效果的验收中，如缺少资料或资料不全，监理工程师应拒绝验收。

任务实施

一、资讯

1.工作任务

通过引导的形式对学生宿舍楼工程进行施工质量控制。

2.收集、查询信息

利用在线开放课程、网络资源等查找相关资料，获取必要的知识。

3.引导问题

①施工项目质量控制的三个阶段是什么？

②施工项目质量控制的方法有哪些？

③施工过程中，施工质量控制目标的主要内容有哪些？

二、计划

在这一阶段，学生针对本工程项目，以小组的形式，独立地寻找与完成本项目相关的信息，并获得建筑工程质量管理的相关内容，列出建筑工程中质量控制的三个阶段。

三、决策

确定建筑工程中质量控制的每个阶段的质量控制目标。

四、实施

小组成员协作完成建筑工程中质量控制每个阶段的控制内容。

五、检查

学生根据《建筑工程施工质量验收规范》首先自查，然后以小组为单位进行互查，发现错误及时纠正，遇到问题商讨解决，教师再做出改进指导。

六、评价

学生首先自评，然后教师结合学生在实施过程中表现出来的职业素养、参与程度综合考核评价每位学生的成绩。

学生自评表

项目名称	建筑工程施工质量管理	任务名称	建筑工程质量	学生签名	
自评内容		标准分值		实际得分	
信息收集		20			
质量控制阶段		20			
质量控制目标		20			
质量控制内容		20			
沟通交流能力		5			
精益求精、一丝不苟的工匠精神		5			
团队协作能力		5			
创新意识		5			
合计得分		100			
改进内容及方法：					

教师评价表

<table>
<tr><td>项目名称</td><td>建筑工程施工质量管理</td><td>任务名称</td><td>建筑工程质量</td><td>学生签名</td><td></td></tr>
<tr><td colspan="3">自评内容</td><td>标准分值</td><td colspan="2">实际得分</td></tr>
<tr><td colspan="3">信息收集</td><td>20</td><td colspan="2"></td></tr>
<tr><td colspan="3">质量控制阶段</td><td>20</td><td colspan="2"></td></tr>
<tr><td colspan="3">质量控制目标</td><td>20</td><td colspan="2"></td></tr>
<tr><td colspan="3">质量控制内容</td><td>20</td><td colspan="2"></td></tr>
<tr><td colspan="3">沟通交流能力</td><td>5</td><td colspan="2"></td></tr>
<tr><td colspan="3">精益求精、一丝不苟的工匠精神</td><td>5</td><td colspan="2"></td></tr>
<tr><td colspan="3">团队协作能力</td><td>5</td><td colspan="2"></td></tr>
<tr><td colspan="3">创新意识</td><td>5</td><td colspan="2"></td></tr>
<tr><td colspan="3">合计得分</td><td>100</td><td colspan="2"></td></tr>
</table>

任务2 建筑工程施工质量验收

项目描述

建筑工程施工质量验收是指工程施工质量在施工单位自检合格的基础上，由工程质量验收责任方组织，工程建设相关单位参加，对检验批、分项、分部、单位工程及隐蔽工程的质量进行抽样检验，对技术文件进行审核，并根据设计文件和相关标准以书面形式对工程质量是否达到合格作出确认。

接收项目后通过了解现行验收规范与标准，掌握施工质量验收的流程及方法，熟悉建筑工程质量验收划分原则，需要各小组对学生宿舍楼工程进行施工质量验收。

一、建筑工程质量验收术语

1)建筑工程(building engineering)

建筑工程为新建、改建或扩建房屋建筑物和附属构筑物设施所进行的规划、勘察、设计和施工、竣工等各项技术工作和完成的工程实体。

2)建筑工程质量(quality of building engineering)

建筑工程质量反映建筑工程满足相关标准规定或合同约定的要求，包括其在安全、使用功能、耐久性能、环境保护等方面所有明显和隐含能力的特性总和。

3)验收(acceptance)

验收是建筑工程在施工单位自行质量检查评定的基础上，参与建设活动的有关单位共同对检验批、分项、分部、单位工程的质量进行抽样复验，根据相关标准以书面形式对工程质量达到合格与否做出确认的活动。

4)进场验收(site acceptance)

进场验收是对进入施工现场的材料、构配件、设备等相关标准规定要求进行检验，对产品达到合格与否做出确认的活动。

5)检验批(inspection lot)

检验批是按同一生产条件或按规定的方式汇总起来供检验用的，由一定数量样本组成的检验体。

6)检验(inspection)

检验是对检验项目中的性能进行量测、检查、试验等，并将结果与标准规定要求进行比较，以确定每项性能是否合格所进行的活动。

7)见证取样检测(evidential testing)

见证取样检测是指在监理单位或建设单位监督下，由施工单位有关人员现场取样，并送至具备相应资质的检测单位所进行的检测。

8)交接检验(handing over inspection)

交接检验是指由施工的承接方与完成方经双方检查并对可否继续施工做出确认的活动。

9)主控项目(dominant item)

主控项目是指建筑工程中对安全、卫生、环境保护和公众利益起决定性作用的检验项目。

10)一般项目(general item)

一般项目是指除主控项目以外的检验项目。

11)抽样检验(sampling inspection)

抽样检验是指按照规定的抽样方案，随机地从进场的材料、构配件、设备或建筑工程检验项目中，按检验批抽取一定数量的样本所进行的检验。

12)抽样方案(sampling scheme)

抽样方案是指根据检验项目的特性所确定的抽样数量和方法。

13)计数检验(counting inspection)

计数检验是指在抽样的样本中，记录每一个体有某种属性或计算每一个体中的缺陷数目的检查。

14)计量检验(quantitative inspection)

计量检验是指在抽样检验的样本中，对每一个体测量其某个定量特性的检查方法。

15)观感质量(quality of appearance)

观感质量是指通过观察和必要的量测所反映的工程外在质量。

16)返修(repair)

返修是指对工程不符合标准规定的部位采取整修等措施的活动。

17)返工(rework)

返工是指对不合格的工程部位采取的重新制作、重新施工等措施的活动。

二、建筑工程质量验收的划分

建筑工程质量验收应划分为单位(子单位)工程、分部(子分部)工程、分项工程和检验批。

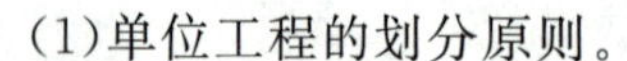

(1)单位工程的划分原则。

①具备独立施工条件并能形成独立使用功能的建筑物及构筑物为一个单位工程；

②建筑规模较大的单位工程，可将其能形成独立使用功能的部分划分为若干子单位工程。

(2)分部工程的划分原则。

①分部工程的划分应按专业性质、建筑部位确定；

②当分部工程较大或较复杂时，可按材料种类、施工特点、施工程序、专业系统及类别等划分为若干子分部工程。

(3)分项工程的划分原则。

①分项工程应按主要工程、材料、施工工艺、设备类别等进行划分；

②建筑工程的分部(子分部)、分项工程可按《建筑工程施工质量验收统一标准》及相关专业验收规范的规定进行划分。

(4)检验批的划分原则。

①检验批是建筑工程质量验收划分中的最小验收单位；

②检验批可根据施工、质量控制和专业验收的需要，按工程量、楼层、施工段、变形缝进行划分。

三、建筑工程质量验收规定

(1)检验批合格质量的规定。

①主控项目和一般项目的质量经抽样检测合格；

②具有完整的施工操作依据、质量检查记录。

(2)分项工程质量验收合格的规定。

①分项工程所含的检验批均应符合合格质量的规定；

②分项工程所含的检验批的质量验收记录应完整。

(3)分部(子分部)工程质量验收合格的规定。

①分部(子分部)工程所含分项工程的质量均应验收合格；

②质量控制资料应完整；

③地基与基础、主体结构和设备安装等分部工程有关安全及功能的检验和抽样检测结果应符合有关规定；

④观感质量验收应符合要求。

(4)单位(子单位)工程质量验收合格的规定。

①单位(子单位)工程所含分部(子分部)工程的质量均应验收合格；

②质量控制资料应完整；

③单位(子单位)工程所含分部工程有关安全和功能的检测资料应完整；

④主要功能项目的抽查结果应符合相关专业质量验收规范的规定；

⑤观感质量验收应符合要求。

(5)建筑工程质量验收记录的规定。

①检验批质量验收可按规范标准进行。

②分项工程质量验收可按规范标准进行。

③分部(子分部)工程质量验收应按规范标准进行。

④单位(子单位)工程质量验收,质量控制资料核查。安全和功能检验资料核查及主要功能抽查记录,观感质量检查应按标准进行。

(6)当建筑工程质量不符合要求时的处理。

①经返工重做或更换器具、设备的检验批,应重新进行验收;

②经有资质的检测单位检测鉴定能够达到设计要求的检验批,应予以验收;

③经有资质的检测鉴定达不到设计要求、但经原设计单位核算认可能够满足结构安全和使用功能的检验批,可予以验收;

④经返修或加固处理的分项、分部工程,虽然改变外形尺寸但仍能满足安全使用要求的,可按技术处理方案和协商文件进行验收。

(7)其他验收规定。

通过返修或加固处理仍不能满足安全使用要求的分部工程、单位(子单位)工程,严禁验收。

四、建筑工程质量验收程序和组织

(1)检验批及分项工程应由监理工程师(建设单位项目技术负责人)组织施工单位项目专业质量(技术)负责人等进行验收。

(2)分部工程应由总监理工程师(建设单位项目负责人)组织施工单位项目负责人和技术、质量负责人等进行验收;地基与基础、主体结构分部工程的勘察、设计单位工程项目负责人和施工单位技术、质量部门负责人也应参加相关分部工程验收。

(3)单位工程完工后,施工单位应自行组织有关人员进行检查评定,并向建设单位提交工程验收报告。

(4)建设单位收到工程验收报告后,应由建设单位(项目)负责人组织施工(含分包单位)、设计、监理等单位(项目)负责人进行单位(子单位)工程验收。

(5)单位工程有分包单位施工时,分包单位对所承包的工程项目应按标准规定的程序检查评定,总包单位应派人参加。分包工程完成后,应将工程有关资料交总包单位。

(6)当参加验收各方对工程质量验收意见不一致时,可请当地建设行政主管部门或工程质量监督机构协调处理。

(7)单位工程质量验收合格后,建设单位应在规定时间内将工程竣工验收报告和有关文件,报建设行政管理部门备案。

任务实施

一、资讯

1. 工作任务

通过引导的形式对该学生宿舍楼工程进行施工质量验收，在验收中参加质量验收的各方对墙体偏差的验收意见不一致时，该如何进行处理？

2. 收集、查询信息

利用在线开放课程、网络资源等查找相关资料，获取必要的知识。

3. 引导问题

(1)建筑工程施工质量验收中单位(子单位)工程的划分原则是什么？

(2)建筑工程质量验收程序是什么？

(3)建筑工程质量不符合要求时，如何进行处理？

二、计划

在这一阶段，学生针对本工程项目，以小组的形式，独立地寻找与完成本项目相关的信息，并获得建筑工程质量管理的相关内容，进行建筑工程质量验收划分。

三、决策

确定建筑工程质量验收程序。

四、实施

在小组成员协作完成验收过程中，参加质量验收的各方对工程质量验收意见不一致时，可采取的解决方式有哪些？

五、检查

学生根据《建筑工程施工质量验收规范》首先自查，然后以小组为单位进行互查，发现错误及时纠正，遇到问题商讨解决，教师再作出改进指导。

六、评价

学生首先自评，然后教师结合学生在实施过程中表现出来的职业素养、参与程度综合考核评价每位学生的成绩。

学生自评表

<table>
<tr><td>项目名称</td><td>建筑工程施工质量管理</td><td>任务名称</td><td>建筑工程施工质量验收</td><td>学生签名</td><td></td></tr>
<tr><td colspan="3">自评内容</td><td>标准分值</td><td colspan="2">实际得分</td></tr>
<tr><td colspan="3">信息收集</td><td>20</td><td colspan="2"></td></tr>
<tr><td colspan="3">质量验收划分</td><td>20</td><td colspan="2"></td></tr>
<tr><td colspan="3">质量验收程序</td><td>20</td><td colspan="2"></td></tr>
<tr><td colspan="3">质量不符合处理</td><td>20</td><td colspan="2"></td></tr>
<tr><td colspan="3">沟通交流能力</td><td>5</td><td colspan="2"></td></tr>
<tr><td colspan="3">精益求精、一丝不苟的工匠精神</td><td>5</td><td colspan="2"></td></tr>
<tr><td colspan="3">团队协作能力</td><td>5</td><td colspan="2"></td></tr>
<tr><td colspan="3">创新意识</td><td>5</td><td colspan="2"></td></tr>
<tr><td colspan="3">合计得分</td><td>100</td><td colspan="2"></td></tr>
<tr><td colspan="6">改进内容及方法：</td></tr>
</table>

教师评价表

<table>
<tr><td>项目名称</td><td>建筑工程施工质量管理</td><td>任务名称</td><td>建筑工程施工质量验收</td><td>学生签名</td><td></td></tr>
<tr><td colspan="3">自评内容</td><td>标准分值</td><td colspan="2">实际得分</td></tr>
<tr><td colspan="3">信息收集</td><td>20</td><td colspan="2"></td></tr>
<tr><td colspan="3">质量验收划分</td><td>20</td><td colspan="2"></td></tr>
<tr><td colspan="3">质量验收程序</td><td>20</td><td colspan="2"></td></tr>
<tr><td colspan="3">质量不符合处理</td><td>20</td><td colspan="2"></td></tr>
<tr><td colspan="3">沟通交流能力</td><td>5</td><td colspan="2"></td></tr>
<tr><td colspan="3">精益求精、一丝不苟的工匠精神</td><td>5</td><td colspan="2"></td></tr>
<tr><td colspan="3">团队协作能力</td><td>5</td><td colspan="2"></td></tr>
<tr><td colspan="3">创新意识</td><td>5</td><td colspan="2"></td></tr>
<tr><td colspan="3">合计得分</td><td>100</td><td colspan="2"></td></tr>
</table>

项目2 建筑工程施工质量管理

项目描述

某建筑公司承接了一栋学生宿舍楼的施工任务，该学生宿舍楼位于城市中心区，建筑面积24 112 m^2，地下1层，地上17层，局部9层。现需要质量员坚持“百年大计、质量第一”的原则，按照国家颁布的质量验收规范对该学生宿舍楼土方工程、地基工程、基础工程、砌筑工程、钢筋工程、模板工程、混凝土工程施工过程中的关键部位、关键环节、重点工艺，以及结构构件、材料等进行质量控制，减少质量通病，消除质量隐患，排除质量事故，保证结构安全，使工程质量达到国家验收规范所规定的合格质量等级标准。

知识目标

(1)掌握地基与基础工程质量控制与验收。

(2)掌握砌体工程质量控制与验收。

(3)掌握钢筋工程质量控制与验收。

(4)掌握模板工程质量控制与验收。

(5)掌握混凝土工程质量控制与验收。

(6)掌握屋面工程质量控制与验收。

技能目标

(1)能应用质量验收规范分析各分部分项工程质量控制要点。

(2)能结合工程实际进行质量评定和验收。

素质目标

(1)具有良好的沟通交流能力、团队合作精神和创新意识。

(2)具有规范操作意识，精益求精、一丝不苟的工匠精神和爱岗敬业的责任意识。

(3)具有法律法规意识。

任务1　地基与基础工程质量管理

任务描述

地基与基础工程是建筑工程中重要的分部工程，其质量关系到整个工程的质量、投资和进度。地基与基础工程质量的可靠性，是建设工程整体安全可靠性的基础。因此，在地基与基础工程施工过程中要坚持“百年大计，质量第一”的原则，严格把好材料进料关，系统控制施工工艺，按照设计要求和国家规范要求，采取各方面积极配合的防治措施，保证地基与基础工程施工能够发挥提升工程经济效益和安全效益的效果，更好地保证建筑工程质量。

作业1　土方工程质量管理

一、土方施工准备质量控制

(1)土方工程施工前应进行挖、填方的平衡计算，综合考虑各个工程项目土方运距最短、运程合理的施工程序等，作好土方平衡调配，减少重复挖运。

(2)应作好施工区域内及施工区域周围的上下障碍物(建筑物、构筑物、地下管道、电缆、坟墓、树木等)清理、拆迁处理或防护措施。

(3)应作好施工场地内机械运行的道路和排水沟的畅通、牢靠。道路面须高于施工场地地面。

(4)平整场地的表面坡度应符合设计要求，如设计无要求，排水沟方向的坡度不应少于0.2%。平整后的场地表面应逐点检查。检查点为每100～400 m^2 取1点，总共不应少于10点；长度、宽度和边坡均为每20 m取1点，每边不应少于1点。

二、土方开挖质量管理

1.土方开挖过程质量控制

(1)土方开挖应遵循“开槽支撑、先撑后挖、分层开挖、严禁超挖”的原则，见图2-1，检查挖的顺序、方法与设计工况是否一致。

(2)土方开挖过程中标高应随时检查。机械开挖时，应留150～300 mm的土层，采用人工找平，以避免超挖现象的出现。

(3)开挖过程中应检查平面位置、水平标高、边坡坡度、排水及降水系统，并观测周围环境的变化。

图 2-1 分层开挖

2.土方开挖质量验收

1)土方开挖工程质量检验标准(表 2-1)

表 2-1 土方开挖工程质量检验标准

<table>
<tr><th rowspan="3">项目</th><th rowspan="3">序号</th><th rowspan="3">检验项目</th><th colspan="5">允许偏差或允许值/mm</th></tr>
<tr><th rowspan="2">桩基基坑基槽</th><th colspan="2">挖方场地平整</th><th rowspan="2">管沟</th><th rowspan="2">地(路)面基层</th></tr>
<tr><th>人工</th><th>机械</th></tr>
<tr><td rowspan="3">主控项目</td><td>1</td><td>标高</td><td>+50</td><td>±30</td><td>±50</td><td>-50</td><td>-50</td></tr>
<tr><td>2</td><td>长度、宽度(由设计中心线向两边量)</td><td>+200
-50</td><td>+300
-100</td><td>+500
-150</td><td>+100</td><td>—</td></tr>
<tr><td>3</td><td>边 坡</td><td colspan="5">符合设计要求或规范规定</td></tr>
<tr><td rowspan="2">一般项目</td><td>1</td><td>表面平整度</td><td>20</td><td>20</td><td>50</td><td>20</td><td>20</td></tr>
<tr><td>2</td><td>基底土性</td><td colspan="5">符合设计或地质报告要求</td></tr>
</table>

2)土方开挖工程检验批质量抽样数量的确定

(1)主控项目。

①标高。

柱基:抽查 10%,应不少于 5 个,每个不少于 2 点 。

基坑:每 20 m^2 取 1 点,每坑不少于 2 点。

基槽:每 20 m 取 1 点,总共不少于 5 点。

场地平整:每 100~400 m^2 取 1 点,总共不少于 10 点。

②长度、宽度:每 20 m 取 1 点,每边不少于 1 点。

③边坡：每 20 m 取 1 点，每边不少于 1 点。

(2)一般项目。

①表面平整度：每 30～50 m^2 取 1 点。

②基底土性：全数检查。

三、土方回填质量管理

1. 土方回填过程质量控制

(1)填方铺土的厚度：填方每层铺土的厚度和压实遍数视土的性质和使用的压(夯)实的机具性能而定。填方应按设计要求预留沉降量，一般不超过填方高度的 3%。冬期填方每层铺土厚度应比常温施工时减少 20%～25%，预留沉降量比常温时适当增加。填方中不得含冻土块或受冻填土层。铺土厚度和平整度可用小皮数杆控制，每 10～20 m 或 100～200 m^2 设置一处。

(2)回填土含水量的控制：土的最佳含水率和最少压实遍数可预先通过试验求得。黏性土料施工含水量与最佳含水量之差可控制在－4%～＋2%(使用振动碾时，可控制在－6%～＋2%)。工地黏性土含水量一般以“手握成团，落地即散”为宜。

(3)填方基底处理的规定：

①基底上的树墩及草根应拔除，坑穴应清除积水、淤泥和杂物等，并分层回填夯实，见图 2－2。

(a)分层铺土

(b)逐层压实

图 2－2　分层回填夯实

②在建筑物和构筑物地面下的填方或厚度小于 0.5 m 的填方，应清除基底上的草皮和垃圾。

③在土质较好的平坦地面上(地面坡度不陡于 1/10)填方时，可不清除基底上的草皮，但应割去长草。

④在稳定山坡上填方，当山坡坡度为 1/10～1/5 时，应清除基底上的草皮；坡度陡于 1/5 时，应将基底挖成阶梯形，阶宽不小于 1 m。

⑤当填方基底为耕植土或松土时，应将基底碾压密实后方可填方。

⑥当填方基土为杂填土时，应按设计要求加固，并妥善处理基底下的软硬点、空洞、旧基、暗

塘等。如杂填土堆积的年限较长且较均匀时，填方前可用机械压(夯)实处理。填方基底在填方前和处理后应进行隐蔽验收，作好记录。即由施工单位和建设单位或会同设计单位到现场通过观察检查，并查阅处理中间验收资料，经检验符合要求后验收签证，方能进行填方工程。

⑦在水田、沟渠或池塘上填方前，应根据实际情况采用排水疏干、挖除淤泥或抛填石块、砂砾、矿渣等方法进行处理后，方可填土。

⑧填方基底为软土时，大面积填土应在开挖基坑前完成，尽量留有较长的间歇时间；软土层厚度较小时，可采用换土或抛石挤淤等处理方法；软土层厚度较大时，可用砂垫层、砂井、砂桩等加固。

2.土方回填工程质量验收

1)土方回填工程质量验收标准

填土工程质量检验标准见表2-2。

表2-2 填土工程质量检验标准

项目	序号	检验项目	允许偏差或允许值/mm					检查方法
			桩基基坑基槽	挖方场地平整		管沟	地(路)面基层	
				人工	机械			
主控项目	1	标高	−50	±30	±50	−50	−50	水准仪
	2	分层压实系数	设计要求					按规定方法
一般项目	1	回填土料	设计要求					取样检查或直观鉴别
	2	分层厚度及含水量	设计要求					水准仪及抽样检查
	3	表面平整度	20	20	30	20	20	用靠尺或水准仪

2)土方回填工程检验批质量抽样数量的确定

土方回填分项工程按一个工程且不超过500 m^2 划分一个检验批。

(1)主控项目。

①标高。

柱基：抽查10%，抽查个数不少于5个，每个不少于2点 。

基坑：每20 m^2 取1点，每坑不少于2点。

基槽：每20 m取1点，总共不少于5点。

场地平整：每100～400 m^2 取1点，总共不少于10点。

②分层压实系数。

柱基：抽查10%，抽查个数不少于5个。

基槽：每20～50 m取1组，总共不少于1组。

室内回填：每 100～500 m^2 取 1 组，总共不少于 1 组。

场地平整：每 100～400 m^2 取 1 组，总共不少于 1 组。

(2)一般项目。

①回填土料：全数检查。

②分层厚度及含水量：同分层压实系数。

③表面平整度：每 30～50 m^2 取 1 点。

任务实施

一、资讯

1. 工作任务

通过引导的形式对学生宿舍楼在土方工程进行施工中的关键部位、关键环节、重点工艺，以及材料进行质量评定和验收。

2. 收集、查询信息

利用在线开放课程、网络资源等查找相关资料，获取必要的知识。

3. 引导问题

①土方施工准备技术质量控制要点有哪些？

②土方开挖质量控制要点有哪些？

③土方回填质量控制要点有哪些？

④土方工程质量验收要点有哪些？

二、计划

在这一阶段，学生针对本工程项目，以小组的形式，独立地寻找与完成本项目相关的信息，并获得土方工程质量管理的相关内容，列出土方工程质量验收程序。

三、决策

确定土方工程质量验收的主控项目和一般项目。

四、实施

完成土方工程质量验收记录。

五、检查

学生根据《建筑地基基础工程施工质量验收规范》首先自查；然后以小组为单位进行互查，发现错误及时纠正，遇到问题商讨解决；最后教师作出改进指导。

六、评价

学生首先自评，教师结合学生在实施过程中表现出来的职业素养、参与程度综合考核和评价每位学生的成绩。

学生自评表

项目名称	建筑工程施工质量管理	任务名称	土方工程质量管理	学生签名	
自评内容		标准分值		实际得分	
信息收集		10			
验收程序		15			
主控项目		15			
一般项目		10			
质量控制资料		10			
不合格产品处理		20			
沟通交流能力		5			
精益求精、一丝不苟的工匠精神		5			
团队协作能力		5			
创新意识		5			
合计得分		100			
改进内容及方法：					

教师评价表

<table>
<tr><td>项目名称</td><td>建筑工程施工质量管理</td><td>任务名称</td><td>土方工程质量管理</td><td>学生签名</td><td></td></tr>
<tr><td colspan="3">自评内容</td><td>标准分值</td><td colspan="2">实际得分</td></tr>
<tr><td colspan="3">信息收集</td><td>10</td><td colspan="2"></td></tr>
<tr><td colspan="3">验收程序</td><td>15</td><td colspan="2"></td></tr>
<tr><td colspan="3">主控项目</td><td>15</td><td colspan="2"></td></tr>
<tr><td colspan="3">一般项目</td><td>10</td><td colspan="2"></td></tr>
<tr><td colspan="3">质量控制资料</td><td>10</td><td colspan="2"></td></tr>
<tr><td colspan="3">不合格产品处理</td><td>20</td><td colspan="2"></td></tr>
<tr><td colspan="3">沟通交流能力</td><td>5</td><td colspan="2"></td></tr>
<tr><td colspan="3">精益求精、一丝不苟的工匠精神</td><td>5</td><td colspan="2"></td></tr>
<tr><td colspan="3">团队协作能力</td><td>5</td><td colspan="2"></td></tr>
<tr><td colspan="3">创新意识</td><td>5</td><td colspan="2"></td></tr>
<tr><td colspan="3">合计得分</td><td>100</td><td colspan="2"></td></tr>
</table>

作业2 地基工程质量管理

一、灰土地基质量管理

1.材料质量控制

(1)土料:洁净的黏性土,颗粒直径不大于15 mm,见图2-3。

(2)石灰:使用前1～2天熟化,颗粒直径不大于5 mm,见图2-4。

(3)砂:宜用颗粒级配良好的中砂或粗砂,含泥量宜小于3%。

(4)砂石:自然级配的砂砾石混合物,最大粒径不大于100 mm。

图2-3 黏性土

图2-4 石灰

2.施工过程质量控制

(1)基坑(槽)在铺灰土前必须先行钎探验槽,并按设计和勘探部门的要求处理完地基,办完手续。

(2)当地下水位高于基坑(槽)底时,施工前应采取排水或降低地下水位的措施,使地下水位保持在施工面以下0.5 m左右。3日内不得受水浸泡。

(3)施工前应根据工程特点设计压实系数、土料种类、施工条件等,合理确定土料含水量控制范围、铺灰土的厚度和夯打遍数等参数。重要的灰土填方参数应通过压实试验来确定。

(4)分段施工时,不得在墙角、柱基及承重窗间墙下接缝,上下两层的接缝距离不得小于500 mm,接缝处应夯压密实。

(5)灰土在施工前应充分拌匀,控制含水量,一般最优含水量为16%左右。当水分过多或不足时,应晾干或洒水湿润。在现场可按经验直接判断,用手握灰土成团,若两指轻捏即碎,这时即可判定灰土达到最优含水量。

(6)灰土垫层应选用平碾和羊足碾、轻型夯实机及压路机分层填铺夯实。

(7)灰土应当日铺填夯压,入槽(坑)的灰土不得隔日夯打。当刚铺筑完毕或尚未夯实的灰土遭雨淋浸泡时,应将积水及松软灰土挖去并填补夯实,受浸泡的灰土应晾干后再夯打密实。

(8)垫层施工结束后,应及时修建基础并回填基坑,或作临时遮盖,防止日晒雨淋。夯实后的灰土12日内不得受水浸泡。

(9)冬期施工,必须在基层不冻的状态下进行,土料应覆盖保温,不得使用夹有冻土及冰块的土料。施工完的垫层应加盖塑料面或草袋保温。

3.质量验收

1)灰土地基分项质量验收标准

灰土地基分项质量验收标准见表2-3。

表2-3 灰土地基分项质量验收标准

项目	序号	检查项目	允许偏差或允许值	检查方法
主控项目	1	地基承载力	设计要求	按规定方法
	2	配合比	设计要求	按拌和时的体积比
	3	压实系数	设计要求	现场实测
一般项目	1	石灰粒径/mm	≤5	筛分法
	2	土料有机质含量/%	≤5	试验室焙烧法
	3	土颗粒粒径/mm	≤15	筛分法
	4	含水量(与要求的最优含水量比较)/%	±2	烘干法
	5	分层厚度偏差(与设计要求比较)/mm	±50	水准仪

2)质量检查数量

(1)主控项目。

①地基承载力:由设计单位提出要求,在施工结束一定时间后进行灰土地基的承载力检验。其结果必须达到设计要求的标准。

②检验方法:因各地设计单位的习惯、经验等不同,选用标准贯入、静力触探及十字板剪切强度或承载力检验等方法,按设计指定方法检验。其结果必须达到设计要求的标准。

③检验数量:每单位工程不应少于3点,1 000 m^2以上工程,每100 m^2至少应有1点;

3 000 m^2以上工程,每300 m^2 至少应有1点。每一独立基础下至少应有1点,基槽每20延米应有1点。

④配合比:土料、石灰或水泥材料质量配合比用体积比拌和均匀,应符合设计要求;通过观察检查,必要时检查材料试验报告。

⑤压实系数:首先检查分层铺设的厚度、分段施工时上下两层搭接的长度、夯实时的加水量、夯实遍数;再按规定检测压实系数,结果需符合设计要求;最后检查施工记录。

(2)一般项目。

①石灰粒径:检查筛子及实施情况。

②土料有机质含量:检查焙烧试验报告。

③土颗粒粒径:检查筛子及实施情况。

④含水量:观察、检查现场和检查烘干报告。

⑤分层厚度偏差:用水准仪插扦配合分层全数控制。

二、灰土挤密桩地基质量管理

1.材料质量要求

(1)土:采用不含有机杂质的素土,粒径不得大于20 mm。

(2)石灰:采用熟石灰,粒径不得大于5 mm。

2.灰土挤密桩地基施工过程质量控制

(1)检查成孔深度,桩径、桩孔的中心位置是否符合设计要求。

(2)检查孔底是否有积水、杂物,并夯击孔底8～10次,保证孔底密实。

(3)检查回填料的含水量是否接近最优含水量。一般用“手握成团,落地开花”的现场经验判断或用现场含水量和干密度快速测定法测定,并检查回填料的拌和均匀情况。

(4)填料时应检查每次填料厚度(350～400 mm)、夯击次数及夯实后的干密度是否符合试验确定的工艺参数,并作好施工记录。

(5)检查每个桩孔回填料是否与桩孔计算量相符,并考虑1.1～1.2的充盈系数。

3.质量验收

1)挤密桩地基工程质量验收标准

挤密桩地基工程质量验收标准见表2-4。

表 2-4　挤密桩地基工程质量验收标准

项目	序号	检验项目	允许偏差或允许值	检查方法
主控项目	1	桩体及间距土干密度	符合设计要求	现场用环刀取样或触探仪检查，查试验报告
	2	桩长/mm	+500	测量桩管长度或锤球测孔深度，查施工记录
	3	地基承载力	符合设计要求	查载荷试验报告
	4	桩径/mm	20	现场量测，查施工记录
一般项目	1	土料有机质含量/%	≤5	实验室焙烧法，查土工试验报告
	2	石灰粒径/mm	≤5	每次熟化后用筛分法
	3	桩位偏差	满堂布桩≤0.40D 条基布桩≤0.25D	钢尺量测，查施工记录
	4	垂直度/%	≤1.5	用经纬仪量测，查施工记录

2)质量检查数量

(1)主控项目。

①桩体及桩间土的干密度、桩长、桩径：总数抽查 20%且检查数不少于 10。

②地基承载力：检查总数的 0.5%～1%且检查数不少于 3。

(2)一般项目。

抽查总数 20%，且检查数不少于 10。

三、水泥土搅拌桩地基质量管理

1. 材料质量要求

(1)水泥：应选用 32.5 级以上普通硅酸盐水泥，要求新鲜无结块。

(2)外掺剂：早强剂选用三乙醇胺、氯化钙、碳酸钠或水玻璃，减水剂选用木质素黄酸钙。

2. 水泥土搅拌桩地基施工质量控制

(1)检查施工准备工作。现场事先应予以平整，必须清除地上、地下的一切障碍物；复核测量放线结果，并检查试桩后确定的施工工艺流程是否满足搅拌桩的设计质量要求；检查机械运转是否正常，计量装置是否正确和输料管是否畅通。

(2)搅拌机位置检查。搅拌机就位时应检查其垂直度和平面位置，垂直度控制在不大于 1.5%的范围内，桩位布置偏差不得大于 50 mm，桩径偏差不得大于 0.04D。

(3)湿法施工质量控制。

①严格控制水灰比为0.45～0.5,水泥要严格称量,水要用定量容器量取,每次搅拌时间不少于3 min。

②搅拌程序应符合设计要求的“一喷二搅”或“二喷三搅”施工程序。

③搅拌头切土下沉到达桩端前,应把拌好滤净的水泥浆液输送到桩端,灰浆泵压力控制在0.4～0.6 MPa,搅拌提升速度应与输浆速度同步。

④为了保证桩端施工质量,当浆液到达出浆口时,搅拌头不要提升,应在桩端喷浆座底停留30 s,使浆液完全达到桩端。

⑤水泥土强度与水泥土搅拌均匀程度成正比,所以最后一次提升搅拌宜采用慢速提升。当喷浆口达到桩顶标高时,宜停止提升,并搅拌数秒,以保证桩头均匀密实。

⑥每天上班开机前应先测量搅拌头刀片直径是否达到700 mm。搅拌头刀片有磨损时应及时加焊,以防桩径偏小。

⑦预搅下沉时不宜冲水;当遇到较硬土层且下沉太慢时,方可适当冲水。应采用缩小浆液水灰比或增加掺入浆液等方法来弥补冲水对桩身强度的影响。

⑧拌浆、输浆、搅拌等均应有专人记录,桩深记录误差不得大于100 mm,时间记录误差不得大于5 s。

⑨施工时若因故停浆,应将搅拌头下沉至停浆点以下0.5 m处,待恢复供浆时再喷浆提升;若停机3 h以上,则应拆卸输浆管路并清洗干净,以防止恢复施工时堵管。

⑩壁状加固时,桩与桩的搭接长度宜为200 mm,搭接时间不大于24 h。当因特殊原因超过24 h时,应对最后一根桩先进行空钻,留出桩头以等待下一个桩搭接。如间隔时间过长,与下一根桩无法搭接时,应在设计和业主方认可后,采取局部补桩或注浆措施。

(4)干法施工质量控制。

①在桩头、桩端等关键部位应复喷和复搅。

②测量检查料罐喷出的粉量,对喷粉量达不到设计要求的桩位应立即复喷、复搅。

③为保证成桩搅拌均匀,应使提升速度与搅拌头转速匹配,粉喷桩机应保证每提升15 mm搅拌一圈。若有自制设备,在制桩试验合格后方可使用。

④对地下水位以上的桩,在施工后应在地面浇水,以帮助水泥水解、水化从而反应充分。

⑤其余详见湿法施工质量控制。

(5)承重水泥土搅拌桩施工控制。施工时,设计停浆(灰)面应高出基础底面标高300～500 mm(基础埋深大则取小值,反之取大值)。在开挖基坑时,应手工挖施工质量较差段,以防发生桩顶与挖土机械碰撞断裂的现象。

3.水泥土搅拌桩地基工程质量检验

1)水泥土搅拌桩地基质量验收标准

水泥土搅拌桩地基质量验收标准见表2-5。

表 2-5　水泥土搅拌桩地基质量验收标准

项目	序号	检查项目	允许偏差或允许值	检查方法
主控项目	1	水泥及外掺剂质量	设计要求	按进货批查水泥出厂质量证明书，现场抽验试验报告，外掺剂按品种、规格查产品合格证书
	2	水泥用量	参数指标	逐桩查灰浆泵流量计，计算输入桩内浆液（粉体）的量与设计确定的水泥用量
	3	桩体强度	设计要求	按设计要求进行检查。水泥土桩应在成桩后7天内进行质量跟踪检验。当设计没有规定方法时，可用双管单动取样器钻芯取样，检查试件抗压强度试验报告。承重桩应取90天后的试件，支护桩应取28天后的试件
	4	地基承载力	设计要求	按设计规定方法进行检验或检查复合地基载荷试验和单桩载荷试验报告，荷载试验宜在28天后进行
一般项目	1	机头提升速度/$m \cdot min^{-1}$	≤0.5	测量每分钟机头上升距离
	2	桩底标高/mm	±200	测机头深度
	3	桩顶标高/mm	＋100，－50	水准仪检查（最上部500 mm不计入）
	4	桩位偏差/mm	＜50	根据设计桩位点位置，用钢尺量
	5	桩径	＜0.04D	浅部开挖桩头（超过停浆面0.5 m），用钢尺量桩直径
	6	垂直度/%	≤1.5	用经纬仪控制搅拌头轴的垂直度
	7	搭接/mm	＞200	开挖用钢尺量

2）质量检验数量

（1）主控项目。

①水泥用量：抽查20%且不少于10根。

②桩体强度、地基承载力：抽查0.5%～1%的桩体且检查数不少于3根。

（2）一般项目。

①桩顶、桩底、桩位、桩径：全数检查。

②机头提升速度、垂直度、搭接：抽查总数的20%且抽查数不少于10个。

四、水泥粉煤灰碎石桩复合地基质量管理

1.材料质量控制

(1)水泥:应选用32.5级普通硅酸盐水泥。

(2)粉煤灰:电厂粉煤灰,粒径0.001~2.0 mm,洁净。

(3)砂:采用中、粗砂为宜,含泥量小于5%。

(4)碎石:质地坚硬,粒径小于50 mm,含泥量小于5%,且不得含泥块。

2.水泥粉煤灰碎石桩复合地基施工过程质量控制

(1)混合料资料现场检查。桩身混合料资料必须随运输车同行,且每车混合料资料必检,要检查其是否符合配合比,是否为本项目的用料等。

(2)现场坍落度测试:经确认无误的混合料,每车需在现场检查其坍落度,不合格的混合料禁止使用,并作好记录。

(3)桩身垂直度:场地应平整,有足够承载力,保证桩机稳定垂直;打桩时,用桩机水准设备结合经纬仪从二个面控制打桩的垂直度。

(4)螺旋钻机成孔:钻孔时,应保持钻杆垂直,位置正确,防止钻杆晃动扩大孔径及增加孔底虚土。

(5)成孔深度:对无法正常钻到设计深度的桩,在施工时要及时上报,在相关人员确定确实无法达到设计值后,对此类桩进行详细记录,包括桩编号、实际桩长、施工时间等信息。

(6)浇筑桩身混合料

①浇筑混凝土和拔管时应保证混凝土质量,桩管灌满混凝土后开始拔管,管内应保持不少于2 m高的混凝土;

②实际浇筑混凝土量严禁小于计算体积;

③长螺旋钻孔或管内泵压混合料成桩施工在钻至设计深度后,应准确掌握提拔钻杆时间,混合料泵送量应与拔管速度相配合,遇到饱和砂土或饱和粉土层时不得停泵待料。

(7)拔管速度:当混合料加至钢管投料口齐平后,沉管在原地留振10 s左右,即可边振边拔,拔管速度控制在1.2~1.5 $m \cdot min^{-1}$左右,每提升1.5~2 m留振20 s。

(8)施工桩顶标高:施工桩顶标高应高出设计桩顶标高不少于0.5 m。

(9)标准试块:成桩过程中,抽样做混合料试块,每台机械一天应做一组(3块)标准试块(边长为150 mm的立方体),并进行标准养护,测定其立方体抗压强度。

3.质量验收

1)水泥粉煤灰碎石桩复合地基质量检验标准

水泥粉煤灰碎石桩复合地基质量检验标准见表2-6。

表 2-6 水泥粉煤灰碎石桩复合地基质量检验标准

项目	序号	检查项目	允许偏差或允许值	检查方法
主控项目	1	原材料	设计要求	查产品合格证书和抽样试验报告
	2	桩径/mm	−20	用钢尺量或计算填料量，−20 mm是指个别断面
	3	桩身强度	设计要求	查28天试块强度
	4	地基承载力	设计要求	按规定的方法检查或采用复合地基载荷试验并检查试验报告
一般项目	1	桩身完整性	按桩基检测技术规范	按设计要求或低应变动力法试验判定桩身完整情况，并检查试验报告
	2	桩位偏差	满堂布桩≤0.40D	根据桩位放线检查，用钢尺量
			条基布桩≤0.25D	
	3	桩垂直度/%	≤1.5	用经纬仪测桩管垂直度
	4	桩长/mm	+100	用尺量测桩管长度或用垂球测孔深
	5	褥垫层夯填度	≤0.9	用钢尺量

2)质量检验数量

(1)主控项目。

①原材料：材料检验批按要求抽样。

②桩径：抽查总量的20%且抽查数不少于10。

③桩身强度：抽查总量的0.5%～1%且抽查数不少于3。

④地基承载力：抽查总量的0.5%～1%且抽查数不少于3。

(2)一般项目。

抽查总数20%且抽查数不少于10。

五、高压喷射注浆地基质量管理

1.材料质量控制

(1)水泥。按设计规定的品种、强度等级检查水泥出厂质保书，按批号抽样送检，并检查试验报告。

(2)注浆用砂。注浆用砂的粒径小于2.5 mm，细度模数小于2.0，含泥量及有机物含量小于3%，同产地、同规格每300～600 t为一检验批，并检查送检样品试验报告。

(3)注浆用黏土。注浆用黏土的塑性指数大于14，黏粒含量大于25%，含砂量小于5%，有机物含量小于3%，决定取土部位后取样送检，并检查样品试验报告。

(4)粉煤灰。粉煤灰细度不大于同时使用的水泥细度，烧失量不小于3%，决定取某粉煤灰后取样送检，并检查送检样品试验报告。

(5)水玻璃。水玻璃模数在2.5～3.3，按进货批现场随机抽样送检，并检查送检样品试验报告。

(6)其他化学浆液。按设计要求的化学浆液性能指标检查出厂合格证和送检样品试验报告。

2.高压喷射注浆地基施工过程质量控制

(1)检查水泥、外掺剂(缓凝剂、速凝剂、流动剂、加气剂、防冻剂等)的质量证明书和复检试验报告。

(2)检查高压注浆设备的性能，压力表、流量表的精度及灵敏度。

(3)检查制订的高压注浆施工技术方案，通过现场试桩确定施工工艺参数，并检查确认压力、水泥喷浆量、提升速度、旋转速度等是否符合设计要求。

(4)施工过程中应随时检查及记录水泥用量，水灰比一般控制在0.7～1.0。

(5)检查成桩的施工顺序，防止发生窜孔，应采用间隔跳打的方法施工，一般两孔间距应大于1.5 m。

(6)检查注浆过程中的冒浆量是否控制在10%～25%。一般冒浆量小于注浆量的20%为正常现象，当超过25%或完全不冒浆时为异常现象，此时应查明原因并采取相应措施。

3.高压注浆地基工程质量验收

1)高压注浆地基工程质量检验标准

高压注浆地基工程质量检验标准见表2-7。

表2-7 高压注浆地基工程质量检验标准

项目	序号	检查项目	允许偏差或允许值	检查方法
主控项目	1	水泥及外掺剂质量	符合出厂要求	检查每批水泥产品合格证书和抽样试验报告
	2	水泥用量	符合设计要求	查看流量表及水泥浆水灰比(记录)
	3	桩体强度或完整性检验	符合设计要求	质量检验应在注浆结束四周后进行，按设计规定的方法进行检验。当设计没有规定时，桩体强度可选用静力触探、标准贯入或钻芯取样等方法；完整性可采用开挖检查等方法
	4	地基承载力	符合设计要求	按规定的方法检查或采用复合地基载荷试验并检查试验报告

续表

项目	序号	检查项目	允许偏差或允许值	检查方法
一般项目	1	钻孔位置/mm	≤50	按设计放线进行检查，用尺测量
	2	钻孔垂直度/%	≤1.5	用测绳或经纬仪测钻杆垂直度
	3	孔深/mm	±200	用钢尺测量机上余尺测定钻孔深度
	4	注浆压力	按设定参数指标	查看压力表并检查施工记录
	5	桩体搭接/mm	>200	开挖桩搭接部位用钢尺测量
	6	桩体直径/mm	≤50	开挖后凿去桩顶疏松部位，用钢尺测量
	7	桩身中心允许偏差	≤0.2D	土方开挖后，用钢尺测量桩顶下500 mm处的桩中心与设计桩中心的偏差

2)质量检验数量

(1)主控项目。

①水泥用量：每工作班检验次数不少于3次。

②完整性检验或桩体强度：桩体完整性应抽查总数的20%且检查数不少于10；桩体强度应抽查总数的0.5%～1%且检查数不少于3。

③地基承载力：抽查总数的0.5%～1%且检查数不少于3。

(2)一般项目。

抽查总数的20%且检查数不少于10。

任务实施

一、资讯

1.工作任务

通过引导的形式对该学生宿舍楼在地基工程在施工过程中的关键部位、关键环节、重点工艺，以及材料进行质量检测和验收。

2.收集、查询信息

利用在线开放课程、网络资源等查找相关资料，获取必要的知识。

3.引导问题

①地基工程质量验收项目有哪些？

②地基工程材料质量控制要点有哪些？

③地基工程施工过程质量控制要点有哪些？

二、计划

在这一阶段，学生针对本工程项目，以小组的形式，独立地寻找与完成本项目相关的信息，并获得地基工程质量管理的相关内容，列出地基工程质量验收程序。

三、决策

确定地基工程质量验收的主控项目、一般项目及质量控制要点。

四、实施

完成地基工程质量验收记录。

五、检查

学生根据《建筑地基基础工程施工质量验收规范》首先自查；然后以小组为单位进行互查，发现错误及时纠正，遇到问题商讨解决；最后教师作出改进指导。

六、评价

学生首先自评，教师结合学生在实施过程中表现出来的职业素养、参与程度综合考核和评价每位学生的成绩。

学生自评表

项目名称	建筑工程施工质量管理	任务名称	地基工程质量管理	学生签名	
自评内容			标准分值	实际得分	
信息收集			10		
验收程序			15		
主控项目			15		
一般项目			10		
质量控制资料			10		
不合格产品处理			20		
沟通交流能力			5		
精益求精、一丝不苟的工匠精神			5		
团队协作能力			5		
创新意识			5		
合计得分			100		
改进内容及方法：					

教师评价表

项目名称	建筑工程施工质量管理	任务名称	地基工程质量管理	学生签名	
自评内容			标准分值	实际得分	
信息收集			10		
验收程序			15		
主控项目			15		
一般项目			10		
质量控制资料			10		
不合格产品处理			20		
沟通交流能力			5		
精益求精、一丝不苟的工匠精神			5		
团队协作能力			5		
创新意识			5		
合计得分			100		

作业3 基础工程质量管理

一、钢筋混凝土预制桩基础质量管理

1.材料质量控制

(1)粗骨料:粗骨科应选用质地坚硬的卵石、碎石,其粒径宜为5～40 mm,连续级配不大于2%,且无垃圾杂物。

(2)细骨料:细骨科应选用质地坚硬的中砂,含泥量不大于3%。

(3)水泥:水泥宜选用强度等级为32.5、42.5的硅酸盐水泥或普通硅酸盐水泥,使用前必须有出厂质量证明书和水泥现场取样复检试验报告,合格后方可使用。

(4)钢筋:钢筋应具有出厂质量证明书和钢筋现场取样复检试验报告,合格后方可使用。

(5)拌和用水:拌和用水一般为饮用水或洁净的自然水。

(6)混凝土配合比:混凝土配合比为用现场材料、按设计要求强度并经实验室试配后出具的混凝土配合比。

2.施工过程质量控制

(1)做好桩定位放线检查复核工作,施工过程中应对每根桩位进行复核,防止因沉桩引起位移。

(2)检查钢筋混凝土预制桩的施工技术方案,特别注意检查当桩距小于$4D$或桩的规格不同时的沉桩顺序。

(3)检查桩机就位情况,保证桩架稳定垂直。在现场应安装测量设备(经纬仪和水准仪),随时观测沉桩的垂直度。

(4)检查施工机组的打桩参数记录情况。

(5)检查接桩时接点的质量。焊接接桩时的钢材宜选用低碳钢,对称焊接,焊缝连续饱满,并注意焊缝变形;硫磺胶泥接桩时宜选用半成品硫磺胶泥,浇注温度应控制在140～150 ℃,浇注时间不超过2 min,浇注后停歇时间应超过7 min。

3.质量验收标准

1)钢筋混凝土预制桩的质量检验标准

钢筋混凝土预制桩的质量检验标准见表2-8。

表 2-8　钢筋混凝土预制桩的质量检验标准

<table>
<tr><th>项目</th><th>序号</th><th colspan="3">检验项目</th><th>允许偏差或允许值</th><th>检查方法</th></tr>
<tr><td rowspan="6">主控项目</td><td>1</td><td colspan="3">桩体质量检验</td><td>符合设计要求</td><td>包括桩完整性、裂缝、断桩等。应用动力法检测或钻芯取样至桩尖下 50 cm 检测。检查检测报告</td></tr>
<tr><td rowspan="4">2</td><td rowspan="4">桩位偏差</td><td colspan="2">带有基础梁的桩/mm
(1)垂直基础梁的中心线
(2)沿基础梁的中心线</td><td>(1)100＋0.01H
(2)150＋0.01H</td><td rowspan="4">承台或底板开挖到设计标高后，测好轴线，逐桩检查沉桩中心线和设计桩位的偏差。斜桩倾斜度的偏差不得大于倾斜角正切值的 15%(倾斜角为桩的纵向中心线与铅垂线间夹角)</td></tr>
<tr><td colspan="2">桩数为 1～3 根桩基中的桩/mm</td><td>100</td></tr>
<tr><td colspan="2">桩数为 4～16 根桩基中的桩</td><td>1/2 桩径或边长</td></tr>
<tr><td colspan="2">桩数大于 16 根桩基中的桩
(1)最外边的桩
(2)中间的桩</td><td>(1)1/3 桩径或边长
(2)1/2 桩径或边长</td></tr>
<tr><td>3</td><td colspan="3">承载力</td><td>符合设计要求</td><td>按设计要求或应用高应变动力检测；查载荷试验报告</td></tr>
<tr><td rowspan="17">一般项目</td><td>1</td><td colspan="3">成品桩质量：外观、外形尺寸、强度</td><td>符合设计要求</td><td>检查产品合格证或钻芯试压</td></tr>
<tr><td>2</td><td colspan="3">硫磺胶泥质量(半成品)</td><td>符合设计要求</td><td>检查产品合格证或抽样送检</td></tr>
<tr><td rowspan="11">3</td><td rowspan="11">电焊接桩</td><td rowspan="8">焊缝质量</td><td>上下节端部错口：</td><td></td><td></td></tr>
<tr><td>外径≥700mm</td><td>≤3</td><td>钢尺量测，查施工记录</td></tr>
<tr><td>外径＜700mm</td><td>≤2</td><td>钢尺量测，查施工记录</td></tr>
<tr><td>焊缝咬边深度</td><td>≤0.5</td><td>焊缝检测仪</td></tr>
<tr><td>焊缝加强层高度</td><td>2</td><td>焊缝检测仪</td></tr>
<tr><td>焊缝加强层宽度</td><td>2</td><td>焊缝检测仪</td></tr>
<tr><td>焊缝电焊质量外观</td><td>无气孔、焊瘤及裂缝</td><td>目测法直观检查</td></tr>
<tr><td>焊缝探伤检验</td><td>符合设计要求</td><td>现场观测量测和探伤检测(超声波法或拍片)</td></tr>
<tr><td colspan="2">电焊结束后停歇时间/min</td><td>＞1.0</td><td>秒表测定</td></tr>
<tr><td colspan="2">上下节平面偏差/mm</td><td>＜10</td><td>钢尺现场量测</td></tr>
<tr><td colspan="2">节点弯曲矢高</td><td>＜1/1 000L</td><td>钢尺现场量测(L 为两节桩长)</td></tr>
<tr><td rowspan="2">4</td><td rowspan="2">硫磺胶泥接桩</td><td colspan="2">胶泥浇注时间/min</td><td>＜2</td><td>秒表测定</td></tr>
<tr><td colspan="2">浇注停歇时间/min</td><td>＞7</td><td>秒表测定</td></tr>
<tr><td>5</td><td colspan="3">桩顶标高/mm</td><td>±50</td><td>现场水准仪测定</td></tr>
<tr><td>6</td><td colspan="3">停锤标准</td><td>符合设计要求</td><td>检查每根桩的沉桩记录，用钢尺测定 10 击贯入度的数值</td></tr>
</table>

2)质量检查数量

(1)主控项目。

①桩体质量检验包括桩完整性、裂缝、断桩等。对设计等级为甲级或地质条件复杂的桩体，抽检数量不少于总桩数的30%且不少于20;其他桩抽检数应不少于总数的20%且不少于10。对预制桩及地下水位以上的桩，抽检数不少于检查总数量的10%且不少于10。每个柱子承台下不少于1根。

②桩位偏差:根据桩位放线全数检查。

③承载力:对设计等级为甲级或地质条件复杂、成桩质量可靠性低的灌注桩，应采用静载荷试验，抽检数量不少于总桩数的1%且不少于3。总桩数少于50根时，检测2根。地基基础设计等级为乙级(含乙级)以下的桩，可按《建筑基桩检测技术规范》选用检测方法，但检测方法和数量必须得到设计单位的同意。对地质条件、桩型、成桩机具和工艺相同且同一单位施工的桩基，检验桩数不少于总桩数的2%且不少于5。

(2)一般项目。

除混凝土坍落度按每50 m^3 一根桩或一台班不少于一次外，其余项目为全数检查。

二、钢筋混凝土灌注桩工程基础质量管理

1.材料质量控制

(1)粗骨料:粗骨料应选用质地坚硬的卵石、碎石，其粒径宜为15~25 mm，且卵石粒径不宜大于50 mm，碎石粒径不宜大于40 mm;含泥量不大于2%，且无垃圾杂物。

(2)细骨料:细骨料应选用质地坚硬的中砂，含泥量不大于5%，无草根、泥块等杂物。

(3)水泥:水泥宜选用强度等级为32.5、42.5的硅酸盐水泥或普通硅酸盐水泥，使用前必须有出厂质量证明书和水泥现场取样复检试验报告，合格后方可使用。

(4)钢筋:钢筋应具有出厂质量证明书和钢筋现场取样复检试验报告，合格后方可使用。

(5)拌和用水:拌和用水一般为饮用水或洁净的自然水。

2.施工过程质量控制

(1)试孔。桩施工前应进行试成孔。试孔桩的数量每个场地不少于2个，通过试成孔检查核对地质资料、施工参数及设备运转情况。试成孔结束后应检查孔径、垂直度、孔壁稳定性等是否符合设计要求。

(2)检查建筑物位置和工程桩位轴线是否符合设计要求。

(3)做好成孔过程的质量检查。

①对于泥浆护壁成孔桩，应检查其护筒的埋设位置，其偏差应符合规范及设计要求；检查钻机就位的垂直度和平面位置，开孔前应对钻头直径和钻具长度进行测量，并记录备查；检查护壁泥浆的密度及成孔后沉渣的厚度。

②对于套管成孔灌注桩，应经常检查其管内有无地下水或泥浆，若有地下水或泥浆应及时处理再继续沉管；当桩距小于4倍桩径时应检查是否有保证相邻桩桩身不受振动损坏的技术措施；应检查桩靴的强度和刚度及与桩管衔接密封的情况，以保证桩管内不进地下水或泥浆。

③对人工挖孔灌注桩，应检查护壁井圈的位置及埋设和制作质量；检查上下节护壁的搭接长度是否大于50 mm；挖至设计标高后，检查孔壁、孔底情况，及时清除孔壁的渣土和淤泥、孔底的残渣和积水。

(4)进行钢筋笼施工质量的检查。

钢筋笼应严格按照设计图样进行施工，其制作允许偏差及检查方法见表2-9。

表2-9 混凝土灌注桩钢筋笼骨架允许偏差及检查方法

单位：mm

项目	序号	检查项目	允许偏差或允许值	检查方法
主控项目	1	主筋间距	±10	用钢尺量
	2	长度	±100	用钢尺量
一般项目	1	钢筋材质检验	设计要求	抽样送检
	2	箍筋间距	±20	用钢尺量
	3	直径	±10	用钢尺量

3.质量验收

1)质量验收标准

混凝土灌注桩质量检验标准见表2-10。

表2-10 混凝土灌注桩质量检验标准

项目	序号	检查项目	允许偏差	检查方法
主控项目	1	桩位	符合现行国家规范规定	基坑开挖前量护筒，开挖后量桩中心
	2	孔深	+300 mm	只深不浅，用重锤测，或测钻杆、套管长度，嵌岩桩应确保进入设计要求的嵌岩深度

续表

项目	序号	检查项目	允许偏差	检查方法
主控项目	3	桩体质量检验	如钻芯取样，大直径嵌岩桩应钻至桩尖下 50 cm	按基桩检测技术规范
	4	混凝土强度	设计要求	试件报告或钻芯取样送检
	5	承载力	按基桩检测技术规范	按基桩检测技术规范

2)质量验收数量

(1)主控项目。

①桩位、孔深全数检查；

②甲级地基或地质条件复杂，抽查数量为总数的 30%且不少于 20 根；其他桩不少于总数的 20%且不少于 10；柱子承台下不少于 1 根。当桩身完整性差的比例较高时，应扩大检验比例，甚至 100%检验。

③每 50 m^3(不足 50 m^3 的桩)必须取一组试件，每根桩必须有一组试件。

④甲级地基或地质条件复杂，应采用静载荷试验，抽查数量不少于桩总数的 1%，且不少于 3 根。总桩数为 50 根时，检查数量为 2 根。其他桩应用高应变动力检测。

(2)一般项目。

除混凝土坍落度按每 50 m^3、每一根桩或每一台班不少于一次外，其余项目为全数检查。

任务实施

一、资讯

1. 工作任务

通过引导的形式对该学生宿舍楼在基础工程施工过程中的关键部位、关键环节、重点工艺，以及材料进行质量评定和验收。

2. 收集、查询信息

利用在线开放课程、网络资源等查找相关资料，获取必要的知识。

3. 引导问题

①基础工程质量验收项目有哪些？

②基础工程材料质量控制要点有哪些？

③基础工程施工过程质量控制要点有哪些？

二、计划

在这一阶段，学生针对本工程项目，以小组的形式，独立地寻找与完成本项目相关的信息，并获得基础工程质量管理的相关内容，列出基础工程质量验收程序。

三、决策

确定基础工程质量验收的主控项目、一般项目及质量控制要点。

四、实施

完成基础工程质量验收记录。

五、检查

学生根据《建筑地基基础工程施工质量验收规范》首先自查；然后以小组为单位进行互查，发现错误及时纠正，遇到问题商讨解决；最后教师作出改进指导。

六、评价

学生首先自评，教师结合学生在实施过程中表现出来的职业素养、参与程度综合考核和评价每位学生的成绩。

学生自评表

项目名称	建筑工程施工质量管理	任务名称	基础工程质量管理	学生签名	
自评内容			标准分值	实际得分	
信息收集			10		
验收程序			15		
主控项目			15		
一般项目			10		
质量控制资料			10		
不合格产品处理			20		
沟通交流能力			5		
精益求精、一丝不苟的工匠精神			5		
团队协作能力			5		
创新意识			5		
合计得分			100		
改进内容及方法：					

教师评价表

项目名称	建筑工程施工质量管理	任务名称	基础工程质量管理	学生签名	
自评内容			标准分值	实际得分	
信息收集			10		
验收程序			15		
主控项目			15		
一般项目			10		
质量控制资料			10		
不合格产品处理			20		
沟通交流能力			5		
精益求精、一丝不苟的工匠精神			5		
团队协作能力			5		
创新意识			5		
合计得分			100		

任务2 砌筑工程质量管理

任务描述

砌筑工程涉及面广、参与人员多、施工现场复杂，常会出现砌体裂缝、结构渗水裂缝等质量问题，不仅影响美观，还会影响使用功能。因此，在砌筑工程施工过程中应坚持“百年大计，质量第一”的原则，严格把好材料关，控制施工工艺，按照设计要求和国家规范要求采取积极的防治措施，保证砌筑工程施工能够发挥提升工程经济效益、安全效益的作用，以更好地保证建筑工程质量。

一、砌筑工程质量管理

1.材料质量控制

1)砌筑用砖

(1)砖的品种和强度等级必须符合设计要求，并应有产品合格证书和性能检测报告，进场后应按规定进行复检，并检查复验报告。

(2)砌筑时的蒸压(养)砖的产品龄期不得少于28天。

(3)用于清水墙、柱表面的砖，应边角整齐，色泽均匀。品质为优等品的砖适用于清水墙和墙体装修；品质为一等品、合格品的砖可用于混水墙；中等泛霜的砖不得用于潮湿部位；冻胀地区的地面或防潮层以下的砌体不宜采用多孔砖；水池、化粪池、窨井等不得采用多孔砖。

(4)在多雨地区砌筑外墙时，不宜将有裂缝的砖面砌在室外表面。

(5)用于砌体工程的钢筋品种和强度等级必须符合设计要求，并应有产品合格证书和性能检测报告，进场后应进行复检。

(6)对设置在潮湿环境或有化学侵蚀性介质环境中的砌体灰缝内的钢筋应采取防腐措施。

2)砌筑用砂浆

(1)砂浆的品种、强度等级必须符合设计要求。

(2)砂浆的稠度应符合规定。砂浆的分层厚度不得大于30 mm。

(3)水泥砂浆中的水泥用量不应小于200 $kg\cdot m^{-3}$，水泥混合砂浆中水泥和掺加料的总量宜为300～350 $kg\cdot m^{-3}$。

(4)具有冻融循环次数要求的砌筑砂浆，经冻融试验后，质量损失率不得大于5%，抗压强度损失率不得大于25%。

(5)水泥混合砂浆不得用于基础等地下潮湿环境中的砌体工程。

3)钢筋

(1)用于砌体工程的钢筋品种、强度等级必须符合设计要求,并应有产品合格证书和性能检测报告,进场后应进行复验。

(2)对设置在潮湿环境或有化学侵蚀性介质的环境中的砌体灰缝内的钢筋应采取防腐措施。

2.施工过程的质量控制

(1)检查测量放线的结果并进行复核。标志板、皮数杆的设置位置应准确牢固,见图2-5。

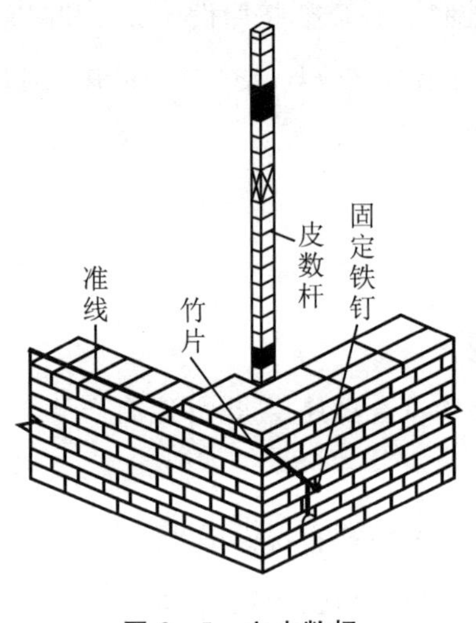

图2-5 立皮数杆

(2)检查砂浆配合比、和易性是否符合设计要求及施工要求。砂浆应随拌随用,常温下水泥和水泥混合砂浆应分别在3 h和4 h内用完,且当温度高于30 ℃时,应再提前1 h用完。

(3)检查砂浆拌和的质量。

①砂浆的拌合必须正确控制投料顺序和搅拌时间,防止出现“欠搅”或“过搅”现象。

②砂浆拌成后和使用时,均应盛入贮灰器中。如果砂浆出现泌水现象,应在砌筑前再次拌和。

(4)检查砖的含水率。砖应提前1～2天浇水湿润。普通砖、多孔砖的含水率宜为10%～15%,灰砂砖、粉煤灰砖的含水率宜为8%～12%。现场则以水浸入砖内10～15 mm为宜。

(5)检查砂浆的强度。应在拌制地点留置砂浆强度试块,以及不同类型和强度等级的砌筑砂浆每一检验批不超过250 m^3 的砌体,每台搅拌机应至少制作一组试块(6块),其标准养护28天的抗压强度应满足设计要求。

(6)检查砌体的组砌形式。保证上下皮砖至少错开1/4的砖长,避免产生通缝。

(7)检查砌体的砌筑方法,应采取“三一”砌筑法。

(8)施工过程中应检查是否按规定挂线砌筑,随时检查墙体的平整度和垂直度,并应采取

“三皮一吊，五皮一靠”的检查方法，以保证墙面横平竖直。

(9)检查砂浆的饱满度。水平灰缝饱满度应达到 80%，每层、每轴线应检查 1～ 2 次，存在问题时应加大 2 倍以上频度。竖向灰缝不得出现透明缝、暗缝和假缝。

(10)检查转角处和交接处的砌筑及接槎的质量。施工中应尽量保证墙体同时砌筑，以提高砌体结构的整体性和抗震性。检查时要注意砌体的转角处和交接处是否同时砌筑，严禁无可靠措施的内外墙分砌施工。对不能同时砌筑而又必须留置的临时间断处应砌成斜槎，斜槎水平投影长度不应小于高度的 2/3。当不能留斜槎时，除规范中的转角外，也可留直槎(阳槎)。抗震设防区应按规定在转角处和交接处设置拉结钢筋。

(11)设计要求的洞口、管线、沟槽应在砌筑时按设计留设或预埋。超过 300 mm 的洞口上部应设置过梁，不得随意在墙体上开洞、凿槽，尤其严禁开凿水平槽。

(12)检查脚手架眼的设置是否符合要求。在下列位置不得留设脚手架眼：半砖厚墙、料石清水墙和砖柱；过梁上，与过梁成 60°的三角形范围，以及过梁净跨 1/2 的高度范围内；门窗洞口两侧 200 mm 及转角 450 mm 范围内的砖砌体；宽度小于 1 m 的窗间墙；梁、梁垫下及其左右 500 mm 范围内。

(13)检查构造柱的设置、施工是否符合设计及施工规范的要求。

3. 砌砖工程质量检验

1)砖砌体工程质量检验标准

砖砌体工程检验批质量验收标准见表 2 - 11。

表 2 - 11 砖砌体工程检验批质量验收标准

<table>
<tr><th>项目</th><th>序号</th><th colspan="3">检验项目</th><th>允许偏差或允许值</th></tr>
<tr><td rowspan="9">主控项目</td><td>1</td><td colspan="3">砖规格、品种、性能、强度等级</td><td>符合设计要求和产品标准</td></tr>
<tr><td>2</td><td colspan="3">砂浆材料规格、品种、性能、配合比及强度等级</td><td>符合设计要求和产品标准</td></tr>
<tr><td>3</td><td colspan="3">砂浆饱满度/%</td><td>≥80</td></tr>
<tr><td>4</td><td colspan="3">砌体转角处和交接处</td><td>应同时砌筑，临时间断处应砌成斜槎，水平投影长度小于高度的 2/3</td></tr>
<tr><td>5</td><td colspan="3">临时间断处</td><td>应留斜槎，若留直槎应做成阳槎，并应加设拉结筋</td></tr>
<tr><td>6</td><td colspan="3">轴线位置/mm</td><td>≤10</td></tr>
<tr><td rowspan="3">7</td><td rowspan="3">垂直度/mm</td><td colspan="2">每层</td><td>5</td></tr>
<tr><td rowspan="2">全高</td><td>≤10 m</td><td>10</td></tr>
<tr><td>>10 m</td><td>20</td></tr>
</table>

续表

项目	序号	检验项目		允许偏差或允许值
一般项目	1	组砌方法		上下错缝,内外搭接,砖柱无包心砌法
	2	水平灰缝厚度 10 mm /mm		±2
	3	基础顶面和楼面标高/mm		±15
	4	表面平整度/mm	清水墙	5
			混水墙	8
	5	门窗洞口高、宽(后塞口)/mm		±5
	6	外墙上下窗口偏移/mm		20
	7	水平灰缝平直度/mm	清水墙	7
			混水墙	10
	8	清水墙游丁走缝		20

2)质量检验数量与方法

(1)主控项目。

①砖和砂浆的强度等级必须符合设计要求。检查数量:每一生产厂家的砖到现场后,按烧结砖 15 万块、多孔砖 5 万块、灰砂砖及粉煤灰砖 10 万块各为一检验批,抽检数量为 1 组。每一检验批且不超过 250 m^3 砌体的各种类型及强度等级的砌筑砂浆,每台搅拌机应至少抽检一次。检验方法:检查砖和砂浆试块试验报告。

②砌体水平灰缝的砂浆饱满度不得小于 80%。检查数量:每检验批抽查不应少于 5 处。检查方法:用百格网检查砖底面与砂浆的粘接痕迹面积。每处检测 3 块砖,取其平均值。

③砖砌体的转角处和交接处应同时砌筑,严禁无可靠措施的内外墙分砌施工。对不能同时砌筑而又必须留置的临时间断处应砌成斜槎。斜槎水平投影长度不应小于高度的 2/3。检查数量:每检验批抽查 20%接槎,且抽查数应不少于 5 处。检查方法:观察检查。

④非抗震设防及抗震设防烈度为 6 度、7 度地区的临时间断处,当不能留斜槎时(见图 2-6),除转角处外,可留直槎,但直槎必须做成凸槎。留直槎处应加设拉结钢筋(见图 2-7),拉结钢筋的数量为墙厚 120 mm 放置 1Φ6 拉结钢筋(墙厚 240 mm 放置 2Φ6 拉结钢筋),间距沿墙高不应超过 500 mm;埋入长度从留槎处算起每边均不应小于 500 mm,对抗震设防烈度为 6 度、7 度的地区,不应小于 1 000 mm;末端应有 90°弯钩。检查数量:每检验批抽查 20%接槎且抽查数不应少于 5。检验方法:观察和尺量检查。合格标准:留槎正确,拉结钢筋设置数量、直径正确,竖向间距偏差不超过 100 mm,留置长度基本符合规定。

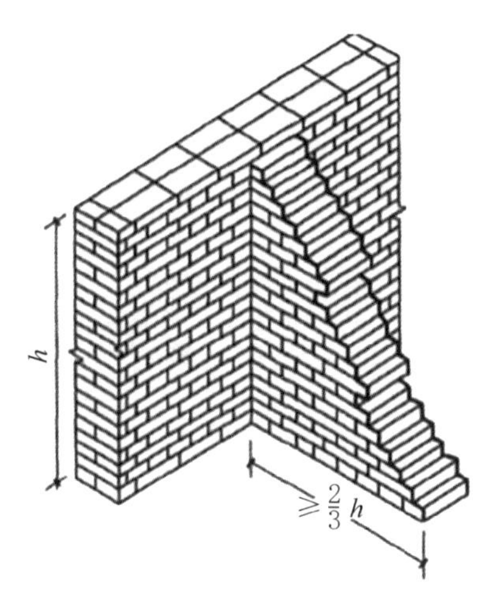

图 2-6 砖砌体斜槎砌筑

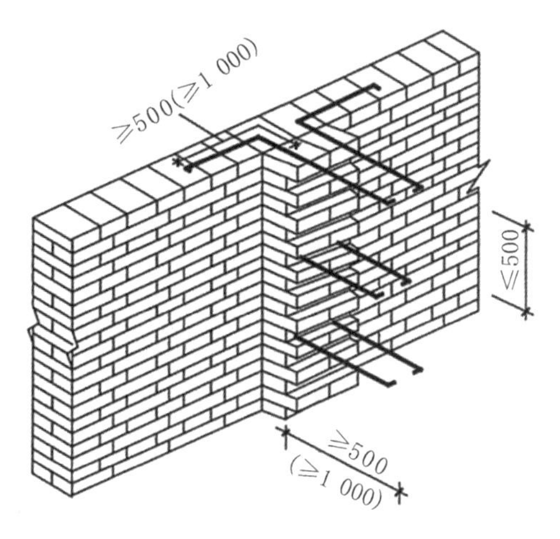

图 2-7 砌体直槎和拉结钢筋

⑤砖砌体的位置及垂直度。检查数量:轴线查全部承重墙柱;外墙垂直度全高查阳角,不应少于 4 处,每层每 20 m 查一处;内墙按有代表性的自然间抽查 10%,但不应少于 3 间,每间不应少于 2 处,柱不少于 5 根。

(2)一般项目。

①砖体组砌方法应正确,上下错缝,内外搭砌,砖柱不得采用空心砌法。砖砌体的正确组砌方法:a. 一顺一丁,即一皮全顺砖与一皮全丁砖间隔砌成,上下皮错缝为 1/4 砖长;b. 三顺一丁,即三皮全顺砖与一皮全丁砖间隔砌成,上下皮顺砖错缝为 1/2 砖长,上下皮顺砖与丁砖错缝为 1/4 砖长;c. 梅花丁,即每皮中丁砖与顺砖相隔砌成,上皮丁砖砌于下皮顺砖中部,上下皮错缝为 1/4 砖长。上述三种组砌方法适用于 240 mm 及 370 mm 厚墙。砖砌体转角处,每皮砖的外角应加 7 分头砖。砖砌体十字交接处内角的竖缝上下错开 1/4 砖长。砌体丁字交接处,横墙的端头隔皮加 7 分头砖。砖砌体组砌方法正确,有利于保证砌体结构的整体性和结构承载。检查数量:外墙每 20 m 抽查一处,每处 3～5 m,且抽查数不应少于 3;内墙按有代表性的自然间抽查 10%,且抽查数不应少于 3。检验方法:观察检查。

②砖砌体的灰缝应横平竖直,厚薄均匀,见图 2-8。水平灰缝的厚度宜为 10 mm,不应小于 7 mm,也不应大于 12 mm。灰缝厚度影响砌体的抗压强度和砌体均匀传力。水平灰缝厚度宜为 10 mm,是沿用之前数据(12 mm 水平灰缝厚度与 10 mm 水平灰缝厚度相比,砌体抗压强度降低 5%;与 7 mm 水平灰缝厚度相比,砌体抗压强度提高 6%)。检查数量:每步脚手架施工的砌体,每 20 mm 抽查 1 处。检验方法:用尺量 10 皮砖砌体高度折算。

图 2-8　砖砌体的灰缝

二、混凝土小型空心砌块砌体质量管理

1.材料质量控制

(1)小砌块包括普通混凝土小型空心砌块和轻集料混凝土小型空心砌块,施工时所用的小砌块的产品龄期不应小于 28 天。

(2)砌筑小砌块时,应清除表面污物和芯柱用小砌块孔洞底部的毛边,剔除外观质量不合格的小砌块。

(3)砌筑普通小砌块时,可为天然含水率;当天气干燥时,可提前洒水湿润。轻集料小砌块因吸水率大,宜提前一天浇水湿润。当小砌块表面有浮水时,为避免游砖,不应进行砌筑。

(4)施工时所用的砂浆,宜选用专用的小砌块砌筑砂浆。

2.施工过程质量控制

1)小砌块砌筑

(1)小砌块砌筑前应预先绘制砌块排列图,并应确定皮数。不够主规格尺寸的部位,应采用辅助规格小砌块。

(2)小砌块砌筑墙体时应对孔错缝搭砌;当不能对孔砌筑时,搭接长度不得小于 90 mm;当个别部位不能满足时,应在水平灰缝中设置拉结钢筋网片,网片两端距竖缝长度均不得小于 300 mm。竖向通缝(搭接长度小于 90 mm)不得超过 2 皮。

(3)小砌块砌筑应将底面朝上反砌于墙上。

(4)常温下,普通混凝土小砌块日砌高度控制在 1.8 m 以内;轻集料混凝土小砌块日砌高度控制在 2.4 m 以内。

(5)需要移动砌体中的小砌块或砌体被撞动后,应重新铺砌。

(6)厕浴间和有防水要求的楼面,墙底部应浇筑高度不小于 200 mm 的混凝土坎台。

(7)雨天砌筑应有防雨措施,砌筑完毕应对砌体进行掩盖。

2)小砌块砌体灰缝

(1)小砌块砌体铺灰长度不宜超过两块主规格块体的长度。

(2)小砌块清水墙的勾缝应采用加浆勾缝,当设计无具体要求时宜采用平缝形式。

3)混凝土芯柱

(1)砌筑芯柱(构造柱)部位的墙体,应采用不封底的通孔小砌块,砌筑时要保证上下孔通畅且不错孔,确保混凝土浇筑时不侧向流窜。

(2)在芯柱部位,每层楼的第一皮块体应用开口小砌块或U形小砌块砌出操作孔,操作孔侧面宜预留连通孔;砌筑开口小砌块或U形小砌块时,应随时刮去灰缝内凸出的砂浆,直至一个楼层高度。

(3)浇灌芯柱的混凝土,宜选用专用的小砌块灌孔混凝土;当采用普通混凝土时,其坍落度不应小于90 mm。

(4)浇灌芯柱混凝土时,应遵守下列规定:

①清除孔洞内砂浆等杂物,并用水冲洗;

②砌筑砂浆强度应大于1 MPa,以便浇灌芯柱混凝土;

③在浇灌芯柱混凝土前应先注入适量与芯柱混凝土相同的去石水泥砂浆,再浇灌混凝土。

3.混凝土小型空心砌块砌体工程检验批质量验收

(1)主控项目。

①小砌块和砂浆的强度等级必须符合设计要求。检查数量:每一个生产厂家,每1万块小砌块至少应抽检1组;多层建筑基础和底层的小砌块抽检数量不应少于2组;每一检验批且不超过250 m^3 砌体的各种类型及强度等级的砌筑砂浆,每台搅拌机应至少抽检一次。检查方法:查小砌块和砂浆试块实验报告。

②砌体水平灰缝的砂浆饱满度,按净面积算应不低于90%;竖向灰缝饱满度不得小于80%,竖缝凹槽部位应用砌筑砂浆填实;不得出现暗缝、透明缝。检查数量:每检验批检查处不应少于3处。检验方法:用专业百格网检测小砌块与砂浆粘接痕迹,每处检测3块小砌块,取其平均值。

③墙体转角处和纵横交接处应同时砌筑。临时间断处应砌成斜槎。斜槎水平投影长度不应少于高度的2/3。检查数量:每检验批抽查20%接槎,且检查处不应少于5处。检验方法:观察检查。

(2)一般项目。

墙体的水平灰缝厚度和竖向灰缝宽度宜为10 mm,不应大于12 mm,也不应小于8 mm。检查数量:每层楼的监测点不应少于3处。检验方法:用尺量5皮小砌块的高度和2 m砌体长度进行折算。

三、配筋砌体工程质量管理

1.材料质量控制

(1)用于砌体工程的钢筋品种、强度等级必须符合设计要求,并应有产品合格证书和性能检测报告,进场后应进行复验。

(2)对设置在潮湿或有化学侵蚀性介质环境中的砌体灰缝内的钢筋,应采用镀锌钢材、不锈钢或有色金属材料,或对钢筋表面涂刷防腐涂料或防锈剂。

2.施工过程质量控制

1)配筋砖砌体

(1)砌体水平灰缝中钢筋的锚固长度不宜小于 $50D$,且其水平或垂直弯折段长度不宜小于 $20D$ 和 150 mm;钢筋的搭接长度不应小于 $55D$。

(2)对配筋砌块砌体剪力墙的灌孔混凝土中竖向受拉钢筋,钢筋搭接长度不应小于 $35D$ 且不小于 300 mm。

(3)砌体与构造柱、芯柱的连接处应设 2Φ6 拉结钢筋或 Φ4 钢筋网片,间距沿墙高不应超过 500 mm(小砌块为 600 mm);埋入墙内长度每边不宜小于 600 mm;对抗震设防地区不宜小于 1 m;钢筋末端应有 90°弯钩。

(4)钢筋网可采用连弯网或方格网。钢筋直径应采用 3～4 mm;当采用连弯网时,钢筋的直径不应大于 8 mm。

(5)钢筋网中钢筋的间距应为 30～120 mm。

2)构造柱、芯柱

(1)构造柱浇灌混凝土前,必须将砌体留槎部位和模板浇水湿润,将模板内的落地灰、砖渣和其他杂物清理干净,并在结合面处注入适量与构造柱混凝土相同的去石水泥砂浆。振捣时,应避免触碰墙体,严禁通过墙体传振。

(2)配筋砌块芯柱在楼盖处应贯通,并不得削弱芯柱截面尺寸。

(3)构造柱纵筋应穿过圈梁,保证纵筋上下贯通;构造柱箍筋在楼层上下各 500 mm 范围内应进行加密,间距宜为 100 mm。

(4)墙体与构造柱连接处应砌成马牙槎,从每层柱脚起,先退后进。马牙槎的高度不应大于 300 mm,并应先砌墙后浇混凝土构造柱。

(5)在小砌块墙中设置构造柱,当设计未具体要求与构造柱相邻的砌块孔洞时,烈度为 6 度、7 度时宜灌实,为 8 度时应灌实并插筋。

3)构造柱、芯柱中箍筋

(1)当纵向钢筋的配筋率大于 0.25%,且柱承受的轴向力大于受压承载力设计值的 25% 时,柱应设箍筋;当配筋率小于或等于 0.25%时,或柱承受的轴向力小于受压承载力设计值的

25%时，柱中可不设置箍筋。

(2)箍筋直径不宜小于 6 mm。

(3)箍筋的间距不应大于 16 倍的纵向钢筋直径、48 倍的箍筋直径及柱截面短边尺寸中较小者。

(4)箍筋应做成封闭式，端部应弯钩。

(5)箍筋应设置在灰缝或灌孔混凝土中。

3.配筋砌体工程检验批质量验收标准

(1)主控项目。

①钢筋的品种、规格和数量应符合设计要求。检验方法：检查钢筋的合格证书、钢筋性能试验报告、隐蔽工程记录。

②构造柱、芯柱、组合砌体构件、配筋砌体剪力墙构件的混凝土或砂浆强度等级应符合设计要求。检查数量：各类构件每一检验批砌体至少应做一组试块。检验方法：检查混凝土或砂浆试块试验报告。

③构造柱与墙体的连接处应砌成马牙槎，马牙槎应先退后进，预留的拉结钢筋应位置正确，施工中不得任意弯折；砖墙与构造柱应沿墙高每隔 500 mm 设置 2Φ6 水平拉结筋，当外墙为 370 mm 厚时，在外墙转角处水平拉结钢筋应为 3 根；外露的拉结钢筋有时会给施工带来不便，必要时可进行弯折，但在弯折和平直复位时，操作应仔细，避免使埋入部位的钢筋松动。检查数量：每检验批抽查 20%构造柱，且检查处不少于 3 处。检验方法：观察检查。

④构造柱位置及垂直度的允许偏差应符合设计要求。检查数量：每检验批抽查总数的 10%，且检查处不应少于 5 处。构造柱尺寸允许偏差及检查方法见表 2-12。

表 2-12 构造柱尺寸允许偏差及检查方法

<table>
<tr><th>序号</th><th colspan="2">项目</th><th colspan="2">允许偏差/mm</th><th>检查方法</th></tr>
<tr><td>1</td><td colspan="2">柱中心线位置</td><td colspan="2">10</td><td>用经纬仪和尺检查或用其他测量仪器检查</td></tr>
<tr><td>2</td><td colspan="2">柱层间错位</td><td colspan="2">8</td><td>用经纬仪和尺检查或用其他测量仪器检查</td></tr>
<tr><td rowspan="3">3</td><td rowspan="3">柱垂直度</td><td>每层</td><td colspan="2">10</td><td>用 2 m 托线板检查</td></tr>
<tr><td rowspan="2">全高</td><td>≤10 m</td><td>15</td><td rowspan="2">用经纬仪、吊线和尺检查，或用其他测量仪器检查</td></tr>
<tr><td>>10 m</td><td>20</td></tr>
</table>

⑤对配筋混凝土小型空心砌块砌体，芯柱混凝土应在装配式楼盖处贯通，不得削弱芯柱截面尺寸。芯柱上下连续，有利于抗震。采取灵活处理措施，可以保证楼板的支撑长度。检查数量：每检验批抽查总数的 10%，且检验数不应少于 5。检验方法：观察检查。

(2)一般项目。

①设置在砌体水平灰缝内的钢筋,应居中置于灰缝中。水平灰缝厚度应大于钢筋直径4 mm以上。砌体外露面砂浆保护层的厚度不应小于15 mm。钢筋居中置于灰缝中,一能保护钢筋,二能使砂浆层与块体较好地粘接,因此规定了水平灰缝厚度应大于钢筋直径4 mm以上。但应控制灰缝不宜过厚,否则会降低砌体强度。检查数量:每检验批抽查3个构件,每个构件检查3处。检验方法:观察检查,辅以钢尺检测。

②对设置在潮湿环境或有化学侵蚀性介质环境中的砌体灰缝内的钢筋,应采取防腐措施。检查数量:每检验批抽查10%的钢筋。检验方法:观察检查。合格标准:防腐涂料无漏刷(喷浸),无起皮脱落现象。

③在网状配筋砌体中,钢筋网及放置间距应符合设计规定。一般网状配筋竖向间距不应大于5皮砖(400 mm)。检查数量:每检验批抽查10%的钢筋网成品,且检查数不应少于5。钢筋规格检查钢筋网成品,通过钢筋网放置间距局部剔缝观察,或用探针刺入灰缝内检查,或用钢筋位置测定仪测定。合格标准:钢筋网沿砌体高度位置超过设计规定1皮砖厚的地方不得多于1处。

④对组合砖砌体构件,竖向受力钢筋保护层应符合设计要求,距砖砌体表面距离不应小于5 mm;拉结筋两端应设弯钩,拉结筋及箍筋的位置应正确。检查数量:每检验批抽检10%的构件,且检查处不应少于5处。检查方法:支模前观察与尺量检查。合格标准:钢筋保护层符合设计要求;拉结筋位置及弯钩设置80%及以上符合要求;箍筋间距超过规定者,每件不得多于2处,且每处不得超过1皮砖。

⑤在配筋砌块砌体剪力墙中,采用搭接接头的受力钢筋搭接长度不应小于$35D$(D为受力钢筋的较大直径),且不应少于300 mm。检查数量:每检验批每类构件抽查20%(墙、柱、连梁),且检查处不应少于3处。检验方法:尺量检查。

四、填充墙砌体工程质量管理

填充墙砌体工程是指空心砖、蒸压加气混凝土砌块、轻骨料混凝土小型空心砌块等砌筑墙体工程。

1.材料质量控制

(1)砌筑蒸压加气混凝土砌块、轻骨料混凝土小型空心砌块时,其产品龄期应超过28天。

(2)空心砖、蒸压加气混凝土砌块、轻骨料混凝土小型空心砌块等在运输、装卸过程中,严禁抛掷和倾倒。进场后应按品种、规格分别堆放整齐,堆置高度不宜超过2 m。加气混凝土砌块应防止雨淋。

(3)填充墙砌体砌筑前,块材应提前2天浇水湿润。砌筑蒸压加气混凝土砌块时,应向砌筑面适量浇水。

(4)加气混凝土砌块不得在以下部位砌筑。

①建筑物底层地面以下部位;

②长期浸水或经常干湿交替部位;

③受化学环境侵蚀部位;

④经常处于 80 ℃以上高温环境的部位。

2.施工过程质量控制

(1)砌块、空心砖应提前 28 天浇水湿润;砌筑加气砌块时,应向砌筑面适量洒水;当采用黏结剂砌筑时不得浇水湿润。用砂浆砌筑时的含水率控制在:轻集料小砌块应为 5%～8%;空心砖应为 10%～15%;加气砌块应小于 15%;粉煤灰加气混凝土制品应小于 20%。

(2)砌筑轻集料小砌块、加气砌块和薄壁空心砖(如三孔砖)时,墙底部应砌筑烧结普通砖、多孔砖、普通小砖块(采用混凝土灌孔更好)或烧筑混凝土,其高度不应小于 200 mm。

(3)厕浴间和有防水要求的房间,所有墙底部 200 mm 高度内均应浇筑混凝土坎台。

(4)轻集料小砌块和加气砌块砌体,由于干缩值大(是烧结黏土砖的数倍),不应与其他块材混砌。但对于因构造需要的墙底部、顶部、门窗固定部位等,可局部适量镶嵌其他块材。不同砌体交接处可采用构造柱连接。

(5)填充墙的水平灰缝砂浆饱满度均应不小于 80%;小砌块、加气砌块砌体的竖向灰缝也不应小于 80%;其他砖砌体的竖向灰缝应填满砂浆,并不得有透明缝、暗缝、假缝。

(6)填充墙砌筑时应错缝搭砌。单排孔小砌块应对孔错缝砌筑,当不能对孔时,搭接长度不应小于 90 mm,加气砌块搭接长度不小于砌块长度的 1/3;当不能满足时,应在水平灰缝中设置钢筋加强。

(7)填充墙砌至梁、板底部时,应留一定空隙,至少间隔 7 天后再砌筑、挤紧;或用坍落度较小的混凝土、水泥砂浆填嵌密实。在封砌施工洞口及外墙井架洞口时,尤其应严格控制,千万不能一次到顶。

(8)在钢筋混凝土结构中砌筑填充墙时,应沿框架柱(剪力墙)全高每隔 500 mm(砌块模数不能满足时可为 600 mm)设 2Φ6 拉结筋,拉结筋伸入墙内的长度应符合设计要求;当设计没有具体要求时:非抗震设防及抗震设防烈度为 6 度、7 度时,不应小于墙长的 1/5 且不小于700 mm;烈度为 8 度、9 度时宜沿墙全长贯通。

3.填充墙砌体工程检验批质量验收

(1)主控项目。

砖、砌块和砌筑砂浆的强度等级应符合设计要求。检验方法:检查砖或砌块的产品合格证书、产品性能检测报告和砂浆试块试验报告。

(2)一般项目。

①填充墙砌体一般尺寸的允许偏差及检查方法见表 2 - 13。

检查数量:对表 2-13 中门窗洞口高、宽和外墙上、下窗口偏移项,在检验批的标准间中随机抽查 10%,但不应少于 3 间;大面积房间和楼道按两个轴线或每 10 延长米按一标准间计数。每间检验不应少于 3 处。对表中 3、4 项,在检验批中抽查总数的 10%,且抽查数不应少于 5。

表 2-13 填充墙砌体一般尺寸的允许偏差及检查方法

序号	项目		允许偏差	检查方法
1	柱中心线位置/mm		10	用尺检查
	垂直度/mm	小于或等于 3 m	15	用 2 m 托线板或吊线、尺检查
		大于 3 m	25	
2	表面平整度/mm		8	用 2 m 靠尺和楔形塞尺检查
3	门窗洞口高、宽(后塞口)/mm		±5	用尺检查
4	外墙上、下窗口偏移/mm		20	用经纬仪或吊线检查

②蒸压加气混凝土砌块和轻骨料混凝土小型空心砖砌块砌体不应与其他块材混砌。这主要是因为上述砌块干缩较大,应控制砌体产生干缩裂缝。在现场施工时,如因构造需要可在墙底部、顶部,部分门窗洞口处酌情采用其他块材补砌。检查数量:在检验批中抽检总数的 20%,且检查数不应少于 5。检验方法:外观检查。

③填充墙砌体的砂浆饱满度及检验方法见表 2-14。

检查数量:每步架子不少于 3 处,且每处不应少于 3 块。检验方法:观察和用尺量检查。

表 2-14 填充墙砌体的砂浆饱满度及检验方法

砌体分类	灰缝	饱满度及要求	检查方法
空心砖砌体	水平	≥80%	采用百格网检查块材底面砂浆的粘结痕迹面积
	垂直	填满砂浆,不得有透明缝、暗缝、假缝	
加气混凝土砌块和轻骨料混凝土小砌块砌体	水平	≥80%	
	垂直	≥80%	

④填充墙砌体留置的拉结钢筋或网片的位置应与块体皮数相符合。拉结钢筋或网片应置于灰缝中,埋置长度应符合设计要求,竖向位置偏差不应超过 1 皮高度。检查数量:在检验批中抽检总数的 20%,且抽查处不应少于 5 处。

⑤填充墙砌筑时应错缝搭砌,蒸压加气混凝土砌块搭砌长度不应小于砌块长度的 1/3;轻骨料混凝土小型空心砌块搭砌长度不应小于 90 mm;竖向通缝不应大于 2 皮。检查数量:在检验批的标准间中抽查 10%,且不应少于 3 间。检验方法:观察和用尺检查。

⑥填充墙砌体的灰缝厚度和宽度应正确。空心砖、轻骨料混凝土小型空心砌块的砌体灰缝应为 8～12 mm;蒸汽加压混凝土砌块砌体的水平灰缝厚度及径向灰缝宽度应分别为 15 mm 和 12 mm。加气混凝土砌块、轻骨料混凝土小型空心砌块尺寸比空心砖、轻骨料混凝土小砌块大,故水平灰缝、竖向灰缝厚度稍大一些;但不能过大,因过大灰缝干缩大,容易引起砌体裂缝。检查数量:在检验批的标准间中抽查 10%,且检查数不应少于 3。检验方法:用尺量 5 皮空心砖或小砌块的高度和 2 m 砌体长度折算。

⑦填充墙砌至接近梁、板底时,应留一定空隙,待填充墙砌筑完并至少间隔 7 天后,再将其补砌紧。留有间隔期主要是考虑砌体变形后的稳定性。

任务实施

一、资讯

1. 工作任务

请对学生宿舍楼在砌筑工程施工中的关键部位、关键环节、重点工艺,以及材料进行质量评定和验收。

2. 收集、查询信息

利用在线开放课程、网络资源等查找相关资料,获取必要的知识。

3. 引导问题

①砌筑工程质量验收项目有哪些?

②砌筑工程材料质量控制要点有哪些?

③砌筑工程施工过程质量控制要点有哪些?

二、计划

在这一阶段,学生针对本工程项目,以小组的形式,独立地寻找与完成本项目相关的信息,并获得砌筑工程质量管理的相关内容,列出砌筑工程质量验收程序。

三、决策

确定砌筑工程质量验收的主控项目、一般项目及质量控制要点。

四、实施

完成砌筑工程质量验收记录。

五、检查

学生根据《砌筑工程施工质量验收规范》首先自查;然后以小组为单位进行互查,发现错误及时纠正,遇到问题商讨解决;最后教师作出改进指导。

六、评价

学生首先自评,教师结合学生在实施过程中表现出来的职业素养、参与程度综合考核和评价每位学生的成绩。

学生自评表

<table>
<tr><td>项目名称</td><td>建筑工程施工质量管理</td><td>任务名称</td><td>砌筑工程质量管理</td><td>学生签名</td><td></td></tr>
<tr><td colspan="3">自评内容</td><td>标准分值</td><td colspan="2">实际得分</td></tr>
<tr><td colspan="3">信息收集</td><td>10</td><td colspan="2"></td></tr>
<tr><td colspan="3">验收程序</td><td>15</td><td colspan="2"></td></tr>
<tr><td colspan="3">主控项目</td><td>15</td><td colspan="2"></td></tr>
<tr><td colspan="3">一般项目</td><td>10</td><td colspan="2"></td></tr>
<tr><td colspan="3">质量控制资料</td><td>10</td><td colspan="2"></td></tr>
<tr><td colspan="3">不合格产品处理</td><td>20</td><td colspan="2"></td></tr>
<tr><td colspan="3">沟通交流能力</td><td>5</td><td colspan="2"></td></tr>
<tr><td colspan="3">精益求精、一丝不苟的工匠精神</td><td>5</td><td colspan="2"></td></tr>
<tr><td colspan="3">团队协作能力</td><td>5</td><td colspan="2"></td></tr>
<tr><td colspan="3">创新意识</td><td>5</td><td colspan="2"></td></tr>
<tr><td colspan="3">合计得分</td><td>100</td><td colspan="2"></td></tr>
<tr><td colspan="6">改进内容及方法：</td></tr>
</table>

教师评价表

项目名称	建筑工程施工质量管理	任务名称	砌筑工程质量管理	学生签名	
自评内容			标准分值	实际得分	
信息收集			10		
验收程序			15		
主控项目			15		
一般项目			10		
质量控制资料			10		
不合格产品处理			20		
沟通交流能力			5		
精益求精、一丝不苟的工匠精神			5		
团队协作能力			5		
创新意识			5		
合计得分			100		

任务3 钢筋工程质量管理

任务描述

钢筋工程是钢筋混凝土工程的重要组成部分，是保证钢筋混凝土质量的重要环节。钢筋工程施工质量的好坏不仅关系到后续施工的工期与进度，还直接影响整个建筑工程的质量与安全。因此，在钢筋工程施工过程中应坚持“百年大计，质量第一”的原则，严格把好材料关，控制施工工艺，按照设计要求和国家规范要求，采取积极的防治措施，保证钢筋工程施工能够发挥提升工程经济效益、安全效益的效果，更好地保证建筑工程质量。

一、钢筋工程管理

1.材料质量控制

(1)进场钢筋应检查产品合格证、出厂检验报告；钢筋的品种、规格、型号、化学钢筋工程质量成分、力学性能等，必须满足设计要求和符合现行国家标准的有关规定。

(2)进场的每捆钢筋均应有标牌(标明生产厂商、生产日期、钢号、炉罐号、钢筋级别、直径等)，见图 2－9(a)，应按炉罐号、批次及直径分批验收，分别堆放整齐，严防混料，并对其检验状态进行标识，防止混用，见图 2－9(b)。

(a)钢筋验收

(b)钢筋存放

图 2－9 钢筋原材料

(3)进场钢筋应按现行国家标准规定抽取试件做力学性能检验，检查内容包括产品合格证、出厂检验报告、进场复验报告；钢筋的品种、规格、型号、化学成分、力学性能等，并且必须满足设计和有关现行国家标准的规定。

(4)进场钢筋应按进场的批次和产品的抽样检验方案确定抽样复验，钢筋复验报告结果应符合现行国家标准。

(5)钢筋的表面应干净、无损伤,油渍、漆污和铁锈等应在使用前清除干净。带有颗粒状或片状锈的钢筋不能使用。

(6)若发现钢筋脆断、焊接性能不良或力学性能显著不正常等现象,应立即停止使用,并对该批钢筋进行化学成分检验。应对该批钢筋进行化学成分或其他专项检验,如果力学性能或化学成分不符合要求,应停止使用,进行退货处理。

2.钢筋加工质量控制

(1)冷拉控制要点:

①冷拉前,使用的测力器和各项计算数据应进行校验和复核;

②冷拉速度不宜过快;

③自然失效的冷拉钢筋,需放置 7～15 日方可使用;

④冷拉钢筋力学性能试验必须符合有关标准的规定;

⑤预应力钢筋应先对焊、后冷拉。

(2)冷拔控制要点:

①原材料必须符合 HPB300 级钢盘圆;

②必须控制总压缩率,否则塑性差;

③控制冷拔的次数,冷拔次数过多钢丝易发脆,冷拔次数过少易断丝。钢筋冷拔施工中,应保证后道钢筋的直径为前道钢丝直径的 0.85～0.9 倍;

④合理选择润滑剂;

⑤冷拔钢筋力学性能试验必须符合有关标准规定。

(3)钢筋除锈控制要点:

钢筋由于保管不善或存放时间过久,会受潮生锈。在生锈初期,钢筋表面呈黄褐色,称为水锈或色锈,这种水锈除在焊点附近必须清除外,一般可不处理;但是当钢筋锈蚀进一步发展,钢筋表面已形成一层锈皮,受锤击或碰撞可见其剥落,这种铁锈不能很好地与混凝土黏结,影响钢筋和混凝土的握裹力,并且在混凝土中会继续发展,需要清除,见图 2-10。

图 2-10　钢筋除锈

3.钢筋加工质量验收

1)主控项目

(1)受力钢筋的弯钩和弯折应符合下列规定:

①HPB300级钢筋末端应作180°弯钩,其弯弧内直径不应小于钢筋直径的2.5倍,弯钩弯后的平直部分长度不应小于钢筋直径的3倍。

②当设计要求钢筋末端需作135°弯钩时,HRB335级、HRB400级钢筋的弯弧内直径不应小于钢筋直径的4倍,弯钩弯后的平直部分长度应符合设计要求。

③钢筋作不大于90°的弯折时,弯折处的弯弧内直径不应小于钢筋直径的5倍。

检查数量:按每工作班组同一类型钢筋、同一加工设备抽查,不应少于3件。检验方法:钢尺检查。

(2)除焊接封闭环式箍筋外,箍筋的末端应做弯钩,弯钩形式应符合设计要求;当设计无具体要求时,应符合下列规定:

①箍筋弯钩的弯弧内直径除应满足上述第(1)条第③款的规定外,还应不小于受力钢筋直径。

②箍筋弯钩的弯折角度,对一般结构,不应小于90°;有抗震等要求的结构应为135°,见图2-11(a)。

③箍筋弯后平直部分长度,对一般结构,不宜小于箍筋直径的5倍;有抗震等要求的结构,不应小于箍筋直径的10倍,见图2-11(b)。检查数量:按每工作班组同一类型钢筋、同一加工设备抽查,不应少于3件。检验方法:钢尺检查。

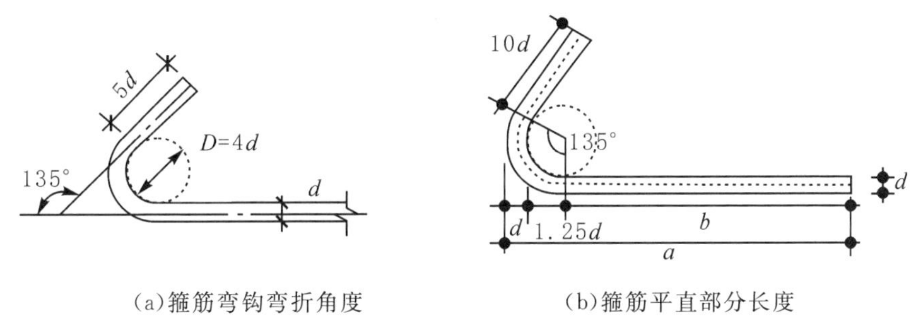

(a)箍筋弯钩弯折角度　　(b)箍筋平直部分长度

图2-11 箍筋弯钩

2)一般项目

①钢筋调直宜采用机械方法,也可采用冷拉方法。当采用冷拉方法调直钢筋时,HPB300级钢筋的冷拉率不宜大于4%,HRB335级、HRB400级和RRB400级钢筋的冷拉率不宜大于1%。检查数量:按每工作班组同一类型钢筋、同一加工设备抽查,不应少于3处。检验方法:观察,钢尺检查,见图2-12。

图 2-12　箍筋弯钩检查

②钢筋加工的形状、尺寸应符合设计要求，其偏差见表 2-15。

检查数量：按每工作班组同一类型钢筋、同一加工设备抽查，不应少于 3 件。检验方法：钢尺检查。

表 2-15　钢筋加工的允许偏差

单位：mm

项目	受力钢筋顺长度方向全长的净尺寸	弯起钢筋的弯折位置	箍筋内净尺寸
允许偏差	±10	±20	±5

4. 钢筋连接质量控制

钢筋连接的主要方法有机械连接、焊接、绑扎搭接，纵向受力钢筋的连接方式应符合设计要求。

1）钢筋焊接

（1）钢筋机械连接和焊接的操作人员必须持证上岗。焊接操作工只能在其上岗证规定的施焊范围内实施操作。

（2）钢筋连接所用的焊（条）剂、套筒等材料必须符合技术检验认定的技术要求，并具有相应的出厂合格证。

（3）焊接钢筋前，必须根据施工条件进行试焊，试焊合格后方可施焊。焊工必须有焊工考试合格证，并在规定的范围内进行焊接操作。

（4）钢筋的焊接接头宜设置在受力较小处，在同一纵向受力钢筋上不宜设置两个或两个以上的接头，接头末端至钢筋弯起点的距离不应小于钢筋直径的 10 倍，且不宜位于构件的最大弯矩处。

（5）焊接接头不宜设置在有抗震设防要求的框架柱端的箍筋加密区，当无法避开时，对等强度高质量机械连接接头，有接头的受力钢筋的截面积占受力钢筋总截面面积的百分率不应大于50%。

2)机械连接

带肋钢筋套筒挤压连接：

(1)挤压前应做下列准备工作：

①钢筋端头的锈皮、泥沙、油污等杂物应清理干净。

②应对套筒作外观尺寸检查。

③应对钢筋与套筒进行试套，如钢筋有马蹄、弯折或纵肋尺寸过大，应预先矫正或用砂轮打磨，不同直径钢筋的套筒不得相互串用。

④检查挤压设备，并进行试压，符合要求后方可作业。

(2)挤压操作应符合下列要求：

①挤压操作时采用的挤压力、压模宽度、压痕直径或挤压后套筒长度的波动范围、挤压道数，均应符合经形式检验确定的技术参数要求。

②压模、套筒与钢筋应配套使用，压模上应有对应的连接钢筋规格标记。

③钢筋连接端应画出明显的定位标记，确保在挤压时和挤压后按定位标记检查钢筋伸入套筒内的长度。

④应按标记检查钢筋插入套筒内的深度，钢筋端头离套筒长度中点不宜超过10 mm。

⑤挤压时，挤压机与钢筋轴线应保持垂直。

⑥挤压宜从套筒中央开始，并依次向两端挤压。

⑦宜先挤压一端钢筋，插入接连钢筋后，再挤压另一端套筒，挤压宜从套筒中部开始，依次向两端挤压，挤压机与钢筋轴线保持垂直。

(3)不同直径的带肋钢筋可采用挤压接头连接。当套筒两端外径和壁厚相同时，被连接钢筋的直径相差不应大于5 mm。

(4)挤压连接的操作人员必须经过培训及考核，方可持证上岗。

直螺纹接头施工质量控制：

(1)连接钢筋时，应检查连接套出厂合格证、钢筋直螺纹加工的检验记录。

(2)在钢筋连接工程开始前及施工过程中，应对每批进场钢筋和接头进行工艺检验。

(3)对每种规格的钢筋母材进行抗拉强度试验。

(4)每种规格的钢筋接头的试件数量不少于3根。

(5)接头试件应达到《钢筋机械连接技术规程》相应等级的强度要求：

①钢筋锥(直)螺纹接头套丝和锥螺纹钢筋连接的操作人员，必须经过培训及考核，方可持证上岗。

②使用的力矩扳手，每半年用扭力仪检定一次，其精度为±5%。质量检验与施工安装用的力矩扳手应分开使用，不得混用。

③加工的钢筋接头套丝的规格(锥度、牙形、螺距等)必须与连接套的规格一致，且经配套的量规检验合格。

④对检验合格的锥螺纹丝头、连接套的丝扣应采取保护措施，确保干净、完好无损。

⑤连接钢筋时，应对准轴线方向将锥螺纹丝头拧入连接套，并用力矩扳手拧紧，见图 2-13，按规定的力矩值施拧，不得超拧，拧紧后的接头应做标志。

⑥接头的外观要求。钢筋与连接套的规格一致，无完整接头丝扣外露。

图 2-13　钢筋连接接头

3)钢筋的绑扎质量控制

(1)钢筋的交叉点应采用铁丝扎牢。

(2)对板和墙的冷轧带肋钢筋网，除靠近外围两行钢筋的相交点全部扎牢外，中间部分相交点可间隔交错扎牢，但必须保证受力钢筋不产生位置偏移；双向受力的钢筋(板)必须全部扎牢。必须严格保证梁、板、悬挑构件上部纵向受力钢筋的位置正确，浇筑混凝土时，应有专人负责检查钢筋，有松脱或位移的应及时纠正，以免影响构件的承载能力和抗裂性能。

(3)梁和柱的箍筋，除有特殊的设计要求外，应与受力钢筋垂直设置；箍筋在弯钩叠合处应沿受力钢筋方向错开设置。

(4)柱中有竖向钢筋搭接时，角部钢筋的弯钩平面与模板面的夹角，对矩形柱应为 45°角，对多边形柱应为模板内角的平分角；圆形柱钢筋的弯钩平面应与模板的切平面垂直；中间钢筋的弯钩平面应与模板面垂直；当采用插入式振捣器浇筑小型截面柱时，弯钩平面与模板面的夹角不得小于 45°。

(5)钢筋绑扎网和绑扎骨架外形尺寸的允许偏差见表 2-16。

表 2-16 钢筋绑扎网和绑扎骨架外形尺寸的允许偏差

单位:mm

项目		允许偏差
网的长、宽		±10
网眼尺寸		±20
骨架的宽及高		±5
骨架的长		±10
箍筋间距		±20
受力钢筋	间距	±10
	排距	±5

(6)钢筋的绑扎接头应符合下列规定:

①搭接长度的末端距钢筋弯折处不得小于钢筋直径的 10 倍,接头不宜位于构件最大弯矩处;

②受拉区域内,HPB300 钢筋绑扎接头的末端应做弯钩,采用 HRB335 级、HRB400 级钢筋时可不做弯钩;

③直径不大于 12 mm 的受压 HPB300 级钢筋的末端,以及轴心受压构件中任意直径的受力钢筋的末端,可不做弯钩,但搭接长度不应小于钢筋直径的 35 倍;

④钢筋搭接处应在中心和两端用铁丝扎牢;

⑤受拉钢筋绑扎接头的搭接长度见表 2-17,并应不小于 300 mm;受压钢筋绑扎接头的搭接长度应取受拉钢筋绑扎接头搭接长度的 0.7 倍;

表 2-17 受拉钢筋绑扎接头的搭接长度

抗震等级	钢筋类型	混凝土强度等级		
		C25	C30	C35
一、二级	HPB300	39D	35D	32D
	HRB335	38D	33D	31D
三级	HPB300	36D	32D	29D
	HRB335	35D	31D	28D
四级	HPB300	34D	30D	28D
	HRB335	33D	29D	27D

注:两根直径不同的钢筋的搭接长度以较细的钢筋直径计算。

⑥在梁、柱类构件的纵向受力钢筋搭接长度范围内,应按设计要求配置箍筋。当设计无具体要求时,应符合下列规定:箍筋直径不应小于搭接钢筋较大直径的 0.25 倍;受拉搭接区段的

箍筋间距不应大于搭接钢筋较小直径的 5 倍，且不应大于 100 mm；受压搭接区段的箍筋间距不应大于搭接钢筋较小直径的 10 倍，且不应大于 200 mm；当柱中纵向受力钢筋的直径大于 25 mm 时，应在搭接接头两个端面外 100 mm 范围内各设置两根箍筋，其间距宜为 50 mm。纵向受力钢筋的最小搭接长度应符合设计要求。

(7)各受力钢筋之间的绑扎接头位置应相互错开。从任一绑扎接头中心至搭接长度的 1.3 倍区段范围内，绑扎接头的受力钢筋截面面积占受力钢筋总截面面积的百分率：在受拉区不得超过 25%；在受压区不得超过 50%。

(8)受力钢筋的混凝土保护层厚度应符合设计要求。当设计无具体要求时，受力钢筋的混凝土保护层厚度不应小于受力钢筋的直径，并应符合表 2－18 的规定。

表 2－18　受力钢筋的混凝土保护层厚度

单位：mm

环境类别	板、墙、壳	梁、柱、杆
一	15	20
二 a	20	25
二 b	25	35
三 a	30	40
三 b	40	50

注：1. 混凝土强度等级不大于 C25 时，表中保护层厚度数值应增加 5 mm。

2. 钢筋混凝土基础宜设置混凝土垫层，基础中钢筋的混凝土保护层厚度应从垫层顶面算起，且不应小于 40 mm。

3. 表中所述环境类别参见《混凝土结构设计规范》。

5. 钢筋连接检验批质量验收标准

(1)主控项目。

①纵向受力钢筋的连接方式应符合设计要求。检查数量：全数检查。检验方法：观察。

②在施工现场，应按国家现行标准《钢筋机械连接通用技术规程》《钢筋焊接及验收规程》的规定抽取钢筋机械连接接头、焊接接头试件作力学性能检验，其质量应符合有关规程的规定。检查数量：按有关规程确定。检验方法：检查产品合格证、接头力学性能试验报告。

(2)一般项目。

①钢筋的接头宜设置在受力较小处。同一纵向受力钢筋不宜设置两个或两个以上接头。接头末端至钢筋弯起点的距离不应小于钢筋直径的 10 倍。检查数量：全数检查。检验方法：观察、钢尺检查。

②在施工现场，应按国家现行标准《钢筋机械连接通用技术规程》《钢筋焊接及验收规程》的规定对钢筋机械连接接头、焊接接头的外观进行检查，其质量应符合有关规程的规定。检查数

量:全数检查。检验方法:观察。

③当受力钢筋采用机械连接接头或焊接接头时,设置在同一构件内的接头宜相互错开。纵向受力钢筋机械连接接头及焊接接头连接区段的长度为 $35D$(D 为纵向受力钢筋的较大直径)且不小于 500 mm,凡接头中点位于该连接区段长度内的接头均属于同一连接区段。在同一连接区段内,纵向受力钢筋机械连接及焊接的接头面积百分率为该区段内有接头的纵向受力钢筋截面面积与全部纵向受力钢筋截面面积的比值。

在同一连接区段内,纵向受力钢筋的接头面积百分率应符合设计要求;当设计无具体要求时,应符合下列规定:a. 在受拉区不宜大于 50%;b. 接头不宜设置在有抗震设防要求的框架梁端、柱端的箍筋加密区;当无法避开时,等强度、高质量机械连接接头不应大于 50%;c. 直接承受动力荷载的结构构件中,不宜采用焊接接头;d. 当采用机械连接接头时,不应大于 50%。

检查数量:在同一检验批内,梁、柱和独立基础应抽查构件数量的 10%,且不少于 3 件;墙和板应按有代表性的自然间抽查 10%,且不少于 3 间;大空间结构的墙可按相邻轴线间高度 5 m左右划分检查面,板可按纵、横轴线划分检查面,抽查 10%,且均不少于 3 面。检验方法:观察、钢尺检查。

④同一构件中,相邻纵向受力钢筋的绑扎搭接接头宜相互错开。绑扎搭接接头中钢筋的横向净距不应小于钢筋直径,且不应小于 25 mm。钢筋绑扎搭接接头连接区段的长度为 $1.3l_1$(l_1 为搭接长度),凡接头中点位于该连接区段长度内的搭接接头均属于同一连接区段。在同一连接区段内,纵向钢筋搭接接头面积百分率为该区段内有搭接接头的纵向受力钢筋截面面积与全部纵向受力钢筋截面面积的比值。

在同一连接区段内,纵向受拉钢筋搭接接头面积百分率应符合设计要求;当设计无具体要求时,应符合下列规定:a. 梁类、板类及墙类构件不宜大于 25%;b. 柱类构件不宜大于 50%;c. 当工程中确有必要增大接头面积百分率时,梁类构件不应大于 50%,其他构件可根据实际情况放宽;d. 纵向受力钢筋绑扎搭接接头的最小搭接长度应符合《混凝土结构工程施工质量验收规范》附录 B 的规定。

检查数量:在同一检验批内,梁、柱和独立基础应抽查构件数量的 10%,且不少于 3 件;墙和板应按有代表性的自然间抽查 10%,且不少于 3 间;大空间结构的墙可按相邻轴线间高度 5 m左右划分检查面,板可按纵、横轴线划分检查面,抽查 10%,且均不少于 3 面。检验方法:观察、钢尺检查。

⑤在梁、柱类构件的纵向受力钢筋搭接长度范围内,应按设计要求配置箍筋。当设计无具体要求时,应符合下列规定:a. 箍筋直径应大于搭接钢筋较大直径的 0.25 倍;b. 受拉搭接区段的箍筋间距不应大于搭接钢筋较小直径的 5 倍,且不应大于 10 mm;c. 受压搭接区段的箍筋间距不应大于搭接钢筋较小直径的 10 倍,且不应大于 200 mm;d. 当柱中纵向受力钢筋直径大于 25 mm 时,应在搭接接头两个端面外 100 mm 范围内各设置两个箍筋,其间距宜为 50 mm。

检查数量：在同一检验批内，梁、柱和独立基础应抽查构件数量的10%，且不少于3件；墙和板应按有代表性的自然间抽查10%，且不少于3间；大空间结构的墙可按相邻轴线间高度5 m左右划分检查面，板可按纵、横轴线划分检查面，抽查10%，且均不少于3面。检验方法：钢尺检查。

(3)钢筋安装。

①安装钢筋时，应熟悉施工图纸，检查钢筋品种、级别、规格、数量是否符合设计要求，并落实钢筋安装工序。

②钢筋应绑扎牢固，防止钢筋移位。对板和墙的钢筋网，除靠近外围两行钢筋的交叉点全部扎牢外，中间部分交叉点可间隔交错扎牢，但必须保证受力钢筋不产生位置偏移；双向受力的钢筋必须全部扎牢。对梁和柱的箍筋，除设计有特殊要求外，应与受力钢筋垂直设置；箍筋弯钩叠合处，应沿受力钢筋方向错开设置。

在搭接柱中竖向钢筋时，角部钢筋的弯钩平面与模板面的夹角，矩形柱应为45°角，多边形柱应为模板内角的平分角，圆形柱钢筋的弯钩平面应与模板的切平面垂直；中间钢筋的弯钩平面应与模板面垂直；当采用插入式振捣器浇筑小型截面柱时，弯钩平面与模板面的夹角不得小于15°。面积大的竖向钢筋网可采用钢筋斜向拉结加固，各交叉点的绑扎扣应变换方向绑扎。

③墙体中配置双层钢筋时，可采用S钩等细钢筋撑件加以固定；板中配置双层钢筋网时，需用撑脚支托钢筋网片，撑脚可用相应的钢筋制成。

④梁和柱的箍筋，应按事先画线确定的位置，将各箍筋弯钩处沿受力钢筋方向错开放置。绑扎扣应变换方向绑扎，以防钢筋骨架斜向一方。

⑤根据钢筋的直径、间距，均匀、适量、可靠地垫好混凝土保护层砂浆垫块，竖向钢筋可采用带铁丝的垫块绑在钢筋骨架外侧；当梁中配有两排钢筋时，可采用短钢筋作为垫筋垫在下排钢筋上。受力钢筋的混凝土保护层厚度应符合设计要求；当设计无具体要求时，不应小于受力钢筋直径，并应符合表2-19的规定。

表2-19 钢筋的混凝土保护层厚度

单位：mm

环境与条件	构件名称	混凝土强度等级		
		低于C25	C25及C30	高于C30
室内正常环境	板、墙、壳	15		
	梁和柱	25		
露天或室内高湿度环境	板、墙、壳	35	25	15
	梁和柱	45	35	25
有垫层	基础	35		
无垫层		70		

⑥必须严格控制梁、板、悬挑构件上部纵向受力钢筋的位置正确，浇筑混凝土时，应有专人负责看管钢筋，有松脱或位移的及时纠正，以免影响构件承载能力和抗裂性能。

⑦基础内的柱子插筋，其箍筋应比柱的箍筋小一个箍筋直径，以便连接。下层柱的钢筋露出楼面的部分，宜用工具式箍筋将其收进一个柱筋直径，以便上层柱的钢筋搭接。

⑧钢筋骨架吊装入模时，应力求平稳。钢筋骨架用“扁担”起吊，吊点应根据骨架外形预先确定，骨架钢筋各交叉点应绑扎牢固，必要时焊接牢固。绑扎和焊接的钢筋网和钢筋骨架不得变形、松脱和开焊。

⑨安装钢筋时，配置的钢筋品种、级别、规格和数量必须符合设计图纸的要求。钢筋安装位置的允许偏差和检验方法应符合表 2-20 的要求。

表 2-20 钢筋安装位置的允许偏差和检验方法

单位：mm

<table>
<tr><th colspan="3">项　目</th><th>允许偏差</th><th>检验方法</th></tr>
<tr><td rowspan="2">绑扎钢筋网</td><td colspan="2">长、宽</td><td>±10</td><td>钢尺检查</td></tr>
<tr><td colspan="2">网眼尺寸</td><td>±20</td><td>钢尺量连续三挡，取最大值</td></tr>
<tr><td rowspan="2">绑扎钢筋骨架</td><td colspan="2">长</td><td>±10</td><td>钢尺检查</td></tr>
<tr><td colspan="2">宽、高</td><td>±5</td><td>钢尺检查</td></tr>
<tr><td rowspan="5">受力钢筋</td><td colspan="2">间距</td><td>±10</td><td rowspan="2">钢尺量两端、中间各一点，取最大值</td></tr>
<tr><td colspan="2">排距</td><td>±5</td></tr>
<tr><td rowspan="3">保护层厚度</td><td>基础</td><td>±10</td><td>钢尺检查</td></tr>
<tr><td>柱、梁</td><td>±5</td><td>钢尺检查</td></tr>
<tr><td>板、墙、壳</td><td>±3</td><td>钢尺检查</td></tr>
<tr><td colspan="3">绑扎箍筋、横向钢筋间距</td><td>±20</td><td>钢尺量连续三挡，取最大值</td></tr>
<tr><td colspan="3">钢筋弯起点位置</td><td>20</td><td>钢尺检查</td></tr>
<tr><td rowspan="2">预埋件</td><td colspan="2">中心线位置</td><td>5</td><td>钢尺检查</td></tr>
<tr><td colspan="2">水平高差</td><td>+3,0</td><td>钢尺和塞尺检查</td></tr>
</table>

注：1. 检查预埋件中心线位置时，应沿纵、横两个方向量测，并取其中的较大值。

2. 表中梁类、板类构件上部纵向受力钢筋保护层厚度的合格点率应达到 90%及以上，且不得有超过表中数值 1.5 倍的尺寸偏差。

(4)钢筋安装质量验收

①安装钢筋时，受力钢筋的牌号、规格和数量必须符合设计要求。检查数量：全数检查。检

验方法：观察、尺量。

②受力钢筋的安装位置、锚固方式应符合设计要求。检查数量：全数检查。检验方法：观察、尺量。

③梁板类构件上部受力钢筋保护层厚度的合格率应达到 90%及以上，且不得有超过标准数值 1.5 倍的尺寸检查。

检查数量：在同一检验批内，对梁、柱和独立基础，抽查构件数量的 10%，且不少于 3 件；对墙和板，应按有代表性的自然间抽查 70%，且不少于 3 间；对大空间结构，墙可按相邻轴线间高度 5 m 左右划分检查面，板可按纵横轴线划分检查面，抽查 10%，且均不少于 3 面。

二、预应力钢筋工程质量管理

1. 材料质量控制

预应力分项工程是预应力筋、锚具、夹具、连接器等材料的进场检验、后张法预留管道设置或预应力筋布置、预应力筋张拉、放张、灌浆直至封锚保护等一系列技术工作和完成实体的总称。

1）预应力筋

预应力筋常用的品种有钢丝、钢绞线和热处理钢筋。

(1)预应力筋进场时，应具备产品合格证、出厂检验报告，使用前应进行进场复检。按现行国家标准规定，还应按批次抽取试件进行力学性能检验，其质量必须符合有关标准的规定。

(2)预应力筋使用前应进行外观检查，其质量应符合下列要求：有黏结预应力筋展开后应平顺，不得弯折，且表面不应有裂纹、机械损伤、氧化铁皮或油污；无黏结预应力筋的护套应光滑、无裂缝和明显褶皱。

(3)无黏结预应力筋的涂包质量应符合无黏结预应力钢绞线标准的规定，进场时应具备产品合格证、出厂检验报告和进场复检报告。涂包质量的检验是按每 60 t 为一批，每批抽取 1 组试件来检查涂包层的油脂用量。

(4)无黏结预应力筋的护套，有严重破损的不得使用，有轻微破损的应外包防水塑料胶带修补好。当根据工程经验并经观察认为质量有保证时，可不进行油脂用量和护套厚度的进场复检。

2）锚具、夹具和连接器

(1)预应力筋所用的锚具、夹具和连接器应按设计规定采用，其性能应符合现行国家标准《预应力筋用锚具、夹具和连接器》和《预应力筋用锚具、夹具和连接器应用技术规程》中的规定。

(2)预应力筋端部锚具的制作质量应符合下列要求：挤压锚具制作时，压力表的油压应符合操作说明书的规定，挤压后预应力筋应露出挤压套筒 1～5 mm；钢绞线压花锚成形时，表面应洁净、无污染，且梨形头尺寸和直线段长度应符合设计要求；钢丝镦头的强度不得低于钢丝强度标准值的98%，对制作预应力筋的锚具，每工作班应进行抽样检查，对挤压锚每工作班抽查5%且不应少于5件，对压花锚每工作班抽查3件，对钢丝镦头则主要检查钢丝的可锻性，故按钢丝进场批量每批检查6个镦头试件的强度试验报告。

(3)预应力筋所用的锚具、夹具和连接器进场时应进行进场复检，主要进行静载锚固性能测验，并按出厂检验报告中所列的指标校对材质、机器加工尺寸等。对锚具使用较少的一般工程，如供货方提供了有效的出厂试验报告，可不再进行静载锚固性能试验。

(4)锚具、夹具和连接器使用前应进行外观质量检查，其表面应无污物、锈蚀、机械损伤和裂纹，否则应根据不同情况进行处理，以确保其使用性能。

3)孔道成型及灌浆材料

(1)后张预应力混凝土孔道成型材料应具有密闭性，在铺设及浇筑混凝土过程中不应变形，其咬口及连接处不应漏浆。成型后的管道应能有效地传递灰浆及其周围混凝土的黏结力。

(2)预应力混凝土所用的金属螺旋管，进场时应具备产品合格证、出厂检验报告，使用前应做进场复检，其尺寸、径向刚度和抗渗性能等应符合现行国家标准的规定。对金属螺旋管用量较少的一般工程，如有可靠依据时，可不作径向刚度、抗渗性能的进场复检。

(3)预应力混凝土所用的金属螺旋管在使用前应进行外观质量检查，其内外表面应清洁、无锈蚀、无油污，且不应有变形、孔洞和不规则的褶皱，咬口不应有开裂和脱扣现象。

(4)孔道灌浆所用的水泥应采用普通硅酸盐水泥，水泥及水泥浆中掺入的外加剂应符合规范中对水泥及混凝土外加剂的相关要求。预应力混凝土结构中严禁使用含氯化物的外加剂。孔道灌浆所用的水泥及外加剂进场时应具备产品合格证，使用前应作进场复检，对孔道灌浆所用的水泥和外加剂用量较少的一般工程，如果由使用单位提供了近期采用的相同品牌和型号的水泥及外加剂的检验报告，可不作材料性能的进场复检。

2.施工过程的质量控制

(1)对进场的预应力钢材、锚具，应现场检查厂家质量合格证书、包装情况、标识内容、材料规格及外观质量。

(2)在预应力筋的制作和安装过程中主要检查以下内容：预应力筋下料长度的计算资料，预应力筋现场加工或组装时有无加热、焊接和电弧烧割等违章现象；现场钢筋加工的安全措施落实情况；对孔道的施工质量，应保证其尺寸及位置的准确，孔道应平顺、通畅，接头不漏浆；对预应力筋的铺设，应保证铺设的位置准确、牢固，并符合设计要求。

(3)在预应力筋张拉和放张施工中主要检查以下内容：张拉所用的机具、设备及仪表的校验和标定应符合规定要求；按审定工艺施加预应力，执行张拉程序，控制张拉应力值、持荷时间等参数；控制断丝、滑丝情况和预应力筋应力不均匀情况；后张法预应力筋张拉时，千斤顶轴线与预应力筋轴线应保持一致，锚固则在张拉应力稳定后进行；预应力筋张拉或放张时的混凝土强度应符合设计要求，当无设计要求时不应低于设计强度的75%；先张法放张、后张法张拉时应控制应力变化的速度，注意观察梁的反向拱起，以及梁体积混凝土的开裂情况。

(4)在预应力工程的灌浆与封锚施工中主要检查以下内容：应在预应力筋张拉后及时进行灌浆；灌浆的材料、配合比及外加剂应符合设计要求；控制灌浆泌水率；标准尺寸水泥试件的抗压强度应大于30 MPa；应保证灌浆与封锚的施工技术方案执行情况符合设计要求。

3.质量验收

1)预应力原材料质量验收

(1)主控项目。

①预应力筋进场时，按照现行国家标准《预应力混凝土用钢绞线》等的规定抽取试件作力学性能检验，其质量必须符合有关标准的规定。检查数量：按进场的批次和产品的抽样检验方案确定。检验方法：检查产品合格证、出厂检验报告和进场复验报告。

②无黏结预应力筋的涂包质量应符合无黏结预应力钢绞线标准的规定。检查数量：每60 t为一批，每一批抽取一组试件。检验方法：观察，检查产品合格证、出厂检验报告和进场复验报告。

③预应力筋用锚具、夹具和连接器应按设计要求采用，其性能应符合现行国家标准《预应力筋用锚具、夹具和连接器》等的规定。检查数量：按进场批次和产品的抽样检验方案确定。检验方法：检查产品合格证、出厂检验报告和进场复验报告。对锚具用量较少的一般工程，如供货方提供有效的试验报告，可不作静载锚固性能试验。

④孔道灌浆用水泥应采用普通硅酸盐水泥，其质量应符合规定要求。检查数量：按进场批次和产品的抽样检验方案确定。检验方法：检查产品合格证、出厂检验报告和进场复验报告。

(2)一般项目。

①预应力筋使用前应进行外观检查，其质量应符合下列要求：a.有黏结预应力筋展开后应平顺，不得有弯折，表面不应有裂纹、小刺、机械损伤、氧化铁皮和油污等；b.无黏结预应力筋护套应光滑、无裂缝，无明显褶皱。检查数量：全数检查。检验方法：观察。

②预应力筋用锚具、夹具和连接器使用前应进行外观检查，其表面应无污物、锈蚀、机械损伤和裂纹。检查数量：全数检查。检验方法：观察。当锚具、夹具及连接器进场入库时间较长时，可能造成锈蚀、污染等，影响其使用性能，故使用前应重新对其外观进行检查。

③预应力混凝土用金属螺旋管的尺寸和性能应符合国家现行标准《预应力混凝土用金属螺旋管》的规定。检查数量：按进场批次和产品的抽样检验方案确定。检验方法：检查产品合格证、出厂检验报告和进场复验报告。

④预应力混凝土用金属螺旋管在使用前应进行外观检查，其内外表面应清洁，无锈蚀，不应

有油污、孔洞和不规则的褶皱，咬口不应有开裂或脱扣。检查数量：全数检查。检验方法：观察。

2）预应力钢筋制作与安装工程质量验收

（1）主控项目。

①预应力筋安装时，其品种、级别、规格、数量必须符合设计要求。检查数量：全数检查。检验方法：观察、钢尺检查。

②先张法预应力施工时应选用非油质类模板隔离剂，并应避免玷污预应力筋。检查数量：全数检查。检验方法：观察。先张法预应力施工时，油质类隔离剂可能玷污预应力筋，严重影响黏结力，并且会污染混凝土表面，影响装修工程质量，故应避免。

③施工过程中应避免电火花损伤预应力筋；受损伤的预应力筋应予以更换。检查数量：全数检查。检验方法：观察。预应力筋若遇电火花损伤，容易在张拉阶段脆断，故应避免。施工时应避免将预应力筋作为电焊的一极。受电火花损伤的预应力筋应予以更换。

（2）一般项目。

①预应力筋下料：预应力筋应采用砂轮锯或切断机切断，不得采用电弧切割；当钢丝束两端采用镦头锚具时，同一束中各根钢丝长度的极差不应大于钢丝长度的 1/5 000，且不应大于 5 mm。成组张拉长度不大于 10 m 的钢丝，同组钢丝长度的极差不得大于 2 mm。检查数量：每工作班抽查预应力筋总数的 3%，且不少于 3 束。检验方法：观察，钢尺检查。

②预应力筋端部锚具的制作：挤压锚具制作时压力表油压应符合操作说明书的规定，挤压后预应力筋外端应露出挤压套筒 1～5 mm；钢绞线压花锚成形时，表面应清洁、无油污，梨形头尺寸和直线段长度应符合设计要求；钢丝镦头的强度不得低于钢丝强度标准值的 98%。检查数量：对挤压锚，每工作班抽查 5%，且不应少于 5 件；对压花锚，每工作班抽查 3 件；对钢丝镦头强度的检查，每批钢丝检查 6 个镦头试件。检验方法：观察，钢尺检查，检查镦头强度试验报告。

③后张法有黏结预应力筋预留孔道的规格、数量、位置和开头除应符合设计要求外，尚应符合下列规定：a. 预留孔道的定位应牢固，浇筑混凝土时不应出现移位和变形；b. 孔道应平顺，端部的预埋锚垫板应垂直于孔道中心线；c. 成孔用管道应密封良好，接头应严密且不得漏浆；d. 灌浆孔的间距：对预埋金属螺旋管不宜大于 30 m，对抽芯成形孔道不宜大于 12 m；e. 在曲线孔道的曲线波峰部位应设置排气兼泌水管，必要时可在最低点设置排水孔；f. 灌浆孔及泌水管的孔径应能保证浆液畅通。检查数量：全数检查。检验方法：观察，钢尺检查。

3）张拉和放张质量验收

（1）主控项目。

①预应力筋张拉或放张时，混凝土强度应符合设计要求；当设计无具体要求时，不应低于设计的混凝土立方体抗压强度标准值的 75%。检查数量：全数检查。检验方法：检查同条件养护试件试验报告。

②预应力筋的张拉力、张拉或放张顺序及张拉工艺应符合设计及施工技术方案的要求，并

应符合下列规定:a. 当施工需要超张拉时,最大张拉应力不应大于国家现行标准《混凝土结构设计规范》(GB50010－2010)的规定;b. 张拉工艺应能保证同一束中各根预应力筋的应力均匀一致;c. 后张法施工中,当预应力筋是逐根或逐束张拉时,应保证各阶段不出现对结构不利的应力状态;同时宜考虑后批张拉预应力筋所产生的结构构件的弹性压缩对先批张拉预应力筋的影响,确定张拉力;d. 先张法预应力筋放张时,宜缓慢放松锚固装置,使各根预应力筋同时缓慢放松;e. 当采用应力控制方法张拉时,应校核预应力筋的伸长值。实际伸长值与设计计算理论伸长值的相对允许偏差为±6%。检查数量:全数检查。检验方法:检查张拉记录。

③预应力筋张拉锚固后实际建立的预应力值与工程设计规定检验值的相对允许偏差为±5%。检查数量:对先张法施工,每工作班抽查预应力筋总数的1%,且不少于3根;对后张法施工,在同一检验批内,抽查预应力筋总数的3%,且不少于5束。检验方法:对先张法施工,检查预应力筋应力检测记录;对后张法施工,检查张拉见证记录。

④张拉过程中应避免预应力筋断裂或滑脱;当发生断裂或滑脱时,必须符合下列规定:a. 对后张法预应力结构构件,断裂或滑脱的数量严禁超过同一截面预应力筋总根数的3%,且每束钢丝中不得超过1根;对多跨双向连续板,其同一截面应按每跨计算;b. 对先张法预应力构件,在浇筑混凝土前发生断裂或滑脱的预应力筋必须予以更换。检查数量:全数检查。检验方法:观察,检查张拉记录。

(2)一般项目。

锚固阶段张拉端预应力筋的内缩量应符合设计要求;检查数量:每工作班抽查预应力筋总数的3%,且不少于3束。检验方法:钢尺检查。

4)灌浆及封锚质量验收

(1)主控项目。

①后张法有黏结预应力筋张拉后应尽早进行孔道灌浆,孔道内水泥浆应饱满、密实。检查数量:全数检查。检验方法:观察,检查灌浆记录。

②锚具的封闭保护应符合设计要求;当设计无具体要求时,应符合下列规定:a. 应采取防止锚具腐蚀和遭受机械损伤的有效措施;b. 凸出式锚固端锚具的保护层厚度不应小于50 mm;c. 外露预应力筋的保护层厚度:处于正常环境时,不应小于20 mm,处于易受腐蚀的环境时,不应小于50 mm。检查数量:在同一检验批内,抽查预应力筋总数的5%,且不少于5处。检验方法:观察,钢尺检查。

(2)一般项目。

①后张法预应力筋锚固后的外露部分宜采用机械方法切割,其外露长度不宜小于预应力筋直径的1.5倍,且不宜小于30 mm。检查数量:在同一检验批内,抽查预应力筋总数的3%,且不少于5束。检验方法:观察,钢尺检查。

②灌浆用水泥浆的水灰比不应大于0.45,搅拌3 h后的泌水率不宜大于2%,且不应大于

3%。泌水应能在 24 h 内全部重新被水泥吸收。检查数量:同一配合比检查一次。检验方法:检查水泥浆性能试验报告。

③灌浆用水泥浆的抗压强度不应小于 30 N/mm^2。检查数量:每工作班留置一组边长为 70.7 mm 的立方根试件。检验方法:检查水泥浆试件强度试验报告。

任务实施

一、资讯

1. 工作任务

请对学生宿舍楼在钢筋工程施工过程中的关键部位、关键环节、重点工艺,以及材料进行质量评定和验收。

2. 收集、查询信息

利用在线开放课程、网络资源等查找相关资料,获取必要的知识。

3. 引导问题

①钢筋工程中,对钢筋加工时主要检查哪些方面的内容? 检查方法有哪些?

②钢筋工程安装质量检验标准和检查方法具体内容有哪些?

③钢筋工程材料质量控制要点有哪些?

二、计划

在这一阶段,学生针对本工程项目,以小组的形式,独立地寻找与完成本项目相关的信息,并获得钢筋工程质量管理的相关内容,列出钢筋工程质量验收程序。

三、决策

确定钢筋工程质量验收的主控项目、一般项目及质量控制要点。

四、实施

完成钢筋工程质量验收记录。

五、检查

学生根据《混凝土结构工程施工质量验收规范》首先自查,然后以小组为单位进行互查,发现错误及时纠正,遇到问题商讨解决,教师再作出改进指导。

六、评价

学生首先自评,教师结合学生在实施过程中表现出来的职业素养、参与程度综合考核和评价每位学生的成绩。

学生自评表

<table>
<tr><td>项目名称</td><td>建筑工程施工质量管理</td><td>任务名称</td><td>钢筋工程质量管理</td><td>学生签名</td><td></td></tr>
<tr><td colspan="4">自评内容</td><td>标准分值</td><td>实际得分</td></tr>
<tr><td colspan="4">信息收集</td><td>10</td><td></td></tr>
<tr><td colspan="4">验收程序</td><td>15</td><td></td></tr>
<tr><td colspan="4">主控项目</td><td>15</td><td></td></tr>
<tr><td colspan="4">一般项目</td><td>10</td><td></td></tr>
<tr><td colspan="4">质量控制资料</td><td>10</td><td></td></tr>
<tr><td colspan="4">不合格产品处理</td><td>20</td><td></td></tr>
<tr><td colspan="4">沟通交流能力</td><td>5</td><td></td></tr>
<tr><td colspan="4">精益求精、一丝不苟的工匠精神</td><td>5</td><td></td></tr>
<tr><td colspan="4">团队协作能力</td><td>5</td><td></td></tr>
<tr><td colspan="4">创新意识</td><td>5</td><td></td></tr>
<tr><td colspan="4">合计得分</td><td>100</td><td></td></tr>
<tr><td colspan="6">改进内容及方法：</td></tr>
</table>

教师评价表

<table>
<tr><td>项目名称</td><td>建筑工程施工质量管理</td><td>任务名称</td><td>钢筋工程质量管理</td><td>学生签名</td><td></td></tr>
<tr><td colspan="3">自评内容</td><td>标准分值</td><td colspan="2">实际得分</td></tr>
<tr><td colspan="3">信息收集</td><td>10</td><td colspan="2"></td></tr>
<tr><td colspan="3">验收程序</td><td>15</td><td colspan="2"></td></tr>
<tr><td colspan="3">主控项目</td><td>15</td><td colspan="2"></td></tr>
<tr><td colspan="3">一般项目</td><td>10</td><td colspan="2"></td></tr>
<tr><td colspan="3">质量控制资料</td><td>10</td><td colspan="2"></td></tr>
<tr><td colspan="3">不合格产品处理</td><td>20</td><td colspan="2"></td></tr>
<tr><td colspan="3">沟通交流能力</td><td>5</td><td colspan="2"></td></tr>
<tr><td colspan="3">精益求精、一丝不苟的工匠精神</td><td>5</td><td colspan="2"></td></tr>
<tr><td colspan="3">团队协作能力</td><td>5</td><td colspan="2"></td></tr>
<tr><td colspan="3">创新意识</td><td>5</td><td colspan="2"></td></tr>
<tr><td colspan="3">合计得分</td><td>100</td><td colspan="2"></td></tr>
</table>

任务4 模板工程质量管理

任务描述

建筑工程模板施工是主体构造施工的重要工序，是保证所建造的建筑工程构造外形和尺寸的关键要素。模板质量的好坏影响整个工程结构质量与安全，施工中出现的问题就会留下某些隐患，影响建筑物外观质量与使用寿命，严重的可能危害人们的财产和生命安全。因此，在模板工程施工过程中坚持“百年大计，质量第一”的原则，按照设计要求和国家规范要求，选择合理模板，做好模板配置，把握关键施工节点，保证模板施工能够发挥提升工程经济效益、安全效益的效果，更好地保证建筑工程质量。

一、模板安装

1.材料质量控制

混凝土结构模板可采用木模板、钢模板、木胶合板模板、竹胶合板模板、塑料模板和玻璃钢模板等。

(1)模板板材应有出厂合格证，木质胶合板最小厚度为16 mm，竹质胶合板最小厚度为12 mm，板材黏结剂应为溶剂型。

(2)模板支撑系统应采用钢管和型钢等金属支撑体系，壁厚不小于3 mm。

(3)木模板：应选用质地优良、无腐朽的松木和杉木，含水率不小于25%。

(4)组合钢模板：板面应保持平整不翘曲，边框应保证平直不弯折，支架必须有足够强度、刚度和稳定性。

(5)竹质胶合板模板：应选用无变质、厚度均匀、含水率小的竹质胶合板模板。

(6)隔离剂。

①注意脱模剂对模板的适用性。如脱模剂用于金属模板时，应具有防锈、阻锈性能；用于塑料模板时，应不使塑料软化变质；用于木模板时，要求它渗入木材一定深度，但不致全部吸收掉，并能提高木材的防水性能。

②要考虑混凝土结构构件的最终饰面要求。如构件的最终饰面是油漆、刷浆或抹灰，应选用不影响混凝土表面黏结的脱模剂。用作建筑物的混凝土构件，则应选用不会使混凝土表面污染和变色的脱模剂。

③要注意施工时的气温和环境条件。在冬期施工时，要选用冻结点低于最低气温的脱模剂；在雨季施工时，要选用耐雨水冲刷的脱模剂；当混凝土构件采用蒸气养护时，应选用热稳定性合格的脱模剂。

④应注意施工工艺的适应性。有些脱模剂刷后即可浇筑混凝土,但有些脱模剂要等干燥后才能浇筑混凝土。因此选用时应考虑脱模剂的干燥时间是否能满足施工工艺要求。脱模剂的脱模效果与拆模时间有关,当脱模剂与混凝土接触面之间黏结力大于混凝土的内聚力时,往往发生表层混凝土被局部粘掉的现象,因此具体拆模时间,应通过实验确定。

2.模板施工过程质量控制

1)模板制作

(1)钢模板制作。

①钢模板宜采用标准化的组合模板。组合钢模板的拼装应符合现行国家标准《组合钢模板技术规范》。各种螺栓连接件应符合国家现行有关标准的规定。

②钢模板及其配件应按批准的加工图加工,成品经检验合格后方可使用。

(2)木模板制作。

①木模板可在工厂或施工现场制作,木模板与混凝土接触的表面应平整、光滑,多次重复使用的木模板应在内侧加钉薄铁皮。木模板的接缝可做成平缝、搭接缝或企口缝。当采用平缝时,应采取措施防止漏浆。木模板的转角处应加嵌条或做成斜角。

②重复使用的模板应始终保持其表面平整,形状准确,不漏浆,有足够的强度和刚度。

2)模板安装

(1)模板安装过程。

①审查模板设计文件和施工技术方案。

②按设计文件和施工方案检查模板安装质量。

③检查测量、放样、弹线工作,并进行复核记录。

④检查接头处,防止烂根、位移、胀模等不良现象。

⑤检查所有预埋件及预留孔洞位置。

⑥检查模板安装的水平通线和竖向垂直度控制线。

⑦检查防止模板变形的控制措施。

⑧检查模板的支撑体系。

⑨检查涂刷的隔离剂,检查模板内的清理。

⑩审查模板拆除的技术方案,并检查执行的情况。

(2)模板安装偏差的控制。

①木工翻样应考虑建筑装饰装修工程的厚度尺寸,留出装饰厚度。

②模板轴线放线后,应有专人进行技术复核,无误后方可支模。

③模板安装的根部及顶部应设标高标记,并设限位措施,确保标高尺寸准确。

④支模时应拉水平通线,设竖向垂直控制线,确保横平竖直、位置正确。

⑤基础的杯芯模板应刨光直拼,并钻有排气孔,减少浮力。杯口模板中心线应准确,模板钉牢防止浇筑混凝土时芯模上浮。

⑥柱子支模前必须先校正钢筋位置。成排柱支模时应先立两端柱模，在底部弹出通线，定出位置并兜方找中，校正与复核位置无误后，顶部拉通线，再立中间柱模。柱箍间距按柱截面大小及高度确定，一般控制在 5～10 m，根据柱距选用剪刀撑、水平撑及四面斜撑撑牢，保证柱模板位置准确，见图 2－14。

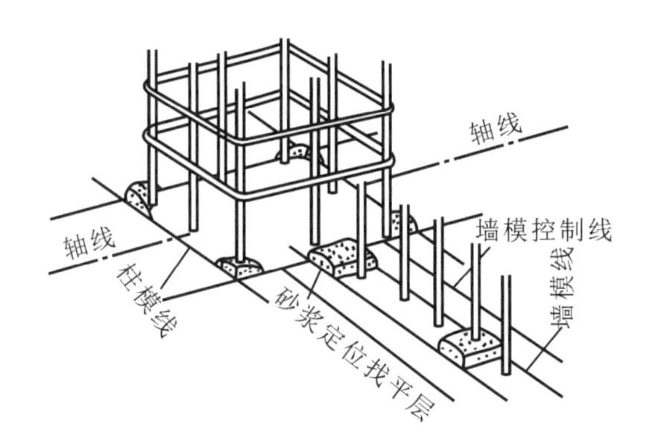

图 2－14 柱模定位

⑦梁模板上口应设临时撑头，侧模下口应贴紧底模或墙面，斜撑与上口钉牢，保持上口呈直线；深梁应根据梁的高度、核算的荷载及侧压力，适当加设横挡。

⑧梁柱节点连接处一般下料尺寸略缩短，采用边模包底模，拼缝应严密，支撑牢靠，发生错位及时纠正。

⑨模板厚度应一致，搁栅面应平整，搁栅木料要有足够的强度和刚度。

⑩墙模板的穿墙螺栓直径、间距和垫块规格应符合设计要求。

(3)模板变形的控制。

①严格控制木模板含水率，制作时拼缝要严密，木模板安装周期不宜过长。浇混凝土前模板应提前浇水湿润，使其胀开密缝。

②脚手板不得搁置在模板上，以防模板变形。

③采用钢管卡具组装模板时，发现有钢管卡具滑扣的应立即调换。

④高度超过 3 m 的大型模板侧模应留门子板，模板应留清扫口。

⑤浇筑混凝土高度应控制在允许范围内，浇筑时应均匀、对称下料，避免局部侧压力过大造成胀模。

⑥控制模板起拱高度，消除在施工中因结构自重、施工荷载作用引起的挠度。跨度不小于 4 m 的现浇钢筋混凝土梁、板，其模板应按设计要求起拱；当设计无具体要求时，起拱高度宜为跨度的 1/1 000～3/1 000。

(4)支架稳定的控制。

①用作模板的地坪、胎模等应平整光洁，不得产生影响构件质量的下沉、裂缝、起砂或起鼓等缺陷。

②支架的立柱底部应铺设垫板，并应有足够有效的支撑面积，使上部荷载通过立柱均匀传

递到支撑面上，支撑在疏松土质上时，基土必须经过夯实，并应通过计算，确定其有效支撑面积。必要时采取排水措施，防止基土下沉。

③立柱与立柱之间的带锥销横杆应用锤子敲紧，防止立柱失稳，支撑完毕应有专人检查。

④安装现浇结构的上层模板及其支架时，下层楼板应具有承受上层荷载的承载能力或加设支架支撑，确保有足够的刚度和稳定性；多层楼盖下层支架系统的立柱应安装在同一垂直线上。

(5)模板上的预埋件、预留孔及模板清理。

①固定在模板上的预埋件、预留孔和预留洞，应按图样逐个核对其质量、数量、位置，不得遗漏，并应安装牢固。

②模板与混凝土的接触面应清理干净并涂刷隔离剂，严禁隔离剂玷污钢筋和混凝土接槎处，见图 2－15。

图 2－15 清理涂刷隔离剂

③浇筑混凝土前，模板内的杂物应清理干净。

3.模板安装工程检验批质量验收标准

(1)主控项目。

①安装现浇结构的上层模板及其支架时，下层楼板应具有承受上层荷载的承载能力，或加设支架；上、下层支架的立柱应对准，并铺设垫板。检查数量：全数检查。检验方法：对照模板设计文件和施工技术方案观察。

②在涂刷模板隔离剂时，不得玷污钢筋和混凝土接槎处。检查数量：全数检查。检验方法：观察。

(2)一般项目。

①模板安装应满足下列要求：a.模板的接缝不应漏浆，在浇筑混凝土前，木模板应浇水湿润，但模板内不应有积水；b.模板与混凝土的接触面应清理干净并涂刷隔离剂，但不得采用影响结构性能或妨碍装饰工程施工的隔离剂；c.浇筑混凝土前，模板内的杂物应清理干净；d.对清水混凝土工程及装饰混凝土工程，应使用能达到设计效果的模板。检查数量：全数检查。检验方法：观察。

②用作模板的地坪、胎模等应平整光洁，不得产生影响构件质量的下沉、裂缝、起砂或起鼓

等缺陷。检查数量:全数检查。检验方法:观察。

③跨度不小于 4 m 的现浇钢筋混凝土梁、板,其模板应按设计要求起拱;当设计无具体要求时,起拱高度宜为跨度的 1/1 000~3/1 000。检查数量:在同一检验批内,梁应抽查构件数量的 10%,且不少于 3 件;板应按有代表性的自然间抽查 10%,且不少于 3 间;大空间结构的板可按纵、横轴线划分检查面,抽查 10%,且不少于 3 面。检验方法:水准仪或拉线、钢尺检查。

④固定在模板上的预埋件、预留孔和预留洞均不得遗漏,且应安装牢固,其允许偏差应符合规范。检查数量:在同一检验批内,梁、柱和独立基础应抽查构件数的 10%,且不少于 3 件;墙和板应按有代表性的自然间抽查 10%,且不少于 3 间;大空间结构的墙可按相邻轴线间高度 5 m 左右划分检查面,板可按纵横轴线划分检查面,抽查 10%,且均不少于 3 面。检验方法:钢尺检查。

⑤现浇结构模板安装的允许偏差及检验方法应符合表 2-21 的规定。

检查数量:在同一检验批内,梁、柱和独立基础应抽查构件数量的 10%,且不少于 3 件;墙和板应按有代表性的自然间抽查 10%,且不少于 3 间;大空间结构的墙可按相邻轴线间高度 5 m左右划分检查面,板可按纵、横轴线划分检查面,抽查 10%,且均不少于 3 面。

表 2-21 现浇结构模板安装的允许偏差及检验方法

项目		允许偏差/mm		检验方法
轴线位置		5		钢尺检查
底模上表面标高		±5		水准仪或拉线、钢尺检查
截面内部尺寸	基础	±10		钢尺检查
	柱、墙、梁	+4,-5		钢尺检查
层高垂直度		≤5 m	6	经纬仪或吊线、钢尺检查
		>5 m	8	经纬仪或吊线、钢尺检查
相邻两板表面高低差		2		钢尺检查
表面平整度		5		2 m 靠尺和塞尺检查

⑥预制构件模板安装的允许偏差和检验方法应符合表 2-22 的规定。检查数量:首次使用及大修后的模板应全数检查;使用中的模板应定期检查,并根据使用情况不定期抽查。

表 2-22 预制构件模板安装的允许偏差和检验方法

项目		允许偏差/mm	检验方法
长度	板、梁	±5	钢尺量两角边,取其中较大值
	薄腹梁、桁架	±10	
	柱	0,-10	
	墙板	0,-5	

续表

项目		允许偏差/mm	检验方法
对角线差	板	7	钢尺量两个对角线
	墙板	5	
宽度	板、墙板	0,−5	钢尺量一端及中部,取其中较大值
	梁、薄腹梁、桁架、柱	+2,−5	
高(厚)度	板	+2,−3	钢尺量一端及中部,取其中较大值
	墙板	0,−5	
	梁、薄腹梁、桁架柱	+2,−5	
侧向弯曲	梁、板、柱	l/1 000 且≤15	拉线、钢尺量最大弯曲处
	墙板、薄腹梁、桁架柱	l/500 且≤15	
板的表面平整度		3	2 m 靠尺和塞尺检查
相邻两板表面高低差		1	钢尺检查
翘曲	板、墙板	l/1 500	测平尺在两端量测
设计起拱	薄腹梁、桁架、梁	±3	拉线、钢尺量跨中

注:l 为构件长度(mm)。

二、模板拆除工程

1.模板拆除原则

模板、支架和拱架的拆除期限应根据结构物特点、模板部位和混凝土所达到的强度来决定。

(1)非承重侧模板在混凝土强度能保证其表面及棱角不致因拆模而受损坏时方可拆除,一般应在混凝土抗压强度达到 2.5 MPa 时方可拆除侧模板。

(2)钢筋混凝土结构的承重模板、支架和拱架,应在混凝土强度能承受其自重力及其他可能的叠加荷载时,方可拆除;当构件跨度不大于 4 m 时,在混凝土强度符合设计强度标准值的 50%的要求后,方可拆除;当构件跨度大于 4 m 时,在混凝土强度符合设计强度标准值的 75%的要求后,方可拆除。如设计上对拆除承重模板、支架、拱架另有规定,应按照设计规定执行。

2.模板拆除质量管理

模板拆除必须按设计拆模顺序进行。当设计无规定时,应遵循先支后拆,后支先拆及先拆非承重部分、后拆承重部分的顺序。重大复杂的模板拆除，按专门制订的拆模方案执行。

(1)现浇楼板采用早拆模施工时，经理论计算和复核后将大跨度楼板改成小跨度支模楼板(≤2 m)。当浇筑的楼板混凝土实际强度达到50%的设计强度标准值时，可拆除模板，保留支架，严禁调换支架。

(2)多层建筑施工，当上层楼板正在浇筑混凝土时，下一层楼板的模板支架不得拆除，再下一层楼板的支架仅可拆除一部分；跨度不小于4 m的梁下均应保留支架，其间距不得大于3 m。

(3)高层建筑梁、板模板完成一层结构，其底模及其支架的拆除时间，应对所用混凝土的强度发展情况分层进行核算，确保下层梁及楼板混凝土能承受上层全部荷载。

(4)爬升模板的拆除，应按拆除的施工技术方案进行认真的技术交底，一般拆除的顺序是：爬升设备→大模板→爬升设备。拆除时应先清理脚手架上的垃圾杂物，再拆除连接杆件，经检查安全可靠后方可按顺序拆除。拆除时要有专人监护，设置警戒区，防止交叉作业，拆下物品及时清运、整修、保养。

(5)后张法预应力结构构件、侧模宜在预应力张拉前拆除；底模及支架的拆除应按施工技术方案，当无具体要求时，应在结构构件建立预应力之后拆除。

(6)后浇带模板的拆除和支顶方法应按施工技术方案执行。

(7)拆除模板时不应乱敲硬撬，不要用力过猛，不要损伤混凝土。高处模板拆除后逐块传递下来，不得抛掷，不应对楼层形成冲击荷载，注意保护定型模板及组合式钢模板不变形。拆除的模板和支架宜分散堆并及时清运，不应集中堆放在楼层上，不应对楼层形成集中荷载损坏楼板。将模板清理干净，板面涂刷隔离剂，分类堆放整齐，以便重复使用。

3.模板拆除工程检验批质量验收

(1)主控项目。

①底模及其支架拆除时的混凝土强度应符合设计要求；当设计无具体要求时，混凝土强度应符合规范的规定。检查数量：全数检查。检验方法：检查同条件养护试件强度试验报告。

②后张法预应力混凝土结构构件，侧模宜在预应力张拉前拆除。底模支架的拆除应按施工技术方案执行，当无具体要求时，不应在结构构件建立预应力前拆除。检查数量：全数检查。检验方法：观察。

③后浇带模板的拆除和支顶应按施工技术方案执行。检查数量：全数检查。检验方法：观察。

(2)一般项目。

①侧模拆除时的混凝土强度应能保证其表面及棱角不受损伤。检查数量：全数检查。检验方法：观察。

②模板拆除时，不应对楼层形成冲击荷载。拆除的模板和支架宜分散堆放并及时清运。检查数量：全数检查。检验方法：观察。

任务实施

一、资讯

1.工作任务

请对学生宿舍楼在模板工程施工过程中的关键部位、关键环节、重点工艺，以及材料进行质量评定和验收。

2.收集、查询信息

利用在线开放课程、网络资源等查找相关资料，获取必要的知识。

3.引导问题

(1)模板工程质量验收程序是什么？

(2)模板工程中，模板安装时主要检查哪些方面的内容？检查方法有哪些？

(3)模板工程中，模板拆除时主要检查哪些方面的内容？检查方法有哪些？

二、计划

在这一阶段，学生针对本工程项目，以小组的形式，独立地寻找与完成本项目相关的信息，并获得模板工程质量管理的相关内容，列出模板工程质量验收程序。

三、决策

确定模板工程质量验收的主控项目、一般项目及质量控制要点。

四、实施

完成模板工程质量验收记录。

五、检查

学生根据《混凝土结构工程施工质量验收规范》首先自查，然后以小组为单位进行互查，发现错误及时纠正，遇到问题商讨解决，教师再作出改进指导。

六、评价

学生首先自评，教师结合学生在实施过程中表现出来的职业素养、参与程度综合考核和评价每位学生的成绩。

学生自评表

项目名称	建筑工程施工质量管理	任务名称	模板工程质量管理	学生签名	
自评内容			标准分值	实际得分	
信息收集			10		
验收程序			15		
主控项目			15		
一般项目			10		
质量控制资料			10		
不合格产品处理			20		
沟通交流能力			5		
精益求精、一丝不苟的工匠精神			5		
团队协作能力			5		
创新意识			5		
合计得分			100		
改进内容及方法：					

教师评价表

<table>
<tr><td>项目名称</td><td>建筑工程施工质量管理</td><td>任务名称</td><td>模板工程质量管理</td><td>学生签名</td><td></td></tr>
<tr><td colspan="3">自评内容</td><td>标准分值</td><td colspan="2">实际得分</td></tr>
<tr><td colspan="3">信息收集</td><td>10</td><td colspan="2"></td></tr>
<tr><td colspan="3">验收程序</td><td>15</td><td colspan="2"></td></tr>
<tr><td colspan="3">主控项目</td><td>15</td><td colspan="2"></td></tr>
<tr><td colspan="3">一般项目</td><td>10</td><td colspan="2"></td></tr>
<tr><td colspan="3">质量控制资料</td><td>10</td><td colspan="2"></td></tr>
<tr><td colspan="3">不合格产品处理</td><td>20</td><td colspan="2"></td></tr>
<tr><td colspan="3">沟通交流能力</td><td>5</td><td colspan="2"></td></tr>
<tr><td colspan="3">精益求精、一丝不苟的工匠精神</td><td>5</td><td colspan="2"></td></tr>
<tr><td colspan="3">团队协作能力</td><td>5</td><td colspan="2"></td></tr>
<tr><td colspan="3">创新意识</td><td>5</td><td colspan="2"></td></tr>
<tr><td colspan="3">合计得分</td><td>100</td><td colspan="2"></td></tr>
</table>

任务5 混凝土工程质量管理

任务描述

混凝土工程作为建筑工程中工期长且耗费成本最多的分项工程,混凝土施工质量的好坏直接影响建筑物的整体质量安全。因此,在混凝土工程施工过程中坚持“百年大计,质量第一”的原则,严格把好材料进料关,系统控制施工工艺,按照设计要求和国家规范要求,采取各方面积极的防治措施,可以使建筑工程混凝土避免出现质量上的问题,长久地发挥出混凝土的作用。

一、混凝土工程管理

1.材料质量控制

(1)水泥:

①水泥进场时必须查验质量保证书,对水泥品种、强度等级、批号、出场日期等进行核实登记。按相关国家标准对水泥强度、安定性及其他必要性能指标进行复验。

②水泥在运输和储存时,应防水、防潮,防止水泥因受潮结块而强度降低。

③对已受潮结块的水泥经处理并检验合格后方可使用。当在使用中对水泥质量有怀疑或水泥出厂超过三个月时,应进行复验,并按复验结果使用。

④水泥库房应有排水、通风设施,保持干燥。堆放袋装水泥时,应设防潮层,距地面、边墙至少 30 cm,堆放高度不得超过 15 袋,并留置运输通道。

⑤用于钢筋混凝土结构及预应力混凝土结构时,严禁使用含氯化物的水泥和掺和料。

(2)外加剂:

①混凝土外加剂的质量及应用应符合相关标准规范的规定。混凝土生产前必须按标准规范的规定检验,检验合格后方可使用。不具备外加剂检验能力的企业应委托具备相应资质和能力的检测机构进行检验。应做好外加剂与水泥的适应性试验,其合理掺量通过试验确定。

②在预应力混凝土结构中,严禁使用含有氯化物的外加剂,混凝土拌合物氯化物总量应符合《混凝土质量控制标准》的规定,混凝土中氯化物和碱的总含量亦应符合《混凝土结构设计规范》要求。

③混凝土中掺用的外加剂应有产品合格证和出厂检验报告,并按进场的批次和产品的抽样检验方案进行复验。

(3)粗细骨料:

①粗、细骨料(见图 2-16)质量应符合《普通混凝土用砂、石质量标准及检验方法》的规定。

对于质量有明显外观差异及波动性较大的粗、细骨料，应该增加检验批次，骨料堆放应有隔仓板，各种不同规格材料，不得混堆。严禁使用海砂。

②骨料进场时，必须进行复验，并按进场的批次和产品的抽样检验方案，检验其颗粒级配、含泥量及粗细骨料的针片状颗粒含量，必要时还应检验其他质量指标。

③骨料在生产、采集、运输与储存过程中，严禁混入煅烧过的白云石或石灰块等影响混凝土性能的有害物质；骨料应按品种、规格分别堆放，不得混杂。

(a)粗骨料

(b)细骨料

图 2-16　粗、细骨料

(4)拌和用水：预拌混凝土宜使用饮用水，当采用其他水源时，水质应符合《混凝土拌和用水标准》的规定，并对氯离子含量进行检验，合格后方可使用。

2.混凝土施工过程质量控制

混凝土施工质量控制包括混凝土原材料计量、混凝土拌和物的搅拌、运输、浇筑和养护工序的控制。

1)混凝土原材料的计量

(1)在混凝土每一工作班组正式称量前，应先检查原材料质量，必须使用合格材料。各种量器应定期校核，每次使用前进行零点校核，保持计量准确。

(2)施工中应测定骨料的含水率，当雨天施工含水率有显著变化时，应增加测定次数，依据测试结果及时调整配合比中的水量和骨料用量。

(3)水泥、砂、石子、掺和料等干料的配合比，应采用质量法计量，严禁采用容积法；水的计量是在搅拌机上配置的水箱或定量水表上按体积计量；外掺剂中的粉剂可按比例稀释为溶液，按用水量加入，也可将粉剂按比例与水泥拌匀，按水泥计量。

2)混凝土搅拌的质量控制

(1)混凝土的搅拌时间，每一工作班组至少抽查两次。混凝土搅拌完毕后，应在搅拌地点和浇筑地点分别取样检测坍落度，每一工作班组不应少于两次，评定时应以浇筑地点的测值为准。

(2)当掺有外加剂时，搅拌时间应适当延长。

(3)全轻混凝土宜采用强制式搅拌机搅拌,砂轻混凝土可采用自落式搅拌机搅拌,但搅拌时间应延长60～90 s。

(4)采用强制式搅拌机搅拌轻骨料混凝土的加料顺序是:当轻骨料在搅拌前预湿时,先加粗、细骨料和水泥搅拌30 s,再加水继续搅拌;当轻骨料在搅拌前未预湿时,先加1/2的总用水量和粗、细骨料搅拌60 s,再加水泥和剩余用水继续搅拌。

(5)当采用其他形式的搅拌设备时,搅拌的最短时间应按设备说明书的规定或经试验确定。

3)混凝土运输、浇筑的质量控制

(1)混凝土运输过程中,应控制混凝土不离析、不分层、组成成分不发生变化,并保证卸料及输送通畅。如混凝土拌和物运送至浇筑地点出现离析或分层现象,应对其进行二次搅拌。

(2)混凝土浇筑前,应对模板、支架、钢筋和预埋件的质量、数量、位置等逐一检查,并做好记录,符合要求后才能浇筑混凝土。模板内的杂物和钢筋上的油污等应清理干净,将模板的缝隙、孔洞堵严,并浇水湿润;在地基或基土上浇筑混凝土时,应清除淤泥和杂物,并应有排水和防水措施;干燥的非黏性土应先用水湿润;未风化的岩石应用水清洗,但其表面不得留有积水。

(3)混凝土自高处倾落的自由高度,不应超过2 m。当浇筑高度超过3 m时,应采用串筒、溜管或振动溜管使混凝土下落。

(4)当混凝土需要分层浇筑时,其浇筑层厚度应符合规范的规定。

(5)混凝土运输、浇筑及间歇的全部时间不应超过混凝土的初凝时间。同一施工段的混凝土应连续浇筑,并应在底层混凝土初凝之前将上一层混凝土浇筑完毕。混凝土运输、浇筑及间歇的允许时间符合规范的规定。当底层混凝土初凝后并开始浇筑上一层混凝土时,应按施工技术方案中对施工缝的要求进行处理。

(6)采用振捣器捣实混凝土时,每一振点的振捣时间,应使混凝土表面呈现浮浆并不再下沉。

①当采用插入式振捣器时,捣实普通混凝土的移动间距,不宜大于振捣器作用半径的1.5倍;捣实轻骨料混凝土的移动间距,不宜大于其作用半径;振捣器与模板的距离,不应大于其作用半径的0.5倍,并应避免碰撞钢筋、模板、芯管、吊环、预埋件或空心胶囊等;振捣器插入下层混凝土内的深度应不小于50 mm。

②当采用表面振动器时,其移动间距应保证振动器的平板能覆盖已振实部分的边缘。

③当采用附着式振动器时,其设置间距应通过试验确定,并应与模板紧密连接。

④当采用振动台振实干硬性混凝土和轻骨料混凝土时,宜采用加压振动的方法,压强为1～3 kN/m^2。

(7)在浇筑与柱和墙连成整体的梁和板时,应在柱和墙浇筑完毕后停歇1～1.5 h,再继续浇筑。梁和板宜同时浇筑混凝土。起拱和高度大于1 m的梁等结构,可单独浇筑混凝土。

(8)大体积混凝土的浇筑应合理分段分层进行(见图 2－17),使混凝土沿高度均匀上升。

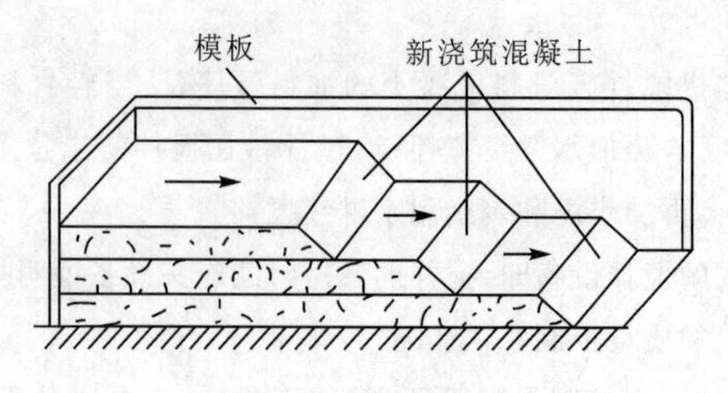

图 2－17　分段分层法

①选用低水化热的水泥,如矿渣水泥、火山灰或粉煤灰水泥;控制内外温差不超过 25 ℃ 。

②掺缓凝剂或缓凝型减水剂,也可掺入适量粉煤灰等外掺料。

③采用中粗砂和大粒径、级配良好的石子,尽量减少混凝土的用水量。

④降低混凝土入模温度,减少浇筑层厚度,减低混凝土浇筑速度,必要时在混凝土内部埋设冷却水管用循环水来降低混凝土温度;在气温较高时,砂石堆场、运输设备上搭设遮阳装置,或采用低温水或冰水拌制混凝土。

⑤加强混凝土的保湿、保温,严格控制大体积混凝土内外温差。当设计无具体要求时,温差不宜超过 25 ℃。采用保温材料或蓄水养护,减少混凝土表面的热扩散及延缓混凝土内部水化热的降温速率,以避免或减少温度裂缝。

⑥按设计方要求,设置"后浇带",扩大浇筑面积、散热面、分层分段浇筑。

(9)施工缝的位置应在混凝土浇筑前,按设计要求和施工技术方案确定。施工缝应留置在结构受力较小且便于施工的部位。

①柱的施工缝应留置在基础的顶面、梁或吊车梁牛腿的下面、吊车梁的上面、无梁楼板柱帽的下面(见图 2－18)。

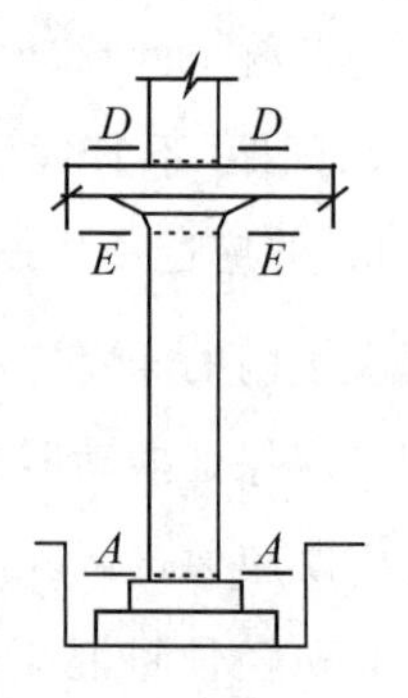

图 2－18　柱的施工缝

②与板连成整体的大截面梁,施工缝应留置在板底面以下 20～30 mm 处。当板下有梁托时,施工缝应留置在梁托下部。

③单向板的施工缝留置在平行于板的短边的任何位置。

④有主次梁的楼板宜顺着次梁方向浇筑，施工缝应留置在次梁跨度的中间 1/3 范围内。

⑤墙的施工缝留置在门洞口过梁跨中 1/3 范围内，也可留在纵横墙的交接处（见图 2－19）。

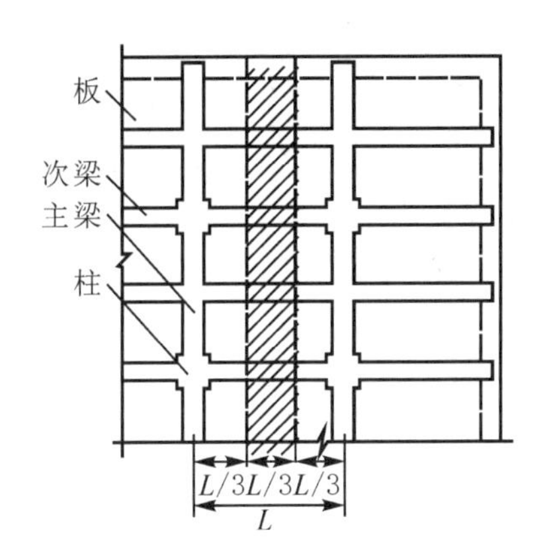

图 2－19 主次梁的楼板施工缝

⑥双向受力楼板、大体积混凝土结构、拱、穹拱、薄壳、蓄水池、斗仓、多层钢架及其他结构复杂的工程，施工缝的位置应按设计要求留置。

(10)施工缝的处理应按施工技术方案执行。在施工缝处继续浇筑混凝土时，应符合下列规定：

①已浇筑的混凝土，其抗压强度不应小于 1.2 N/mm^2。

②在已硬化的混凝土接缝面上，清除水泥薄膜、松动石子及混凝土软弱层，并用水冲洗干净，且不得积水。

③在浇筑混凝土前，铺一层厚度为 10～15 mm 与混凝土内成分相同的水泥砂浆。

④新浇筑的混凝土应仔细捣实，使新旧混凝土紧密结合。

(11)混凝土后浇带的留置位置应按设计要求和施工技术方案确定。后浇带混凝土浇筑应按施工技术方案进行。

4)混凝土的养护

为使混凝土中水泥充分水化，加速混凝土的硬化，防止混凝土成型后因曝晒、风吹、干燥、寒冷等自然因素的影响出现不正常的收缩、裂缝破坏等现象。混凝土浇筑完毕后应及时洒水养护（见图 2－20）保持混凝土表面湿润。

图 2-20　混凝土浇水养护

(1)混凝土浇筑完毕后,应在 12 h 内对混凝土加以覆盖并保湿养护。

(2)混凝土浇水养护的时间:对采用硅酸盐水泥、普通硅酸盐水泥或矿渣硅酸盐水泥拌制的混凝土,不得少于 7 天;对掺用混凝型外加剂或有抗渗要求的混凝土不少于 14 天。

(3)浇水次数应能保持混凝土处于湿润状态,混凝土养护用水应与拌制用水相同。

(4)采用塑料布覆盖养护的混凝土,其敞露的全部表面应覆盖严密,并应保持塑料布内有凝结水。

(5)混凝土强度达到 1.2 N/mm^2 前,不得在其上踩踏或安装模板及支架。

(6)大体积混凝土的养护,应根据气候条件按施工技术方案采取控温措施。混凝土的冬期施工应符合国家现行标准《建筑工程冬期施工规程》(JGJ 104—2011)和施工技术方案的规定。

5)混凝土现浇结构工程质量控制

(1)现浇混凝土结构待强度达到一定程度后,应及时对混凝土外观质量进行检查(严禁未经检查擅自处理混凝土缺陷),对影响到结构性能、使用功能或耐久性的严重缺陷,应由施工单位根据缺陷的具体情况提出技术处理方案,处理后,对经处理的部位应重新检查验收。

(2)现浇结构不应有影响结构性能和使用功能的尺寸偏差,混凝土设备基础不应有影响结构性能和设备安装的尺寸偏差。现浇结构的外观质量不应有严重缺陷。

(3)对于现浇混凝土结构外形尺寸偏差检查主要轴线、中心线位置时,应沿纵横两方向测量,并取其中的较大值。

6)混凝土质量检查

(1)坍落度检查:检查拌制混凝土所用原材料的品种、规格和用量,每一工作班组至少两次;检查混凝土在浇筑地点的坍落度(见图 2-21),每一工作班组不少于两次。

(2)强度检查:在混凝土的浇筑地点随机抽取混凝土试件,检查构件混凝土强度(见图 2-22)。

(3)抗渗检查:有抗渗要求的混凝土结构,其混凝土试件应在浇筑地点随机取样。同一工程、同一配合比的混凝土，取样不应少于一次，留置组数可根据实际需要确定。

(4)结构混凝土的强度等级必须符合设计要求。

图 2-21 坍落度检查

图 2-22 混凝土强度检查

二、混凝土施工检验批质量验收标准

1)混凝土质量检验

(1)主控项目。

①结构混凝土的强度等级必须符合设计要求。用于检查结构混凝土强度的试件，应在混凝土的浇筑地点随机抽取。取样与试件留置应符合上述规范规定。检验方法：检查施工记录及试件强度试验报告。

②有抗渗要求的混凝土结构，其混凝土试件应在浇筑地点随机取样。同一工程、同一配合比的混凝土，取样不应少于一次，留置组数可根据实际需要确定。检验方法：检查试件抗渗试验报告。

③混凝土原材料每盘称量的偏差应符合规范的规定。检查数量：每工作班组抽查不应少于一次。检验方法：复称。

④混凝土运输、浇筑及间歇的全部时间不应超过混凝土的初凝时间。同一施工段的混凝土应连续浇筑，并应在底层混凝土初凝之前将上一层混凝土浇筑完毕。当底层混凝土初凝后浇筑上一层混凝土时，应按施工技术方案中对施工缝的要求进行处理。检查数量：全数检查。检验方法：观察，检查施工记录。

(2)一般项目。

①施工缝的位置应在混凝土浇筑前，按设计要求和施工技术方案确定。施工缝的处理应按施工技术方案执行。检查数量：全数检查。检验方法：观察，检查施工记录。

②后浇带的留置位置应按设计要求和施工技术方案确定。后浇带混凝土浇筑应按施工技术方案进行。检查数量：全数检查。检验方法：观察，检查施工记录。

③混凝土浇筑完毕后，应按施工技术方案及时采取有效的养护措施，并应符合下列规定：a.

应在浇筑完毕后的 12 h 内对混凝土加以覆盖并保湿养护；b. 采用普通硅酸盐水泥或矿渣硅酸盐水泥拌制的混凝土，不得少于 7 天；掺用缓凝型外加剂或有抗渗要求的混凝土，不得少于 14 天；c. 浇水次数应能保持混凝土处于湿润状态，混凝土养护用水应与拌制用水相同；d. 采用塑料布覆盖养护的混凝土，其敞露的全部表面应覆盖严密，并应保持塑料布内有凝结水；e. 混凝土强度达到 1.2 N/mm^2 前，不得在其上踩踏或安装模板及支架；f. 当日平均气温低于 5 ℃时，不得浇水；g. 当采用其他品种水泥时，混凝土的养护时间应根据所采用水泥的技术性能确定；h. 混凝土表面不便浇水或使用塑料布时，宜涂刷养护剂；i. 对大体积混凝土的养护，应根据气候条件按施工技术方案采取控温措施。检查数量：全数检查。检验方法：观察，检查施工记录。

2)外观质量

(1)主控项目。

现浇结构的外观质量不应有严重缺陷。对已经出现的严重缺陷，应由施工单位提出技术处理方案，并经监理(建设)单位认可后进行处理。经处理的部位，应重新检查验收。检查数量：全数检查。检验方法：观察，检查技术处理方案。

(2)一般项目。

现浇结构的外观质量不宜有一般缺陷。对已经出现的一般缺陷，应由施工单位按技术处理方案进行处理，并重新检查验收。检查数量：全数检查。检验方法：观察，检查技术处理方案。

3)尺寸偏差

(1)主控项目。

现浇结构不应有影响结构性能和使用功能的尺寸偏差，混凝土设备基础不应有影响结构性能和设备安装的尺寸偏差。

对超过尺寸允许偏差且影响结构性能和安装、使用功能的部位，应由施工单位提出技术处理方案，并经监理(建设)单位认可后进行处理。经处理的部位应重新检查验收。检查数量：全数检查。检验方法：量测，检查技术处理方案。

(2)一般项目。

现浇结构和混凝土设备基础拆模后的允许偏差和检验方法应符合规范的规定。检查数量：按楼层、结构缝或施工段划分检验批。在同一检验批内，梁、柱和独立基础应抽查构件数量的 10%，且不少于 3 件；墙和板应按有代表性的自然间抽查 10%，且不少于 3 间；大空间结构，墙可按相邻轴线间高度 5 m 左右划分检查面，板可按纵、横轴线划分检查面，抽查 10%，且均不少于 3 面；电梯井和设备基础，应全数检查。

任务实施

一、资讯

1. 工作任务

请对学生宿舍楼在混凝土工程施工过程中的关键部位、关键环节、重点工艺，以及材料进行质量评定和验收。

2. 收集、查询信息

利用在线开放课程、网络资源等查找相关资料，获取必要的知识。

3. 引导问题

①混凝土工程质量验收程序是什么？

②混凝土工程材料质量控制要点有哪些？

③混凝土施工过程主要检查哪些方面的内容？检查方法有哪些？

二、计划

在这一阶段，学生针对本工程项目，以小组的形式，独立地寻找与完成本项目相关的信息，并获得混凝土工程质量管理的相关内容，列出混凝土工程质量验收程序。

三、决策

确定混凝土工程质量验收的主控项目、一般项目及质量控制要点。

四、实施

完成混凝土工程质量验收记录。

五、检查

学生根据《混凝土结构工程施工质量验收规范》首先自查，然后以小组为单位进行互查，发现错误及时纠正，遇到问题商讨解决，教师再作出改进指导。

六、评价

学生首先自评，教师结合学生在实施过程中表现出来的职业素养、参与程度综合考核和评价每位学生的成绩。

学生自评表

<table>
<tr><td>项目名称</td><td>建筑工程施工质量管理</td><td>任务名称</td><td>混凝土工程质量管理</td><td>学生签名</td><td></td></tr>
<tr><td colspan="3">自评内容</td><td>标准分值</td><td colspan="2">实际得分</td></tr>
<tr><td colspan="3">信息收集</td><td>10</td><td colspan="2"></td></tr>
<tr><td colspan="3">验收程序</td><td>15</td><td colspan="2"></td></tr>
<tr><td colspan="3">主控项目</td><td>15</td><td colspan="2"></td></tr>
<tr><td colspan="3">一般项目</td><td>10</td><td colspan="2"></td></tr>
<tr><td colspan="3">质量控制资料</td><td>10</td><td colspan="2"></td></tr>
<tr><td colspan="3">不合格产品处理</td><td>20</td><td colspan="2"></td></tr>
<tr><td colspan="3">沟通交流能力</td><td>5</td><td colspan="2"></td></tr>
<tr><td colspan="3">精益求精、一丝不苟的工匠精神</td><td>5</td><td colspan="2"></td></tr>
<tr><td colspan="3">团队协作能力</td><td>5</td><td colspan="2"></td></tr>
<tr><td colspan="3">创新意识</td><td>5</td><td colspan="2"></td></tr>
<tr><td colspan="3">合计得分</td><td>100</td><td colspan="2"></td></tr>
<tr><td colspan="6">改进内容及方法：</td></tr>
</table>

教师评价表

项目名称	建筑工程施工质量管理	任务名称	混凝土工程质量管理	学生签名	
自评内容			标准分值	实际得分	
信息收集			10		
验收程序			15		
主控项目			15		
一般项目			10		
质量控制资料			10		
不合格产品处理			20		
沟通交流能力			5		
精益求精、一丝不苟的工匠精神			5		
团队协作能力			5		
创新意识			5		
合计得分			100		

任务6 屋面工程质量管理

任务描述

屋面工程是民用建筑中一个重要的部位，其主要作用是满足用户对房屋排水、防水、隔热、保温的要求。屋面施工质量的好坏、优劣不仅影响建筑物和构筑物的使用寿命，而且影响人们正常的生活秩序。因此，在屋面工程施工过程中坚持“百年大计，质量第一”的原则，按照设计要求和国家规范要求，严把材料关，精心设计，精心施工，给用户营造一个良好的生活环境和工作环境。

一、屋面找平层质量控制

住宅工程屋面施工中，防水层下部找平层的施工质量得不到足够重视，即使出现问题也容易被人们忽视，容易出现起砂、起皮、空裂、表面平整度差，未压光、较粗糙这些问题。建筑工程防水是建筑产品的一项重要功能，它关系到建筑物的使用寿命、使用环境及卫生条件，影响到人们的生产活动、工作及生活质量。

1.材料质量控制

(1)水泥。宜采用硅酸盐水泥、普通硅酸盐水泥，其强度等级不应小于32.5，进场应按规定进行复检。不同品种的水泥，不得混合使用。

(2)砂。宜采用中砂或粗砂，含泥量应不超过设计规定，不含有机杂质，级配良好。

(3)石。用于细石混凝土找平层的石子，最大粒径不应大于15 mm，含泥量不应超过设计规定。

(4)水。拌合用水宜采用饮用水。当采用其他水源时，水质应符合现行国家标准中的规定。

(5)沥青。宜采用10号、30号建筑石油沥青，具体材料和配合比等应符合设计要求。

2.施工过程的质量控制

(1)所用材料、配合比必须符合设计要求。

(2)找平层应黏结牢固，无松动、起翘等现象，加强养护，避免早期脱水，还应控制加水量，掌握抹压时间，且成品不能过早上人。

(3)找平层防止空鼓、开裂。

①基层表面清理干净，水泥砂浆找平层施工前用水湿润，以免造成空鼓。

②使用符合要求的砂料，保护层的平整度应严格控制，保证找平层的厚度基本一致，加强成品养护，防止表面开裂。

(4)屋面找平层的排水坡度必须符合设计要求，不能倒泛水；保温层施工必须保证找坡泛水，铺抹找平层前应检查保温层坡度泛水是否符合要求，注意掌握坡向及厚度。

(5)基层与突出屋面结构的交接处和基层的转角处，均应做成圆弧形，且整齐平顺；内部排水的水落口周围，找平层应做凹槽，嵌填密封材料。

(6)找平层宜设分格缝，并嵌填密封材料。分格缝宜留设在板端处，其纵横最大间距：水泥砂浆或细石混凝土找平层，不宜大于 6 m；沥青砂浆找平层，不宜大于 4 m。

3.屋面找平层工程质量检验

(1)主控项目。

①找平层的材料质量及配合比，必须符合设计要求。

②屋面(含天沟、檐沟)找平层的排水坡度，必须符合设计要求。检验方法：用水平仪(水平尺)、拉线和尺量检查。

(2)一般项目。

①基层与突出屋面结构的交接处和基层的转角处，均应做成圆弧形，且整齐平顺。检验方法：观察和尺量检查。

②水泥砂浆、细石混凝土找平层应平整、压光，不得有酥松、起砂、起皮现象；沥青砂浆找平层不得有拌和不匀、蜂窝现象。检验方法：观察检查。沥青砂浆找平层，除强调配合比准确外，施工中应注意拌和均匀和表面密实。找平层表面不密实会产生蜂窝现象，使卷材胶结材料或涂膜的厚度不均匀，直接影响防水层的质量。

③找平层分缝的位置和间距应符合设计要求。检验方法：观察和尺量检查。

④找平层表面平整度的允许偏差为 5 mm。检验方法：用 2 m 靠尺和楔形塞尺检查。

⑤屋面找平层工程质量检验数量：应按屋面面积，每 100 m^2 抽查 1 处，每处检查 10 m^2，且不得少于 3 处，细部构造根据分项工程的内容，应全部进行检查。

二、屋面卷材防水层工程质量控制

1.材料质量控制

(1)屋面卷材防水层材料包括高聚物改性沥青防水卷材、合成高分子防水卷材和沥青防水卷材，适用于Ⅰ～Ⅳ防水等级的屋面防水。

(2)卷材防水材料应有产品合格证书和性能检测报告，材料的品种、规格、性能等应符合国家现行产品标准和设计要求，材料进场后，应按规定进行抽样复检，并提交试验报告。不合格的材料不得使用。

(3)所选用的基层处理剂、接缝胶黏剂、密封材料等配套材料应与铺贴的卷材性能相容。

(4)卷材胶黏剂的质量应符合下列规定：改性沥青胶黏剂的黏结剥离强度不应大于 8 N/10 mm；合成高分子胶黏剂的黏结剥离强度不应小于 15 N/10 mm，浸水 168 h 后的保持率不应小于 70%；双面胶黏带的黏结剥离强度不应小于 10 N/25mm，浸水 168 h 后保持率不应小于 70%。

2.施工过程的质量控制

(1)卷材防水层应采用高聚物改性沥青防水卷材、合成高分子防水卷材或沥青防水卷材。所选用的基层处理剂、接缝胶黏剂、密封材料等配套材料应与铺贴的卷材材性相容。

(2)当在坡度大于25%的屋面上采用卷材作防水层时,应采取固定措施,且固定点要求密封严密。

(3)铺设屋面隔气层和防水层前,检查基层是否干净、干燥,可将1 m^2 卷材平铺在找平层上,静置3~4 h后掀开检查,若找平层覆盖部位与卷材上均未见水印即可铺设。

(4)卷材铺贴方向要求:屋面坡度小于3%时,卷材宜平行于屋脊铺贴,屋顶坡度为3%~15%时,卷材可平行或垂直于屋脊铺贴;屋面坡度大于15%或屋面受震动时,沥青防水卷材应垂直于屋脊铺贴,高聚物改性沥青防水卷材和合成高分子防水卷材可平行或垂直于屋脊铺贴,上下层卷材不得相互垂直铺贴。

(5)冷粘法铺贴的卷材要求:胶黏剂涂刷应均匀、不露底、不堆积,根据胶黏剂的性能,应控制胶黏剂涂刷与卷材铺贴的间隔时间,铺贴卷材下面的空气应排尽,并辊压黏结牢固,铺贴卷材应平整、顺直,搭接尺寸应准确,不得扭曲、皱褶,接缝口应采用密封材料封严,且密封宽度不应小于10 mm。

(6)热熔法铺贴的卷材要求:火焰加热器加热卷材应均匀,不得过分加热或烧穿卷材,而厚度小于3 mm的高聚物改性沥青防水卷材严禁采用热熔法施工,卷材表面热熔后应立即滚铺卷材,卷材下面的空气应排尽,并辊压黏结牢固,不得有空鼓,卷材接缝部位必须溢出热熔的改性沥青胶,铺贴卷材应平整、顺直,搭接尺寸应准确,不得扭曲、皱褶。

(7)天沟、檐沟、泛水和立面卷材收头的端部应裁齐,塞入预留凹槽内,用金属压条钉压固定,最大钉距不应大于900 mm,并用密封材料嵌填封严。

(8)卷材防水层完工并经验收合格后,应做好成品保护。保护层的施工要求:

①水泥砂浆保护层的表面应抹平压光,并设表面分格缝,分格面积宜为1 m^2。

②块体材料保护层应留设分格缝,分格面积不宜大于100 m^2,分格缝宽度不宜小于20 mm。

③细石混凝土保护层,混凝土应密实,表面抹平压光,并留设分格缝,分格面积不大于36 m^2。

④浅色涂料保护层应与卷材黏结牢固,厚薄均匀,不得漏刷。

⑤水泥砂浆、块材或细石混凝土保护层与防水层之间应设置隔离层。

⑥刚性保护层与女儿墙、山墙之间应预留宽度为30 mm的缝隙,并用密封材料嵌填严密。

3.卷材防水工程质量检验

(1)主控项目。

①卷材防水层所用卷材及其配套材料,必须符合设计要求。检验方法:检查出

厂合格证、质量检验报告和现场抽样复验报告。

②卷材防水层不得有渗漏或积水现象。检验方法:雨后或淋水、蓄水检验。

③卷材防水层在天沟、檐沟、檐口、水落口、泛水、变形缝和伸出屋面管道的防水构造,必须符合设计要求。检验方法:检查隐蔽工程验收记录。a.应根据屋面的结构变形、温差变形、干缩变形和震动等因素,使节点设防能够满足基层变形的需要;b.应采用柔性密封、防排结合、材料防水与构造防水相结合的作法;c.应采用防水卷材、防水涂料、密封材料和刚性防水材料等材性互补并用的多道设防(包括设置附加层)。

(2)一般项目。

①卷材防水层的搭接缝应黏结(焊接)牢固,密封严密,不得有折皱、翘边和鼓泡等缺陷;防水层的收头应与基层黏结并固定牢固,缝口封严,不得翘边。检验方法:观察检查。

②卷材防水工程质量检验数量:按屋面面积,每 100 m^2 抽查 1 处,每处检查 10 m^2,且不少于 3 处。接缝密封防水每 100 m 应抽查 1 处,每处检查 5 m,且不得少于 3 处。细部构造根据分项工程的内容全检查。

三、细石混凝土防水层工程质量控制

1.材料质量控制

(1)水泥宜采用普通硅酸盐水泥或硅酸盐水泥,不得采用火山灰质水泥,强度等级不低于32.5,石子最大粒径不宜超过 15 mm,含泥量不应大于 1%(质量分数),且应有良好的级配,砂子应采用中砂或粗砂,粒径为 0.3～0.5 mm,含泥量不应大于 2%。

(2)混凝土掺加膨胀剂、减水剂、防水剂等外加剂时,应按配合比准确计量,且应顺序得当,其质量指标也应符合设计要求。

(3)细石混凝土防水层包括普通细石混凝土防水层和补偿收缩混凝土防水层,适用于Ⅰ～Ⅲ防水等级的屋面防水,不适用于铺设有松散材料保温层的屋面及受较大振动或冲击时坡度大于 15%的建筑屋面。

(4)防水材料应有产品合格证书和性能检测报告,材料的品种、规格、性能等均应符合国家现行产品标准和设计要求。材料进场后,应按规定进行抽样复检,并提交试验报告,不合格的材料,不得使用。

2.施工过程的质量控制

(1)细石混凝土配合比由试验室试配确定,施工中严格按配合比计量,并按规定制作试块。细石混凝土防水层不得出现渗漏或积水现象,混凝土水灰比不应大于 0.55,每立方米混凝土的水泥用量不得少于 330 kg,含砂率宜为 35%～40%(质量分数),灰砂比宜为 1∶2.5～1∶2,混凝土强度等级不应低于 C20。

(2)混凝土中掺加膨胀剂、减水剂、防水剂等外加剂时,应按配合比准确计量,投料顺序应得当，并应用机械搅拌，机械振捣。

(3)检查防水层分格缝的位置设置是否合格，分格缝内是否嵌入密封材料，通常细石混凝土防水层的分格缝应设在屋面板的支撑端、屋面转折处、防水层与突出屋面结构的交接处，其纵横向间距不宜大于 6 m，且分格缝内应嵌填密封材料。

(4)检查分格缝的宽度是否正确，通常分格缝的宽应在 10～40 mm，如果分格缝太宽，应进行调整或用聚合物水泥砂浆处理。

(5)细石混凝土防水层的厚度不应小于 40 mm，并应配置双向钢筋网片。钢筋网片在分格缝处应断开，其保护层厚度不小于 10 mm。

(6)细石混凝土防水层与立墙及突出屋面结构等交接处，均应做柔性密封处理；细石混凝土防水层与基层间宜设置隔离层。

(7)检查绑扎的钢筋网片是否合格，可采用 ϕ4 mm～ϕ6 mm 冷拔低碳钢丝制作的间距为 100～200 mm 的绑扎或点焊的双向钢筋网片。钢筋网片应放在防水层上部，绑扎钢丝收口应向下弯，不得露出防水层表面。钢筋的保护层厚度不应小于 10 mm，钢丝必须调直。

3.细石混凝土防水层工程质量验收

(1)主控项目。

①细石混凝土的原材料及配合比必须符合设计要求。检验方法：检查出厂合格证、质量检验报告、计量措施和现场抽样复验报告。

②细石混凝土防水层不得有渗漏或积水现象。检验方法：雨后或淋水、蓄水检验。

③细石混凝土防水层在天沟、檐沟、檐口、水落口、泛水、变形缝和伸出屋面管道的防水构造，必须符合设计要求。检验方法：观察检查和检查隐蔽工程验收记录。

(2)一般项目。

①细石混凝土防水层应表面平整、压实抹光，不得有裂缝、起壳、起砂等缺陷。检验方法：观察检查。

②细石混凝土防水层的厚度和钢筋位置应符合设计要求。检验方法：观察和尺量检查。

③细石混凝土分格缝的位置和间距应符合设计要求。检验方法：观察和尺量检查。

④细石混凝土防水层表面平整度的允许偏差为 5 mm。检验方法：用 2 m 靠尺和楔形塞尺检查。

⑤细石混凝土防水层工程质量检验数量：按屋面面积，每 100 m^2 抽查 1 处，每处检查 10 m^2，且不得少于 3 处。接缝密封防水每 50 m 应检查 1 次，每处检查 5 m，且不得少于 3 处。细部构造根据分项工程的内容全数检查。试块留置组数：每个屋面(检验批)同材料、同配比的混凝土每 1 000 m^2 做 1 组试件。小于 1 000 m^2 按 1 000 m^2 计算，当改变配合比时，应制作相应的试块组数。

四、屋面保温层工程质量控制

1.材料质量控制

屋面保温层材料可采用松散材料、板状材料或现浇整体保温材料等，材料应有产品合格证书和性能检测报告。材料的品种、规格、性能等应符合国家现行产品标准和设计要求，材料进场后，应按规定进行抽样复检，并提交试验报告，不合格的材料，不得使用。

2.施工过程的质量控制

(1)铺设保温层的基层应平整、干燥和干净。保温材料在施工过程中应采取防潮、防水和防火等措施。

(2)检查保温层铺筑厚度是否满足设计要求，可采取拉线找坡方法进行控制。

(3)检查保温隔热层功能是否良好，避免出现保温材料表观密度过大、铺设前因含水量大而未充分晾干等现象。施工选用的材料应达到技术标准，控制保温材料的导热系数、含水量和铺实密度，从而达到保温的功能效果。

(4)检查铺设厚度是否均匀，铺设时应认真操作、拉线找坡、铺顺平整，操作中避免材料在屋面上堆积及二次倒运，保证匀质铺设及表面平整，铺设厚度应满足设计要求。

(5)检查保温层边角处质量，防止由于边线不直、边槎不齐整而影响屋面找坡、找平和排水。

(6)检查板块保温材料铺贴是否密实，以确保保温和防水效果，防止找平层出现裂缝，应按照规范和质量验收评定标准，进行严格验收。

(7)保温层应干燥，封闭式保温层的含水率相当于该材料在当地自然风干状态下的平衡含水率。屋面保温层干燥有困难时，应采用排气措施。

(8)倒置式屋面应采用吸水率小、长期浸水不腐烂的保温材料。保温层上应用混凝土等块材、水泥砂浆或卵石做保护层；卵石保护层与保温层之间，应干铺一层无纺聚酯纤维布做隔离层。

(9)松散保温材料施工时应分层铺设，每层虚铺厚度不宜大于150 mm，压实的程度与厚度必须经试验确定，压实后不得直接在保温层上行车或堆物，施工人员宜穿软底鞋进行操作。

(10)板状保温材料施工时，干铺的板状保温层材料，一是要紧靠基层表面；二是分层铺设的板块上下层要接缝错开；三是板间缝隙要嵌填密实，板间缝隙应采用同类材料嵌填密实。

(11)屋面保温层施工完成后，应及时进行找平层和防水层的施工；雨季施工时，保温层应采取遮盖措施。

3.屋面保温层工程施工质量验收

(1)保温材料的堆积密度或表观密度、导热系数，以及板材的强度、吸水率，必须符合设计要求。检验方法：检查出厂合格证、质量检验报告和现场抽样复验报告。

(2)保温层的含水率必须符合设计要求。检验方法：检查现场抽样检验报告。

(3)保温层的铺设应符合下列要求：

①松散保温材料：分层铺设，压实适当，表面平整，找坡正确。

②板状保温材料：紧贴(靠)基层，铺平垫稳，拼缝严密，找坡正确。

③整体现浇保温层：拌和均匀，分层铺设，压实适当，表面平整，找坡正确。检验方法：观察检查。

任务实施

一、资讯

1. 工作任务

请对学生宿舍楼在屋面工程施工过程中的关键部位、关键环节、重点工艺，以及材料进行质量评定和验收。

2. 收集、查询信息

利用在线开放课程、网络资源等查找相关资料，获取必要的知识。

3. 引导问题

①屋面找平层质量控制要点有哪些？

②屋面卷材防水层工程质量控制要点有哪些？

③细石混凝土防水层工程质量控制要点有哪些？

④屋面保温层工程质量控制要点有哪些？

二、计划

在这一阶段，学生针对本工程项目，以小组的形式，独立地寻找与完成本项目相关的信息，并获得屋面工程质量管理的相关内容，列出屋面工程质量验收程序。

三、决策

确定屋面工程质量验收的主控项目、一般项目及质量控制要点。

四、实施

完成屋面工程质量验收记录。

五、检查

学生根据《屋面工程施工质量验收规范》首先自查，然后以小组为单位进行互查，发现错误及时纠正，遇到问题商讨解决，教师再作出改进指导。

六、评价

学生首先自评，教师结合学生在实施过程中表现出来的职业素养、参与程度综合考核和评价每位学生的成绩。

学生自评表

<table>
<tr><td>项目名称</td><td>建筑工程施工质量管理</td><td>任务名称</td><td>屋面工程质量管理</td><td>学生签名</td><td></td></tr>
<tr><td colspan="3">自评内容</td><td>标准分值</td><td colspan="2">实际得分</td></tr>
<tr><td colspan="3">信息收集</td><td>10</td><td colspan="2"></td></tr>
<tr><td colspan="3">验收程序</td><td>15</td><td colspan="2"></td></tr>
<tr><td colspan="3">主控项目</td><td>15</td><td colspan="2"></td></tr>
<tr><td colspan="3">一般项目</td><td>10</td><td colspan="2"></td></tr>
<tr><td colspan="3">质量控制资料</td><td>10</td><td colspan="2"></td></tr>
<tr><td colspan="3">不合格产品处理</td><td>20</td><td colspan="2"></td></tr>
<tr><td colspan="3">沟通交流能力</td><td>5</td><td colspan="2"></td></tr>
<tr><td colspan="3">精益求精、一丝不苟的工匠精神</td><td>5</td><td colspan="2"></td></tr>
<tr><td colspan="3">团队协作能力</td><td>5</td><td colspan="2"></td></tr>
<tr><td colspan="3">创新意识</td><td>5</td><td colspan="2"></td></tr>
<tr><td colspan="3">合计得分</td><td>100</td><td colspan="2"></td></tr>
<tr><td colspan="6">改进内容及方法：</td></tr>
</table>

教师评价表

项目名称	建筑工程施工质量管理	任务名称	屋面工程质量管理	学生签名	
自评内容		标准分值		实际得分	
信息收集		10			
验收程序		15			
主控项目		15			
一般项目		10			
质量控制资料		10			
不合格产品处理		20			
沟通交流能力		5			
精益求精、一丝不苟的工匠精神		5			
团队协作能力		5			
创新意识		5			
合计得分		100			

任务7 建筑装饰装修质量管理

任务描述

建筑装修工程是为了保护建筑物的主体结构，对建筑物的外观及使用功能进行美化的工程，通过装饰装修材料的合理运用，使得建筑物的内外空间都更加趋于艺术性，不仅能够使建筑物自身的使用功能得到完善，同时也能够起到美化环境的作用。因此，在建筑装修装饰施工过程中坚持“百年大计，质量第一”的原则，按照设计要求和国家规范要求，严把材料关，精心设计，精心施工，给用户营造一个良好的生活环境和工作环境。

一、一般抹灰工程质量管理

1.材料质量控制

(1)水泥必须有出厂合格证，应标明进场批量，并按品种、强度等级、出厂日期分别堆放以保持干燥。如遇水泥强度等级不明或出厂日期超过 3 个月及受潮变质等情况，应经试验鉴定，按试验结果确定使用与否。不同品种的水泥不得混合使用。水泥的凝结时间和安定性应进行复检。

(2)抹灰用石灰，一般由块状石灰熟化成石灰膏后使用，熟化时应用筛孔孔径不大于 3 mm 的网筛过滤。石灰在池内熟化时间一般不少于 15 天；罩面用的磨细石灰粉的熟化时间不应少于 30 天。严禁使用风化、冻结、脱水和污染的石灰膏。

(3)抹灰宜采用中砂(平均粒径为 0.35～0.5 mm)或粗砂(平均粒径不大于 1.5 mm)与中砂混合掺用，尽可能少用细砂(平均粒径为 0.25～0.35 mm)，不宜使用特细砂(平均粒径小于 0.25 mm)。砂在使用前必须过筛，不得含有杂质，含泥量应符合标准规定。

(4)麻刀宜均匀、坚韧、干燥不含杂质，其长度宜为 20～30 mm，随用随敲打松散。

(5)抹灰在采用纸筋时，需先将纸筋撕碎，用清水浸透，每 100 kg 石灰膏掺 2.75 kg 纸筋，进入灰池搅拌均匀。使用时必须用小钢磨碾细，即成为纸筋灰。

(6)常用的建筑石膏的密度为 2.6～2.75 g/cm^3，堆积密度为 800～1 000 kg/m^3。石膏加水后凝结硬化速度很快，规范规定初凝时间不得少于 4 min，终凝时间不得超过 30 min。

2.施工过程的质量控制

(1)检查抹灰层厚度，要求抹灰厚度大于或等于 35 mm 时，应采取加强措施。

不同材料基体交接处表面的抹灰，应采取防止开裂的加强措施，当采用加强网时，加强网与各基体的搭接宽度不应小于 100 mm。

(2)检查抹灰前基层表面的尘土、污垢、油渍等是否清除干净，并应洒水润湿基层。

(3)检查普通抹灰表面是否光滑、洁净，接槎是否平整，分格缝是否清晰；高级抹灰表面应光滑、洁净、颜色均匀、无抹纹，分格缝和灰线应清晰、美观。

(4)检查护角、孔洞、槽、盒周围的抹灰表面是否整齐、光滑，管道后面的抹灰表面是否平整。

(5)检查抹灰层的总厚度，要求总厚度应符合设计要求。水泥砂浆不得抹在石灰砂浆层上，罩面石膏灰不得抹在水泥砂浆层上。

3.一般抹灰工程质量验收

(1)主控项目。

①抹灰前，基层表面的尘土、污垢、油渍等应清除干净，并应洒水润湿。检验方法：检查施工记录。

②一般抹灰所用材料的品种和性能应符合设计要求，水泥的凝结时间和安定性复验应合格。砂浆的配合比应符合设计要求。检验方法：检查产品合格证书、进场验收记录、复验报告和施工记录。

③抹灰工程应分层进行。当抹灰总厚度大于或等于 35 mm 时，应采取加强措施。不同材料基体交接处表面的抹灰，应采取防止开裂的加强措施，当采用加强网时，加强网与各基层的搭接宽度不应小于 100 mm。检验方法：检查隐蔽工程验收记录和施工记录。

④抹灰层与基层之间及各抹灰层之间必须粘接牢固，抹灰层应无脱层、空鼓，面层应无爆灰和裂缝。检验方法：观察、用小锤轻击检查、检查施工记录。

(2)一般项目。

①一般抹灰工程的表面质量应符合下列规定：a. 普通抹灰表面应光滑、洁净、接槎平整、分格缝清晰。b. 高级抹灰表面应光滑、洁净、颜色均匀、无抹纹，分格缝和灰线应清晰美观。检验方法：观察检查，手摸检查。

②护角、孔洞、槽、盒周围的抹灰表面应整齐、光滑，管道后面的抹灰表面应平整。检验方法：观察检查。

③抹灰层的总厚度应符合设计要求，水泥砂浆不得抹在石灰砂浆层上，罩面石灰膏不得抹在水泥砂浆层上。检验方法：检查施工记录。

④抹灰分格缝的设置应符合设计要求，宽度和深度应均匀，表面应光滑，棱角应整齐。检验方法：观察检查，尺量检查。

⑤有排水要求的部位应做滴水线(槽)。滴水线(槽)应整齐顺直，滴水线应内高外低，滴水

线的宽度和深度均不应小于 10 mm。检验方法：观察检查，尺量检查。

⑥一般抹灰工程质量的允许偏差和检验方法见表 2－23。

表 2－23　一般抹灰工程质量的允许偏差和检验方法

序号	项目	允许偏差/mm		检验方法
		普通抹灰	高级抹灰	
1	立面垂直度	4	3	用 2m 垂直检测尺检查
2	表面平整度	4	3	用 2m 靠尺和塞尺检查
3	阴阳角方正	4	3	用直角检测尺检查
4	分隔条(缝)直线度	4	3	拉 5m 线，不足 5m 拉通线，用钢直尺检查
5	墙裙、勒脚上口直线度	4	3	拉 5m 线，不足 5m 拉通线，用钢直尺检查

(3)一般规定。

①一般抹灰分项工程的检验批应按下列规定划分：a. 相同材料、工艺和施工条件的室外抹灰工程，每 500～1 000 m^2 应划分为一个检验批，不足 500 m^2 也应划分为一个检验批；b. 相同材料、工艺和施工条件的室内抹灰工程，每 50 个自然间(大面积房间和走廊按抹灰面积 30 m^2 为 1 间)应划分为一个检验批，不足 50 间也应划分为一个检验批。

②检查数量应符合下列规定：a. 室内每个检验批应至少抽查 10%，并不得少于 3 间；不足 3 间时应全数检查；b. 室外每个检验批每 100 m^2 应至少抽查一处，每处不得小于 10 m^2。

二、装饰抹灰工程质量管理

1. 材料质量控制

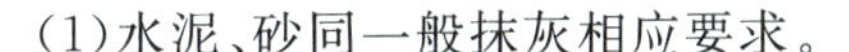

(1)水泥、砂同一般抹灰相应要求。

(2)彩色石粒应由天然大理石破碎而成，可用做水刷石、干粘石、斩假石的骨料，其质量要求是颗粒坚韧、有棱角、洁净且不得含有风化的石粒，使用时应冲洗干净并晾干。

(3)彩色瓷粒应由石英、长石和瓷土等原料烧制而成，粒径为 1.2～3 mm，且应具有大气稳定性好、颗粒小、表面瓷粒均匀等优点。

(4)装饰砂浆的颜料，应采用耐碱和耐晒(光)的矿物颜料，常用的有氧化铁黄、铬黄、氧化铁红、群青、钴蓝、铬绿、氧化铁棕、氧化铁黑、钛白粉等。

(5)建筑黏结剂应选择无醛黏结剂，产品性能参照《水溶性聚乙烯醇建筑胶粘剂》(JC/T 438—2019)的要求，游离甲醛小于或等于 0.1 g/kg。当选择聚乙烯醇缩甲醛类胶黏剂时，不得用于医院、老年建筑、幼儿园、学校教室等民用建筑的室内装饰装修工程。

2.施工过程的质量控制

(1)检查抹灰层厚度,要求当抹灰厚度大于或等于 35 mm 时,应采取加强措施。不同材料基体交接处表面的抹灰,应采取防止开裂的加强措施。当采用加强网时,加强网与各基体的搭接宽度不应小于 100 mm。

(2)检查抹灰前基层表面的尘土、污垢、油渍等是否清除干净,并应洒水润湿基层。

(3)检查装饰抹灰工程的表面质量。水刷石表面应石粒清晰、分布均匀、紧密平整、色泽一致,且无掉粒和接槎痕迹。阳角处应横剁并留出宽窄一致的边条,棱角应无损坏。干粘石表面应色泽一致、不漏浆、不漏粘,石粒应黏结牢固、分布均匀,阳角处应无明显黑边。

3.装饰抹灰工程质量验收

(1)主控项目。

①抹灰前基层表面的尘土、污垢、油渍等应清除干净,并应洒水润湿。检验方法:检查施工记录。

②装饰抹灰工程所用材料的品种和性能应符合设计要求。水泥的凝结时间和安定性复验应合格。砂浆的配合比应符合设计要求。检验方法:检查产品合格证书、进场验收记录、复验报告和施工记录。

③抹灰工程应分层进行。当抹灰总厚度大于或等于 35 mm 时,应采取加强措施。不同材料基体交接处表面的抹灰,应采取防止开裂的加强措施。当采用加强时,加强网与各基体的搭接宽度不应小于 100 mm。检验方法:检查隐蔽工程验收记录和施工记录。

④各抹灰层之间及抹灰层与基体之间必须粘接牢固,抹灰层应无脱层、空鼓和裂缝等缺陷。检验方法:观察检查,用小锤轻击检查,检查施工记录。

(2)一般项目。

①装饰抹灰工程的表面质量应符合下列规定:a.水刷石表面应石粒清晰、分布均匀、紧密平整、色泽一致,应无掉粒和接槎痕迹;b.斩假石表面剁纹应均匀顺直、深浅一致,应无漏剁处;阳角处应横剁并留出宽窄一致的不剁边条,棱角应无损坏;c.干粘石表面应色泽一致、不露浆、不漏粘,石粒应黏结牢固、分布均匀,阳角处应无明显黑边;d.假面砖表面应平整、沟纹清晰、留缝整齐、色泽一致,应无掉角、脱皮、起砂等缺陷。检验方法:观察检查,手摸检查。

②装饰抹灰分格条(缝)的设置应符合设计要求,宽度和深度应均匀,表面应平整光滑,棱角应整齐。检验方法:观察检查。

③有排水要求的部位应做滴水线(槽)。滴水线(槽)应整齐顺直,滴水线应内高外低,滴水槽的宽度和深度均不应小于 10 mm。检验方法:观察,尺量检查。

三、饰面砖工程质量管理

1.材料质量控制

(1)釉面瓷砖要求尺寸一致、颜色均匀,无缺釉、脱釉现象,无凹凸、扭曲和裂纹夹心等缺陷、边缘和棱角整齐,吸水率不大于1.8%,常用于厕所、浴室、厨房、游戏场所等。

(2)外墙贴面砖要求规格一致、颜色均匀,无凹凸、裂缝、夹心和缺釉等缺陷,整齐方正,无缺棱掉角等,常用于外墙面、柱面、窗心墙、门窗套等。

(3)陶瓷锦砖要求规格颜色一致,无受潮变色现象,拼接在纸板上的图案应符合设计要求,纸板完整、颗粒齐全,无缺棱掉角及碎粒,常用于室内外墙面及室内地面。

2.施工过程的质量控制

(1)检查时,首先查看设计图纸,了解设计对饰面砖工程所选用的材料、规格、颜色及对施工方法的要求,对工程所用材料检查是否有产品出厂合格证或试验报告。

(2)检查饰面砖黏结用的水泥的凝结时间、安定性和抗压强度是否符合设计要求。

(3)检查饰面砖的黏结是否牢固。

(4)检查满粘法施工的饰面砖工程是否有空鼓、裂缝。

(5)检查饰面砖表面是否平整、洁净、色泽一致,是否无裂痕和缺损。

(6)检查饰面砖接缝是否平直、光滑,嵌填是否连续、密实,宽度和深度是否符合设计要求。

(7)检查墙面突出物周围的饰面砖,要求整砖套割吻合、边缘整齐,墙裙、贴脸突出墙面的厚度应一致。

(8)检查阴阳角处的搭接方式、非整砖使用部位是否符合设计要求。

3.饰面砖质量验收

(1)主控项目。

①饰面砖的品种、规格、图案颜色和性能应符合设计要求。检验方法:观察;检查产品合格证书、进场验收记录、性能检测报告和复验报告。

②饰面砖粘贴工程的找平、防水、黏结和勾缝材料及施工方法应符合设计要求及国家现行产品标准和工程技术标准的规定。检验方法:检查产品合格证书、复验报告和隐蔽工程验收记录。

③饰面砖粘贴必须牢固。检验方法:检查样板件黏结强度检测报告和施工记录。

④满粘法施工的饰面砖工程应无空鼓、裂缝。检验方法:观察;用小锤轻击检查。

(2)一般项目。

①饰面砖表面应平整、洁净、色泽一致，无裂痕和缺损。检验方法：观察。

②阴阳角处搭接方式、非整砖使用部位应符合设计要求。检验方法：观察。

③墙面突出物周围的饰面砖应整砖套割吻合，边缘应整齐。墙裙、贴脸突出墙面的厚度应一致。检验方法：观察；尺量检查。

④饰面砖接缝应平直、光滑，填嵌应连续、密实；宽度和深度应符合设计要求。检验方法：观察；尺量检查。

⑤有排水要求的部位应做滴水线(槽)。滴水线(槽)应顺直，流水坡向应正确，坡度应符合设计要求。检验方法：观察；用水平尺检查。

⑥饰面砖粘贴的允许偏差和检验方法见表 2-24。

表 2-24　饰面砖粘贴的允许偏差和检验方法

项次	项目	允许偏差/mm		检验方法
		外墙面砖	内墙面砖	
1	立面垂直度	3	2	用 2 m 垂直检测尺检查
2	表面平整度	4	3	用 2 m 靠尺和塞尺检查
3	阴阳角方正	3	3	用直角检测尺检查
4	接缝直线度	3	2	拉 5 m 线，不足 5 m 拉通线，用钢直尺检查
5	接缝高低差	1	0.5	用钢直尺和塞尺检查
6	接缝宽度	1	1	用钢直尺检查

四、楼地面工程质量管理

(一)基层工程质量管理

1. 材料质量控制

(1)基土严禁采用淤泥、腐殖土、冻土、耕植土、膨胀土和含有 8%(质量分数)以上有机物质的土作为填土。

(2)填土应保持最优含水率，重要工程或大面积填土前，应取土样按击实试验确定最优含水率与相应的最大干密度。

(3)灰土垫层应采用熟化石灰粉与黏土(含粉质黏土、粉土)的拌和料铺设，其厚度不应小于 100 mm。灰土体积比应符合设计要求。

(4)找平层应采用水泥砂浆或混凝土铺设,并应符合设计规定。隔离层的材料,其材质应经有资质的检测单位认定。

(5)当采用掺有防水剂的水泥类找平层作为防水隔离层时,其掺量和强度等级(或配合比)应符合设计要求。

(6)填充层应按设计要求选用材料,其密度和导热系数应符合国家有关产品标准的规定。

2.施工过程的质量控制

(1)基层铺设前,应检查其下一层表面是否干净、有无积水。

(2)检查在垫层、找平层内埋设暗管时,管道是否按设计要求予以稳固。

(3)检查基层的标高、坡度、厚度等是否符合设计要求,基层表面是否平整、是否符合规定。

(4)检查灰土垫层是否铺设在不受浸泡的基土上,施工后是否有防止水浸泡的措施。

(5)检查对有防水要求的建筑地面工程在铺设前是否对立管、套管和地面与楼板的结点之间进行了密封处理,排水坡度是否符合设计要求。

(6)检查在预制钢筋混凝土板上铺设找平层前,板缝填嵌的施工是否符合下列要求:预制钢筋混凝土板相邻缝底宽不应小于 20 mm;填嵌时,板缝内应清理干净,保持湿润;填缝采用细石混凝土,其强度等级不得小于 C20,填缝高度应低于板面 10～20 mm,且振捣密实,表面不应压光,填缝后还应进行养护;当板缝底宽大于 40 mm 时,应按设计要求配置钢筋。

(7)检查在预制钢筋混凝土板上铺设找平层时,其板端是否按设计要求设置了防裂的构造钢筋。

(8)检查在水泥类找平层上铺设沥青类防水卷材、防水涂料时或以水泥类材料作为防水隔离层时,其表面是否坚固、洁净、干燥,且在铺设前是否涂刷了基层处理剂,基层处理剂是否采用了与卷材性能配套的材料或采用了同类涂料的底子油。

(9)检查铺设防水隔离层时,在管道穿过楼板面四周的防水材料是否向上铺涂,且超套管的上口;在靠近墙面处,是否高出面层 200～300 mm 或按设计要求的高度铺涂,阴阳角和管道穿过楼板面的根部是否增设了附加防水隔离层。

(10)检查填充层的下一层表面是否平整。当为水泥类时,是否洁净、干燥,并不得有空鼓、裂缝和起砂等缺陷。

3.基层工程质量验收

(1)基层工程质量检验标准和检验方法符合规范要求。

(2)基层工程质量检验数量。基层(各构造层)和各类面层的分项工程的施工质量验收应将每一层次或每层施工段(或变形缝)作为一个检验批,高层建筑的标准层可将每三层(不足三层按三层计)作为一个检验批。每个检验批应以各分部工程的基层和各类面层所划分的分项工程按自然间(或标准间)检验,随机检验抽查数量不应少于 3 间,不足 3 间应全数检查。

(二)整体楼地面工程质量管理

1.材料质量控制

(1)整体楼地面面层材料应有出厂合格证、样品试验报告,以及材料性能检测报告。

(2)整体楼地面面层材料的出厂时间应符合要求。

(3)面层中采用的水泥应为硅酸盐水泥、普通硅酸盐水泥,其强度等级不应小于32.5级,不同品种、不同强度等级的水泥严禁混用;砂应为中粗砂,当采用石屑时,其粒径应为1~5 mm,且含泥量不应大于3%(质量分数)。

2.施工过程的质量控制

(1)检查水泥混凝土面层的厚度是否符合设计要求。

(2)检查施工缝留设的情况。要求水泥混凝土面层铺设不留施工缝,当施工间歇超过允许时间规定时,应对接槎处进行处理。

(3)检查砂浆面层的厚度是否符合设计要求,其厚度不应小于20 mm。

(4)检查面层与下一层结合是否牢固。要求空鼓面积不应大于400 cm^2;若每自然间不多于2处,则可忽略不计。

(5)检查面层表面是否有裂纹、脱皮、麻面、起砂等缺陷。

(6)检查面层表面的坡度是否符合设计要求,要求不得有倒泛水和积水现象。

(7)检查踢脚线与墙面结合是否紧密、高度是否一致、出墙厚度是否均匀。

3.整体楼地面工程质量验收

1)水泥混凝土面层的质量验收

(1)主控项目。

①水泥混凝土采用的粗骨料,其最大粒径不应大于面层厚度的2/3,细石混凝土面层采用的石子粒径不应大于15 mm。检验方法:观察检查和检查材质合格证明文件及检测报告。

②面层的强度等级应符合设计要求,且水泥混凝土面层强度等级不应小于C20,水泥混凝土垫层兼面层强度等级不应小于C15。检验方法:检查配合比通知单及检测报告。

③面层与下一层应结合牢固,无空鼓、裂纹。如有空鼓,面积不应大于400 cm^2,且每自然间(标准间)不多于2处可不计。检验方法:用小锤轻击检查。

(2)一般项目。

①面层表面不应有裂纹、脱皮、麻面、起砂等缺陷。检验方法:观察检查。

②面层表面的坡度应符合设计要求,不得有倒泛水和积水现象。检验方法:观察和采用泼水或用坡度尺检查。

③水泥砂浆踢脚线与墙面应紧密结合,高度一致,出墙厚度均匀,局部空鼓度不应大于300 mm,且每自然间(标准间)不多于2处可不计。检验方法:用小锤轻击、钢尺和观察检查。

④楼梯踏步的宽度、高度应符合设计要求。楼层梯段相邻踏步高度差不应大于 10 mm，每踏步两端宽度差不应大于 10 mm；旋转楼梯梯段的每踏步两端宽度的允许偏差为 5 mm。楼梯踏步的齿角应整齐，防滑条应顺直。检验方法：观察和钢尺检查。

⑤水泥混凝土面层的允许偏差和检验方法见表 2－25。

表 2－25 水泥混凝土面层的允许偏差和检验方法

序号	项目	允许偏差/mm						检验方法
		水泥混凝土面层	水泥砂浆面层	普通磨石面层	高级水磨石面层	水泥钢(铁)屑面层	防油渗混凝土和不发火(防爆)面层	
1	表面平整度	5	4	3	2	4	5	用 2 m 靠尺和楔形塞尺检查
2	踢脚线上口平直	4	4	3	3	4	4	拉 5 m 线和用钢尺检查

2)水泥砂浆面层的质量验收

(1)主控项目。

①水泥采用硅酸盐水泥、普通硅酸盐水泥，其强度等级不应小于 32.5，不同品种、不同强度等级的水泥严禁混用。砂应为中粗砂，当采用石屑时，其粒径应为 1～5 mm，且含泥量不应大于 3%。检验方法：观察检查和检查材质合格证明文件及检测报告。

②水泥砂浆面层的体积比(强度等级)必须符合设计要求，且体积比应为 1:2，强度等级不应小于 M15。检验方法：检查配合比通知单和检测报告。

③面层与下一层应结合牢固，无空鼓、裂纹。如有空鼓，面积不应大于 400 cm^2，且每自然间(标准间)不多于 2 处可不计。检验方法：用小锤轻击检查。

(2)一般项目。

①面层表面的坡度应符合设计要求，不得有倒泛水和积水现象。检验方法：观察和采用泼水或坡度尺检查。

②面层表面应洁净，无裂纹、脱皮、麻面、起砂等缺陷。检验方法：观察检查。

③踢脚线与墙面应紧密结合，高度一致，出墙厚度均匀。局部空鼓长度不应大于 300 mm，且每自然间(标准间)不多于 2 处可不计。检验方法：用小锤轻击、钢尺和观察检查。

④楼梯踏步的宽度、高度应符合设计要求。楼层梯段相邻踏步高度差不应大于 10 mm，每踏步两端宽度差不应大于 10 mm；旋转楼梯梯段的每踏步两端宽度的允许偏差为 5 mm。楼梯踏步的齿角应整齐，防滑条应顺直。检验方法：观察和钢尺检查。

⑤水泥砂浆面层的允许偏差应符合表 2－21 的规定。检验方法：应按表 2－25 中的检验方法检验。

(三)板块面层铺设质量管理

1.施工过程质量控制

(1)砖面层采用陶瓷锦砖、缸砖、陶瓷地砖和水泥花砖,应在结合层上铺设。

(2)铺设板块面层时,应在结合层上铺设。其水泥类基层的抗压强度不得小于1.2 MPa,表面应平整、粗糙、洁净。

(3)铺设板块面层的结合层和板块间的填缝采用水泥砂浆,应符合下列规定:

①配制水泥砂浆应采用硅酸盐水泥、普通硅酸盐水泥或矿渣硅酸盐水泥,水泥强度等级不宜小于32.5;

②配制水泥砂浆的砂应符合国家现行行业标准《建设用砂》(GB5021—2014)的规定。

③配制水泥砂浆的体积比(或强度等级)应符合设计要求。

④砖面层配制水泥砂浆的体积比、相应强度等级和稠度见表2-26。

表2-26 砖面层配制水泥砂浆的体积比、相应强度等级和稠度

面层种类	构造层	水泥砂浆体积比	相应的水泥砂浆强度等级	水泥砂浆稠度(以标准圆锥体沉入度计)/mm
缸砖面层、条石	结合层和面层的填缝	1∶2	≥M15	25～35
陶瓷锦砖、陶瓷地砖	结合层	1∶2	≥M15	25～35
水泥花砖	结合层	1∶3	≥M10	30～35

⑤砖面层排设应符合设计要求,当设计无要求时,应避免出现砖面小于1/4边长的边角料。

⑥铺砂浆前,基层应浇水湿润,刷二道水泥素浆,务必要随刷随铺。铺贴砖时,砂浆饱满、缝隙一致,当需要调整缝隙时,应在水泥浆结合层终凝前完成。

(4)铺贴宜整间一次完成,如房间大一次不能铺完,可按轴线分块,必须将接槎切齐,余灰清理干净。

(5)有防腐蚀要求的砖面层采用的耐酸瓷砖、浸渍沥青砖、缸砖的材质、铺设,以及施工质量验收应符合现行国家标准《建筑防腐蚀工程施工规范》(GB 50217—2014)的规定。

(6)在水泥砂浆结合层上铺贴缸砖、陶瓷地砖和水泥花砖面层时,应符合下列规定:

①在铺贴前,应对砖的规格尺寸、外观质量、色泽等进行预选,浸水湿润晾干待用;

②勾缝和压缝应采用同品种、同强度等级、同颜色的水泥,并做养护和保护。

(7)在水泥砂浆结合层上铺贴陶瓷锦砖面层时,砖底面应洁净,每联陶瓷锦砖之间,与结合层之间,以及在墙角、镶边和靠墙处,应紧密贴合。在靠墙处不得采用砂浆填补。

(8)在沥青胶结料结合层上铺贴缸砖面层时,缸砖应干净,铺贴时应在摊铺热沥青胶结料上进行,并应在胶结料凝结前完成。

(9)采用胶黏剂在结合层上粘贴砖面层时,胶黏剂选用应符合现行国家标准《民用建筑工程室内环境污染控制规范》(GB 50325—2010)的规定。

五、塑料门窗工程质量管理

1.材料质量控制

(1)门窗材料应有产品合格证书、性能检测报告、进场验收记录和复检报告。

(2)门窗采用的异型材、密封条等原材料应符合国家现行标准,即《门、窗用未增塑聚氯乙烯(PVC—U)型材》(GB/T 8814—2017)、《塑料门窗用密封条》(GB/T 12002—1989)中的有关规定。

(3)门轴采用的紧固件、五金件、增强型钢及金属衬板等的表面应进行防腐处理,紧固件的镀层金属及其厚度宜符合现行国家标准。

(4)组合轴及其拼樘料应采用与其内腔紧密吻合的增强型钢作为内衬,型钢两端应比拼模料长出10~15 mm。外窗拼樘料的截面尺寸及型钢的形状、壁厚,应能使组合轴承受该地区的瞬时风压值,并应符合设计要求。

(5)固定片材质应采用Q235-A冷轧钢板,其厚度应不小于1.5 mm,最小宽度应不小于15 mm,且表面应进行镀锌处理。

(6)全防腐型门窗应采用相应的防腐型五金件及紧固件。

(7)密封门窗与洞口所用的嵌缝膏应具有弹性和黏结性。

(8)出厂的塑料门窗应符合设计要求,其外观、外形尺寸、装配质量、力学性能应符合现行国家标准的有关规定;门窗中竖框、中横框或拼樘料等主要受力杆件中的增强型钢,应在产品说明中注明其规格、尺寸。门窗的抗风压、抗空气渗透、抗雨水渗漏三项基本物理性能应符合设计要求,并应附有该等级的质量检测报告。

2.施工过程的质量控制

(1)采用后塞口施工,不得先立口后进行结构施工。

(2)检查门窗洞口尺寸是否比门窗框尺寸大3 cm,否则应先行剔凿处理。

(3)按图纸尺寸放好门窗框的安装位置线及立口的标高控制线。

(4)安装门窗框,并按线就位找好垂直度及标高,用木楔临时固定,检查正侧面垂直度及对角线,合格后,用膨胀螺栓将铁脚与结构固定好。

(5)门窗框与墙体的缝隙应用设计要求的材料嵌缝,设计无要求时用泡沫塑料填实。表面用厚度为5～7 mm的密封胶封闭。

(6)安装门窗附件时，应先用电钻钻孔，再用自攻螺丝拧入，严禁用铁锤或硬物敲打，防止损坏框料。

3.塑料门窗安装工程质量验收

(1)主控项目。

①塑料门窗的品种、类型、规格、尺寸、开启方向、安装位置、连接方式及填嵌密封处理应符合设计要求，内衬增强型钢的壁厚及设置应符合国家现行产品标准的质量要求。检验方法：观察；尺量检查；检查产品合格证书、性能检测报告、进场验收记录和复验报告；检查隐蔽工程验收记录。

②塑料门窗框、副框和扇的安装必须牢固。固定片或膨胀螺栓的数量与位置应正确，连接方式应符合设计要求。固定点应距窗角、中横框、中竖框150～200 mm，固定点间距应不大于600 mm。检验方法：观察；手扳检查；检查隐蔽工程验收记录。

③塑料门窗拼樘料内衬增加型钢的规格、壁厚必须符合设计要求，型钢应与型材内腔紧密吻合，其两端必须与洞口固定牢固。窗框必须与拼樘料连接紧密，固定点间距应不大于600 mm。检验方法：观察；手扳检查；尺量检查；检查进场验收记录。

④塑料门窗扇应开关灵活、关闭严密，无倒翘。推拉门窗扇必须有防脱落措施。检验方法：观察；开启和关闭检查；手扳检查。

⑤塑料门窗配件的型号、规格、数量应符合设计要求，安装应牢固，位置应正确，功能应满足使用要求。检验方法：观察；手扳检查；尺量检查。

⑥塑料门窗框与墙体间缝隙应采用闭孔弹性材料填嵌饱满，表面应采用密封胶密封。密封胶应黏结牢固，表面应光滑、顺直、无裂纹。检验方法：观察；检查隐蔽工程验收记录。

(2)一般项目。

①塑料门窗表面应洁净、平整、光滑，大面应无划痕、碰伤。检验方法：观察。

②塑料门窗扇的密封条不得脱槽。旋转窗间隙应基本均匀。

③塑料门窗扇的开关力应符合下列规定：平开门窗扇平铰链的开关力应不大于80 N；滑撑铰链的开关力应在30～80 N。

④推拉门窗扇的开关力应不大于100 N。检验方法：观察；用弹簧秤检查。

⑤玻璃密封条与玻璃槽口的接缝应平整，不得卷边、脱槽。检验方法：观察。

⑥排水孔应畅通，位置和数量应符合设计要求。检验方法：观察。

⑦塑料门窗安装的允许偏差和检验方法见表2-27。

表 2－27 塑料门窗安装的允许偏差和检验方法

项次	项目		允许偏差/mm	检验方法
1	门窗槽口的宽度、高度	≤1 500 mm	2	用钢尺检查
		>1 500 mm	3	
2	门窗槽口的宽度、对角线的长度差	≤2 000 mm	3	用钢尺检查
		>2 000 mm	5	
3	门窗框的正、侧面垂直度		3	用 1 m 垂直检测尺检查
4	门窗横框的水平度		3	用 1 m 水平尺和塞尺检查
5	门窗横框的标高		5	用钢尺检查
6	门窗竖向偏离中心		5	用钢直尺检查
7	双层门窗内外框的间距		4	用钢尺检查
8	同樘平开门窗相邻扇的高度差		2	用钢尺检查
9	平开门窗铰链部位配合间隙		+2，−1	用塞尺检查
10	推拉门窗与框的搭接量		+1.5，−2.5	用钢直尺检查
11	推拉门窗扇与竖框的平行度		2	用 1 m 水平尺和塞尺检查

任务实施

一、资讯

1. 工作任务

某业主投资对学生宿舍楼进行改造，施工内容包括：墙面抹灰、吊顶、涂料、墙地砖铺设、更换门窗等。质量标准要达到《建筑装饰装修工程质量验收规范》合格标准。请对该装饰工程进行质量评定和验收。

2. 收集、查询信息

利用在线开放课程、网络资源等查找相关资料，获取必要的知识。

3. 引导问题

①装饰工程质量验收程序是什么？

②抹灰工程施工主要检查哪些方面的内容？检查方法有哪些？

③门窗工程施工主要检查哪些方面的内容？检查方法有哪些？

④楼地面工程施工主要检查哪些方面的内容？检查方法有哪些？

二、计划

在这一阶段，学生针对本工程项目，以小组的形式，独立地寻找与完成本项目相关的信息，并获得装饰装修工程质量管理的相关内容，列出装饰装修工程质量验收程序。

三、决策

确定装饰装修工程质量验收的主控项目、一般项目及质量控制要点。

四、实施

完成装饰装修工程质量验收记录。

五、检查

学生根据《建筑装饰装修工程施工质量验收规范》《建筑地面工程施工质量验收规范》首先自查，然后以小组为单位进行互查，发现错误及时纠正，遇到问题商讨解决，教师再作出改进指导。

六、评价

学生首先自评，教师结合学生在实施过程中表现出来的职业素养、参与程度综合考核和评价每位学生的成绩。

学生自评表

项目名称	建筑工程施工质量管理	任务名称	装饰装修工程质量管理	学生签名	
自评内容			标准分值	实际得分	
信息收集			10		
验收程序			15		
主控项目			15		
一般项目			10		
质量控制资料			10		
不合格产品处理			20		
沟通交流能力			5		
精益求精、一丝不苟的工匠精神			5		
团队协作能力			5		
创新意识			5		
合计得分			100		
改进内容及方法：					

教师评价表

项目名称	建筑工程施工质量管理	任务名称	装饰装修工程质量管理	学生签名	
自评内容		标准分值		实际得分	
信息收集		10			
验收程序		15			
主控项目		15			
一般项目		10			
质量控制资料		10			
不合格产品处理		20			
沟通交流能力		5			
精益求精、一丝不苟的工匠精神		5			
团队协作能力		5			
创新意识		5			
合计得分		100			

项目3 安全生产管理基本知识

项目描述

某建筑公司承接了一栋学生宿舍楼的施工任务，该学生宿舍楼位于城市中心区，建筑面积24 112m^2，地下1层，地上17层，局部9层。现需要安全员分析学生宿舍楼工程的安全生产特点及不安全因素；编制施工现场场容、场貌及料具堆放方案，并能对场容、场貌及料具堆放、环境保护、环境卫生进行检查验收。

知识目标

(1)了解安全、安全生产管理和文明施工的概念。

(2)掌握安全生产方针，熟悉安全管理的目标、原则、内容，建筑工程安全生产的特点及不安全因素。

(3)熟悉安全生产管理主要内容、施工安全生产相关法律法规及规章。

(4)掌握施工现场管理与文明施工的内容和要求，熟悉施工现场环境保护与环境卫生防治。

技能目标

(1)能结合工程实际分析某工程的安全生产特点及不安全因素。

(2)能分析某一工程项目是否符合有关安全生产法律法规和规章的情况。

(3)能编制施工现场场容、场貌及料具堆放方案，并能对场容、场貌及料具堆放、环境保护、环境卫生进行检查验收。

素质目标

(1)具有良好的沟通交流能力、团队合作精神和创新意识。

(2)具有爱护环境、尊重自然、保护环境的生态意识。

(3)具有规范操作意识，精益求精、一丝不苟的工匠精神和爱岗敬业的责任意识。

(4)具有法律法规意识。

任务1 安全生产管理基本概念

任务描述

安全生产是国家一项长期的基本国策，是劳动者的安全健康和国家生产力发展的基本保证，也是保证社会主义经济发展，进一步实行改革开放的基本条件。因此我们必须树立“以人为本、安全发展”的生产理念，坚持“安全第一、预防为主、综合治理”的方针，依据建设工程安全生产、劳动保护、环境保护等法律法规和标准规范及工程安全技术标准、规范、规程，有效控制或消除危险和有害因素，保证人民群众的生命安全和财产安全，促进社会稳定，创造和谐社会。

一、安全与安全生产

1.生命重于泰山，安全是生命的保护伞

无危则安，无损则全。顾名思义，“安全”是指没有危险，不出事故，人不受伤害、平安健康，物不受损伤、完整无损。从这个意义上，“安全”可以认为是一种物态、环境或状态。也有人把“安全”理解为一种能力，即人对自身利益——包括生命、健康、财产、资源等的维护和控制的能力。总之，安全是指不会发生损失或伤害的一种状态，安全的实质就是防止事故，消除导致死亡、伤害、急性职业危害及各种财产损失发生的条件。

与安全相对应的是“危险”，“危险”是指人和物易于受到伤害或损害的一种状态。能导致危险发生的因素是危险因素，危险未得到控制而产生的，造成人员死亡、伤害、职业病、财产损失或其他损失的意外后果就是事故。

安全与否是以相对危险的接受程度来判断的，是一个相对概念。世界上没有绝对安全的事物，任何事物中都包含有不安全的因素，都具有一定的危险性。安全只是一个相对的概念，只不过当危险性低于人们认可的某种程度时，就被认为是安全。

2.安全生产是红线、是底线、是生命线

安全生产是为了使生产过程在符合物质条件和工作秩序下进行，防止发生人员伤亡和财产损失等生产事故，控制或消除危险及有害因素，保障人身安全与健康、使设备和设施免受损坏、环境免遭破坏。

安全生产是经济发展的红线，是和谐社会稳定的底线，是事关广大人民群众的生命线。

二、安全生产管理

1.安全生产管理以人为本

安全生产管理就是针对人们生产过程中的安全管理，运用有效的资源发挥人们的智慧，通

过人们的努力，进行有关决策、计划、组织和控制等活动，实现生产过程中人与机器设备、物料、环境的和谐，达到安全生产的目标。

1)安全生产管理的方式

安全生产管理的方式包括安全生产法制管理、行政管理、监督检查、工艺技术管理、设备设施管理、作业环境和条件管理等。安全生产管理的对象包括企业中的所有人员、设备设施、物料、环境、财务、信息等各个方面。

2)安全生产管理的内容

安全生产管理的内容包括安全生产管理机构和安全生产管理人员、安全生产责任制、安全生产管理规章制度、安全生产策划、安全培训教育、安全生产档案等。

3)安全生产管理的目标

安全生产管理的目标就是减少和控制危害，减少和控制事故，避免生产过程中的人身伤害、财产损失、环境污染以及其他损失。

2.安全生产管理方针

“安全第一、预防为主、综合治理”是现阶段我国安全生产管理方针。它是一个完整的统一体系，且三者之间存在内在的严密逻辑关系，坚持安全第一，必须以预防为主，实施综合治理。只有认真治理隐患，有效防范事故，才能把“安全第一”落到实处。“安全第一”体现在生产经营单位应当把生产、安全、效益等看成一个有机的整体，当这些指标发生矛盾或冲突时，要将安全放在第一位。

1)安全第一

“安全第一”——强调安全，强调人的生命与健康高于一切，安全优先，以人为本，把安全放在一切工作的首位。企业要树立红线意识，落实“不安全不生产，隐患不排除不生产，措施不落实不生产”的原则，施工作业人员要珍惜自身生命健康，保持随时随地安全生产的习惯，杜绝侥幸心理，实现自主保安、相互保安。

2)预防为主

“预防为主”——实现安全生产的主要工作在于预防，把安全生产工作的关口前移，超前防范，通过预防工作及时把各类事故消灭在萌芽之中。一切隐患都是可以消除的，一切事故都是可以预防的。企业要建立隐患排查、事故预防机制，采取有效的事前控制措施，保证安全生产。施工作业人员要自觉执行作业规程和操作标准，严格遵守劳动纪律，搞好安全生产。

3)综合治理

“综合治理”——综合运用各种手段，包括加强安全生产管理，保证安全生产投入，加强安全生产教育培训，做好业务保安、科技兴安工作，充分发挥各方面的安全监督作用，来保证安全生产。综合治理要求做到全方位、全过程、全员管理；重视科学技术对施工安全的重要支撑作用，提高生产机械化、自动化、信息化水平。综合治理是安全生产工作的重心所在，是保证安全管理目标实现的重要途径。

3. 安全生产定律和法则

1)海因里希安全法则

每一起严重事故的背后，必然有29次轻微事故和300起未遂先兆以及1 000起事故隐患。

著名的海因里希法则，或者称为1∶29∶300法则的重要意义在于指出事故与伤害后果之间存在着偶然性的概率原则。这个统计规律说明了在进行同一项活动中，无数次意外事件，必然导致重大伤亡事故的发生。而要防止重大事故的发生必须减少和消除无伤害事故，要重视事故的苗头和未遂事故，否则终会酿成大祸。

2)墨菲定律

如果有两种或两种以上的方式去做某件事情，而其中一种选择方式将导致灾难，则必定有人会做出这种选择。“墨菲定律”告诉我们小概率事件在一次活动中发生的可能性很小，给人一种错误的理解，认为不会发生事故。然而正是由于这种错觉，麻痹了人们的安全意识，加大了事故发生的可能性，其结果是事故可能频繁发生。

3)破窗效应

美国斯坦福大学心理学家菲利普·津巴多(Philip Zimbardo)于1969年进行了一项实验。他找来两辆一模一样的汽车，把其中的一辆停在加州帕洛阿尔托的中产阶级社区，而另一辆停在相对杂乱的纽约布朗克斯区。停在布朗克斯的那辆车，他把车牌摘掉，顶棚打开，结果当天就被偷走了。而放在帕洛阿尔托的那一辆，一个星期也无人理睬。后来津巴多用锤子把那辆车的玻璃敲了个大洞，结果仅仅过了几个小时，车也不见了。

从“破窗效应”中，我们可以得到这样一个道理：任何一种不良现象的存在，都在传递着一种信息，这种信息会导致不良现象的无限扩展，同时必须高度警觉那些看起来是偶然的、个别的、轻微的“过错”，如果对这种行为不闻不问、熟视无睹或纠正不力，就会纵容更多的人“去打烂更多的窗户玻璃”，就极有可能演变成“千里之堤，溃于蚁穴”的恶果。正如刘备那句话，勿以善小而不为，勿以恶小而为之。

4)不等式法则

不等式法则：10 000－1≠9 999，安全是1，位子、车子、房子、票子等都是0，有了安全，就是10 000；没有了安全，0再多也没有意义。

三、建筑施工安全生产

1. 建筑施工安全生产的特点

(1)产品的固定性导致作业空间的局限性。

建筑产品建造在固定的位置上，在连续几个月或几年的时间里，需要在有限的场地和空间内集中大量的人力、物资、机具，多个分包单位来进行交叉作业，作业空间的局限性，容易产生物体打击等伤亡事故。

(2)露天作业导致作业环境的恶劣性。

建筑工程露天作业量约占整个工作量的70%，高处作业量约占整个工作量的90%，使现场易受自然环境因素影响，工作环境相当艰苦恶劣，容易发生高处坠落等伤亡事故。

(3)手工操作多、体力消耗大、劳动强度高导致个体劳动保护的艰巨性。

建筑施工作业环境恶劣，施工过程手工操作多，体能耗费大，劳动时间和劳动强度都比其他行业要大，使作业人员容易疲劳、注意力易分散和出现错误操作，其职业危害严重，对个人劳动的保护十分艰巨。

(4)大型施工机械和设备使用导致机械伤害的不确定性。

现代建筑施工使用大型施工机械和设备较多，容易产生机械伤害。

(5)施工流动性导致安全管理的困难性。

建筑施工流动性大，施工现场变化频繁，加之劳务分包队伍的不固定、施工操作人员的素质参差不齐、文化层次较低、安全意识淡薄，容易出现违章作业和冒险蛮干，导致施工安全管理的困难性。这就要求安全管理举措必须及时、到位。

(6)产品多样性、施工工艺多变性要求安全技术措施和安全管理具有保证性。

建筑工程的多样性，施工生产工艺的复杂多变性，使得施工过程的不安全的因素不尽相同。同时，随着工程建设进度，施工现场的不安全因素和风险也在随时变化，要求施工单位必须针对工程进度和施工现场实际情况不断及时地采取安全技术措施和安全管理措施。

施工安全生产的上述特点，决定了施工生产的安全隐患多存在于高处作业、交叉作业、垂直运输、个体劳动保护以及使用电气工具上，伤亡事故也多发生在高处坠落、物体打击、机械伤害、起重伤害、触电、坍塌等方面。同时，超高层、新、奇、个性化的建筑产品的出现，给建筑施工带来了新的挑战，也给建设工程安全管理和安全防护技术提出了新的要求。

2.建筑工程安全生产管理

建筑工程安全生产管理是指为保证建筑生产安全所进行的计划、组织、指挥、协调和控制等一系列管理活动，目的在于保护劳动者在生产过程中的安全与健康，保证国家和人民的财产不受损失，保证建筑生产任务的顺利完成。

3.建筑施工现场不安全因素

1)施工现场的不安全因素

①人的不安全因素：心理上的不安全因素，生理上的不安全因素，能力上的不安全因素。

②物的不安全状态：防护等装置缺乏或有缺陷，设备、设施、工具、附件有缺陷，个人防护用

品用具缺少或有缺陷，施工生产场地环境不良。

③管理上的不安全因素，技术上的缺陷，教育上的缺陷，生理上的缺陷，心理上的缺陷，管理工作上的缺陷，教育和社会的原因造成的缺陷。

2)安全管理

(1)事故预防机理。

约束人的不安全行为；消除物的不安全状态；同时约束人的不安全行为，消除物的不安全状态；采取隔离防护措施，使人的不安全行为与物的不安全状态不相遇。

(2)建立安全管理制度。

①约束人的不安全行为的制度：安全生产责任制度、安全生产教育制度、特种作业管理制度。

②消除物的不安全状态的制度：安全防护管理制度、机械安全管理制度、临时用电安全管理制度、安全技术管理制度。

③起隔离防护作用的制度：安全生产组织管理制度、劳动保护管理制度、安全性评价制度、其他制度。

4.建筑施工现场安全生产基本要求

长期以来，建筑施工现场总结制订了一些行之有效的安全生产基本要求和规定，主要有以下几种要求和规定：

1)安全生产六大纪律

①进入现场必须戴好安全帽，扣好帽带，并正确使用个人劳动防护用品。

②2 m 以上的高处、悬空作业，无安全设施的，必须系好安全带，扣好保险钩。

③高处作业时，不准向下或向上乱抛材料和工具等物件。

④各种电动机械设备必须有可靠有效的安全接地和防雷装置，方能开动使用。

⑤不懂电气和机械的人员，严禁使用和玩弄机电设备。

⑥吊装区域非操作人员严禁入内，吊装机械必须完好，吊臂垂直下方不准站人。

2)施工现场“十不准”

①不准从正在起吊、运吊中的物件下通过。

②不准在没有防护的外墙和外壁板等建筑物上行走。

③不准站在小推车等不稳定的物体上作业。

④不得攀登起重臂、绳索、脚手架、井字架、龙门架和随同运料的吊盘及吊装物上下。

⑤不准进入挂有“禁止出入”或设有危险警示标志的区域、场所。

⑥不准在重要的运输通道或上下行走通道上逗留。

⑦未经允许不准私自进入非本单位作业区域或管理区域，尤其是存有易燃易爆物品的场所。

⑧严禁在无照明设施、无足够采光条件的区域、场所内行走、逗留。

⑨不准无关人员进入施工现场。

⑩不准从高处往下跳或奔跑作业。

3)安全生产十大禁令

①严禁赤脚、穿拖鞋、高跟鞋及不戴安全帽人员进入施工现场作业。

②严禁一切人员在提升架、提升机的吊篮下或吊物下作业、站立、行走。

③严禁非专业人员私自开动任何施工机械及驳接、拆除电线或电器。

④严禁在操作现场(包括车间、工地)玩耍、吵闹和从高处抛掷材料、工具砖石浆等一切物件。

⑤严禁土方工程的偷岩取土及不按规定放坡或不加支撑的深基坑开挖施工。

⑥严禁在不设栏杆或无其他安全措施的高空作业。

⑦严禁在未设安全措施的同一部位上同时进行上下交叉作业。

⑧严禁带小孩进入施工现场(包括车间、工地)作业。

⑨严禁在靠近高压电源的危险区域进行冒险作业及不穿绝缘鞋进行机动水磨石等作业,严禁用手直接提拿灯头。

⑩严禁在有危险品、易燃易爆品的场所和木工棚、仓库内吸烟、生火。

4)十项安全技术措施

①按规定使用安全“三宝”。

②机械设备防护装置一定要齐全有效。

③塔吊等起重设备必须有限位保险装置,不准“带病”运转,不准超负荷作业,不准在运转中维修保养。

④架设电线线路必须符合当地电业局的规定,电气设备必须全部接零或接地。

⑤电动机械和手持电动工具要设置漏电保护装置。

⑥脚手架材料及脚手架的搭设必须符合规程要求。

⑦各种缆风绳及其设置必须符合规程要求。

⑧在建工程楼梯口、电梯口、预留洞口、通道口必须有防护设施。

⑨严禁赤脚或穿高跟鞋、拖鞋进入施工现场,高空作业不准穿硬底、带钉或易滑的鞋靴。

⑩施工现场的悬崖、陡坎等危险地区应设警戒标志,夜间要设红灯示警。

5)防止违章和事故的十项操作要求规定

①新工人未经三级安全教育,复工换岗人员未经安全岗位教育,不盲目操作。

②特殊工种人员、机械操作工未经专门安全培训,无有效安全上岗操作证,不盲目操作。

③施工环境和作业对象情况不清,施工前无安全措施或作业前安全交底不清,不盲目操作。

④新技术、新工艺、新设备、新材料、新岗位无安全措施,未进行安全培训教育及交底,不盲

目操作。

⑤安全帽、安全带等作业所必需的个人防护用品不落实,不盲目操作。

⑥脚手架、吊篮、塔吊、井字架、龙门架、外用电梯、起重机械、电焊机、钢筋机械、木工机械、搅拌机、打桩机等设施设备和现浇混凝土模板支撑,搭设安装后,未经验收合格,不盲目操作。

⑦作业场所安全防护措施不落实,安全隐患不排除,威胁人身和财产安全时,不盲目操作。

⑧凡上级或管理干部违章指挥,有冒险作业情况时,不盲目操作。

⑨高处作业、带电作业、禁火区作业、易燃易爆作业、爆破性作业、有中毒或窒息危险的作业和科研实验等其他危险作业,均应由上级指派,并经安全交底。未经指派批准、未经安全交底和无安全防护措施时,不盲目操作。

⑩隐患未排除,有伤害自己、伤害他人、被他人伤害的不安全因素存在时,不盲目操作。

6)防止触电伤害的十项基本安全操作要求

根据安全用电"装得安全、拆得彻底、用得正确、修得及时"的基本要求,为防止触电伤害的操作要求有:

①非电工严禁私拆乱接电气线路、插头、插座、电气设备、电灯等。

②使用电气设备前必须检查线路、插头、插座、漏电保护装置是否完好。

③电气线路或机具发生故障时,应由电工处理,非电工不得自行修理或排除故障。

④使用振捣器等手持电动机械和其他电动机械从事潮湿作业时,要由电工接好电源,安装漏电保护器,操作者必须穿戴好绝缘鞋、绝缘手套后再进行作业。

⑤搬迁或移动电气设备必须先切断电源。

⑥搬运钢筋、钢管及其他金属物时,严防触碰到电线。

⑦禁止在电线上挂晒物料。

⑧禁止使用照明器烘烤、取暖,禁止擅自使用电炉等大功率电器和其他电加热器。

⑨在架空输电线路附近工作时,应停止输电,不能停电时,应有隔离措施,要保持安全距离,防止触碰。

⑩电线必须架空,不得在地面、施工楼面随意乱拖,当必须通过地面、楼面时,应有过路保护,物料、车、人不准压踏碾磨电线。

7)起重吊装"十不吊"规定

①起重臂吊起的重物下面有人停留或行走,不准吊。

②起重指挥应由技术培训合格的专职人员担任,无指挥或信号不清,不准吊。

③钢筋、型钢、管材等细长和多根物件必须捆扎牢靠,多点起吊。单头绑扎或捆打不牢靠,不准吊。

④多孔板、积灰斗、手推翻斗车不用四点起吊或大模板外挂板不用卸甲,不准吊。预制钢筋

混凝土楼板不准双拼吊。

⑤吊砌块必须使用安全可靠的砌块夹具，吊砖必须使用砖笼，并堆放整齐。小砖、预埋件等零星物件要用盛器堆放稳妥。叠放不齐不准吊。

⑥楼板、大梁等吊物上站人不准吊。

⑦埋入地面的板桩、井点管等，以及粘连、附着的物件不准吊。

⑧多机作业，应保证所吊重物距离不小于3m。在同一轨道上多机作业，无安全措施不准吊。

⑨六级以上强风区不准吊。

⑩斜拉重物或超过机械允许荷载不准吊。

8）气割、电焊“十不烧”规定

①焊工必须持证上岗，无金属焊接、切割特种作业操作证的人员，不准进行焊、割作业。

②凡属一、二、三级动火范围的焊、割，未经办理动火审批手续，不准进行焊、割作业。

③焊工不了解焊、割现场周围情况的，不得进行焊、割。

④焊工不了解焊件内部是否安全时，不得进行焊、割。

⑤各种装过可燃气体、易燃液体和有毒物质的容器，未经彻底清洗，排除危险性之前，不准进行焊、割。

⑥用可燃材料作保温层、冷却层、隔热层的部位，或火星能飞溅到的地方，在未采取切实可靠的安全措施之前，不准焊、割。

⑦有压力或密闭的管道、容器，不准焊、割。

⑧焊、割部位附近有易燃易爆物品，在未作清理或未采取有效的安全措施之前，不准焊、割。

⑨附近有与明火作业相抵触的工种作业时，不准焊、割。

⑩与外单位相连的部位，在没有弄清有无险情，或明知存在危险尚未采取有效措施之前，不准焊、割。

9）防止机械伤害的“一禁二必须三定四不准”

①不懂电器和机械的人员严禁使用和摆弄机电设备。

②机电设备应完好，必须有可靠有效的安全防护装置。

③机电设备在停电、停工休息时必须拉闸关机，开关箱按要求上锁。

④机电设备应做到定人操作、定人保养、检查。

⑤机电设备应做到定机管理、定期保养。

⑥机电设备应做到定岗位和岗位职责。

⑦机电设备不准带病运转。

⑧机电设备不准超负荷运转。

⑨机电设备不准在运转时维修保养。

⑩机电设备运行时，操作人员严禁将头、手、身伸入运转的机械行程范围内。

10）防止车辆伤害的十项基本安全操作要求

①未经劳动、公安等部门培训合格持证人员，不熟悉车辆性能者不得驾驶车辆。

②应坚持做好例行保养工作，车辆制动器、喇叭、转向系统、灯光等影响安全的部件如作用不良不准出车。

③严禁翻斗车、自卸车车厢乘人，严禁人货混装，车辆载货应不超载、超高、超宽，捆扎应牢固可靠，应防止车内物体失稳跌落伤人。

④乘坐车辆应坐在安全处，头、手、身不得露出车厢外，要避免车辆启动、制动时跌倒。

⑤车辆进出施工现场，在场内掉头、倒车，在狭窄场地行驶时应有专人指挥。

⑥现场行车进场要减速，并做到“四慢”，即：道路情况不明要慢，线路不良要慢，起步、会车、停车要慢，在狭路、桥梁、弯路、坡路、叉道、行人拥挤地点及出入大门时要慢。

⑦在临近机动车道的作业区和脚手架等设施，以及在道路中的路障应加设安全色标、安全标志和防护措施，并要确保夜间有充足的照明。

⑧装卸车作业时，若车辆停在坡道上，应在车轮两侧用楔形木块加以固定。

⑨人员在场内机动车道应避免右侧行走，并做到不平排结队不阻碍交通。避让车辆时，禁止避让于两车交会之中，不站于旁有堆物无法退让的死角。

⑩机动车辆不得牵引无制动装置的车辆，牵引物体时物体上不得有人，人不得进入正在牵引的物与车之间。坡道上牵引时，车和被牵引物下方不得有人作业和停留。

4.建筑施工现场安全管理基本要求

（1）建筑施工企业必须依法取得安全生产许可证，在资质等级许可的范围内承揽工程。

（2）总包单位及分包单位都应持有施工企业安全资格审查认可证，方可组织施工。

（3）建筑施工企业必须建立健全符合国家现行安全生产法律法规、标准、规范要求，满足安全生产需要的各类规章制度和操作规程。

（4）建筑施工企业主要负责人依法对本单位的安全生产工作全面负责，企业法定代表人为企业安全生产第一责任人。

（5）建筑施工企业应按照有关规定设立独立的安全生产管理机构，足额配备专职安全生产管理人员。

（6）所有施工人员必须经过“公司、项目、班组”三级安全教育。

（7）各类人员必须具备相应的安全生产资格方可上岗。

（8）特殊工种作业人员，必须持有特种作业操作证。

（9）建筑施工企业应依法为从业人员提供合格劳动保护用品，办理相关保险。

（10）建筑施工企业严禁使用国家明令淘汰的安全技术、工艺、设备、设施和材料。

(11)建筑施工企业必须把好安全生产措施关、交底关、教育关、防护关、检查关、改进关。

(12)建筑施工企业必须建立安全生产值班制度,必须有领导带班。

(13)建筑施工企业对出的事故隐患要做到"定整改责任人、定整改措施、定整改完成人、定整改验收人"。

四、建筑工程安全生产相关法律法规

1.法律

法律:这里所说的法律是指狭义的法律,是指全国人大及其常务委员会制定的规范性文件,在全国范围内施行,其地位和效力仅次于宪法。

2.《建筑法》的主要内容

《建筑法》是我国第一部规范建筑活动的部门法律,它的颁布施行强化了建筑工程质量和安全的法律保障。

《建筑法》主要规定了建筑许可、建筑工程发包承包、建筑工程监理、建筑安全生产管理、建筑工程质量管理及相应法律责任等方面的内容。

《建筑法》确立了安全生产责任制度、群防群治制度、安全生产教育培训制度、伤亡事故处理报告制度、安全责任追究制度。

3.安全生产法的主要内容

《安全生产法》是安全生产领域的综合性基本法,它是我国第一部全面规范安全生产的专门法律;是我国安全生产法律体系的主体法。

《安全生产法》中提供了四种监督途径,即工会民主监督、社会舆论监督、公众举报监督和社区服务监督。

《安全生产法》中:

明确了生产经营单位必须做好安全生产的保证工作;

明确了从业人员为保证安全生产所应尽的义务;

明确了从业人员进行安全生产所享有的权利;

明确了生产经营单位负责人的安全生产责任;

明确了对违法单位和个人的法律责任追究制度;

明确了要建立事故应急救援制度,制订应急救援预案,形成应急救援预案体系。

4.其他有关建设工程安全生产的法律

《中华人民共和国劳动法》

《中华人民共和国刑法》

《中华人民共和国消防法》

《中华人民共和国环境保护法》

《中华人民共和国大气污染防治法》

《中华人民共和国固体废物污染环境防治法》

《中华人民共和国环境噪声污染防治法》

《中华人民共和国行政处罚法》

《中华人民共和国行政复议法》

《中华人民共和国行政诉讼法》

5. 行政法规

行政法规是由国务院制定的法律规范性文件，颁布后在全国范围内施行。

6. 部门规章

规章是行政性法律规范文件，根据其制定机关不同可分为两类：

一类是部门规章，是由国务院组成部门及直属机构在它们的职权范围内制定的规范性文件，部门规章规定的事项属于执行法律或国务院的行政法规、决定、命令的事项；

另一类是地方政府规章，是由省、自治区、直辖市人民政府以及省、自治区人民政府所在地的市和经国务院批准的较大的市的人民政府依照法定程序制定的规范性文件。规章在各自的权限范围内施行。

7. 工程建设标准

工程建设标准，是做好安全生产工作的重要技术依据，对规范建设工程各方责任主体的行为、保障安全生产具有重要意义。根据标准化法的规定，标准包括国家标准、行业标准、地方标准和企业标准。

国家标准是指由国务院标准化行政主管部门或者其他有关主管部门对需要在全国范围内统一的技术要求制定的技术规范。

行业标准是指国务院有关主管部门对没有国家标准而又需要在全国某个行业范围内统一的技术要求所制定的技术规范。

(1)《建筑施工安全检查标准》的主要内容。

《建筑施工安全检查标准》是强制性行业标准。制订该标准的目的是科学地评价建筑施工安全生产情况，提高安全生产工作和文明施工的管理水平，预防伤亡事故的发生、确保职工的安全和健康，实现检查评价工作的标准化和规范化。

(2)《施工企业安全生产评价标准》的主要内容

《施工企业安全生产评价标准》是一部推荐性行业标准。制订该标准的目的是加强施工企业安全生产的监督管理，科学地评价施工企业安全生产业绩及相应的安全生产能力，实现施工企业安全生产评价工作的规范化和制度化，促进施工企业安全生产管理水平的提高。

任务实施

一、资讯

1. 工作任务

某建筑公司承接了一栋学生宿舍楼的施工任务，该学生宿舍楼位于城市中心区，建筑面积 24 112m^2，地下 1 层，地上 17 层，局部 9 层。施工过程中某机械师企图用手把皮带挂到正在旋转的皮带轮上，因未使用拨皮带的杆，且站在摇晃的梯板上，又穿了一件宽大长袖的工作服，结果被皮带轮绞入碾死。事故调查结果表明，他这种上皮带的方法使用已有数年之久。查阅四年病历(急救上药记录)，发现他有 33 次手臂擦伤后治疗处理记录。请分析该事故的不安全因素。

2. 收集、查询信息

学生根据任务查阅教材、资料获取必要的知识准备。

3. 引导问题

①海因里希安全法则是什么?

②现阶段我国的安全生产管理方针是什么?

③安全生产定律是什么?

④施工现场不安全因素有哪些?

⑤安全生产管理措施是什么?

二、计划

结合案例任务初步列出案例事故出现原因。

三、决策

确定事故发生的原因。

四、实施

小组成员协作完成避免事故发生的措施。

五、检查

根据海因里希安全法则检查施工现场不安全因素。学生首先自查，然后以小组为单位进行互查，发现错误及时纠正，遇到问题商讨解决，教师再作出改进指导。

六、评价

学生首先自评，然后教师结合学生在实施过程中表现出来的职业素养、参与程度综合考核评价每位学生的成绩。

学生自评表

项目名称	安全生产管理基本知识	任务名称	安全生产管理基本概念	学生签名	
自评内容		标准分值		实际得分	
海因里希安全法则		20			
人的不安全行为		15			
物的不安全状态		15			
事故预防		20			
是否能认真描述困难、错误和修改内容		10			
对自己工作的评价		10			
团队协作能力		10			
合计得分		100			
改进内容及方法：					

教师评价表

项目名称	安全生产管理基本知识	任务名称	安全生产管理基本概念	学生签名	
自评内容			标准分值	实际得分	
海因里希安全法则			20		
人的不安全行为			15		
物的不安全状态			15		
事故预防			20		
是否能认真描述困难、错误和修改内容			10		
对自己工作的评价			10		
团队协作能力			10		
合计得分			100		

任务2 施工现场管理与文明施工

任务描述

建筑工程文明施工本着以人为本、因地制宜的原则，通过科学组织，在满足安全生产的基础上规范管理施工现场，使施工场区达到布局科学、合理，实用经济，场容场貌整洁、卫生。保证职工的安全和身体健康，保护生态环境，构建和谐社会。

接收项目后通过了解治安保卫工作的主要内容，掌握施工现场管理与文明施工的主要内容，熟悉施工现场环境卫生与防疫管理知识，需要各小组对学生宿舍楼工程施工现场进行安全检查与评分。

作业1 文明施工管理

一、文明施工管理内容

文明施工管理主要包括以下内容：

(1)现场文化建设。

(2)规范场容，保持作业环境整洁卫生。

(3)创造有序生产的条件。

(4)减少对居民和环境的不利影响。

二、文明施工基本要求

1.现场围挡

(1)施工现场必须采用封闭围挡，高度不得小于1.8 m。建造多层、高层建筑的，还应设置安全防护设施。在市区主要路段和市容景观道路及机场、码头、车站广场设置的围栏，其高度不得低于2.5 m，在其他路段设置的围栏，其高度不得低于1.8 m。

(2)围栏使用的材料应保证围栏稳固、整洁、美观。市政工程项目工地，可按工程进度分段设置围栏或按规定使用统一的连续性护栏设施。施工单位不得在工地围栏外堆放建筑材料、垃圾和工程渣土。在经批准临时占用的区域，应严格按批准的占地范围和使用性质存放、堆卸建筑材料或机具设备，临时区域四周应设置高于1 m的围栏。

(3)在有条件的工地，四周围墙、宿舍外墙等地方，必须张挂、书写反映企业精神、时代风貌的醒目宣传标语。

2.封闭管理

(1)施工现场进出口应设置大门,门头按规定设置企业标志(施工现场工地的门头、大门,各企业须统一标准,施工企业可根据各自的特色,标明集团、企业的规范简称)。

(2)门口要有门卫并制订门卫制度(见图3-1)。来访人员应进行登记,禁止外来人员随意出入,进出料要有收发手续。

图3-1 门卫值班室

(3)进入施工现场的工作人员按规定佩戴工作标志卡。

3.施工场地

(1)施工现场的主要道路必须进行硬化处理,土方应集中堆放。裸露的场地和集中堆放的土方应采取覆盖、固化或绿化等措施。

(2)道路应保持畅通。

(3)建筑工地应设置排水沟或下水道,排水应保持通畅。

(4)制订防止泥浆、污水、废水外流,以及堵塞下水道和排水河道的措施。实行二级沉淀三级排放。

(5)工地地面应平整,不得有积水。

(6)工地应按要求设置吸烟处,有烟灰缸或水盆,禁止流动吸烟。

(7)工地内长期裸露的土质区域,南方地区四季要有绿化布置,北方地区温暖季节要有绿化布置,绿化实行地栽。

4.材料堆放

(1)建筑材料、构件、料具应按总平面布局堆放(见图3-2)。

图3-2 材料堆放

(2)料堆要堆放整齐并按规定挂置名称、品种、规格、数量、进货日期等标牌及状态标识,状态标识分为已检合格、待检、不合格。

(3)工作面每日应做到工完料尽场地清。

(4)建筑垃圾应在指定场所堆放整齐并标出名称、品种,做到及时清运。

(5)易燃易爆物品应设置危险品仓库,并做到分类存放。

5.现场住宿

(1)工地宿舍要符合文明施工的要求,在建建筑物不得兼作宿舍。

(2)施工作业区域必须有醒目的警示标志且与非施工区域(生活、办公区域)严格分隔。生活区应保持整齐、整洁、有序、文明,并符合安全消防、防台(风)防汛、卫生防疫、环境保护等方面的规定。

(3)宿舍内应保证有必要的生活空间,室内净高不得小于2.4 m,通道宽度不得小于0.9 m,每间宿舍居住人员不得超过16人(见图3-3)。

图3-3 现场宿舍

(4)施工现场宿舍必须设置可开启式窗户,宿舍内的床铺不得超过2层,严禁使用通铺。

(5)宿舍内应设置生活用品专柜,有条件的宿舍宜设置生活用品储藏室。

(6)宿舍内应设置垃圾桶,宿舍外宜设置鞋柜或鞋架,生活区内应提供为作业人员晾晒衣物的场地。

(7)冬季,北方严寒地区的宿舍应有保暖和防止煤气中毒措施;夏季,宿舍应有消暑和防蚊虫叮咬措施。

(8)宿舍不得留宿外来人员,特殊情况必须经有关领导及行政主管部门批准方可留宿,并报保卫人员备查。

6.现场防火

(1)制订防火安全措施及管理制度,施工区域和生活、办公区域应配备足够数量的灭火器材。

(2)根据消防要求,在不同场所合理配置种类合适的灭火器材(见图3-4)。严格管理易燃、易爆物品,设置专门仓库存放。

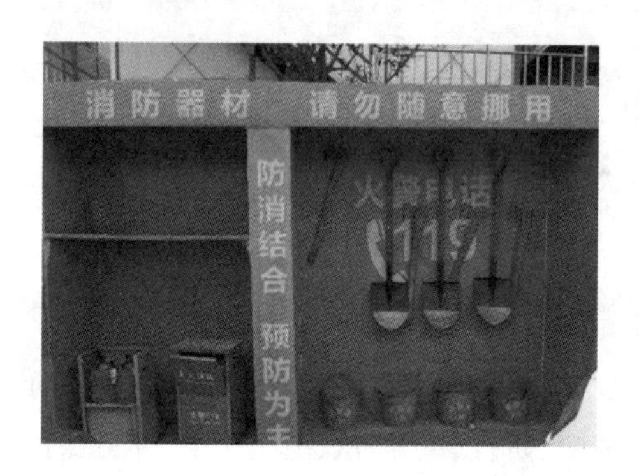

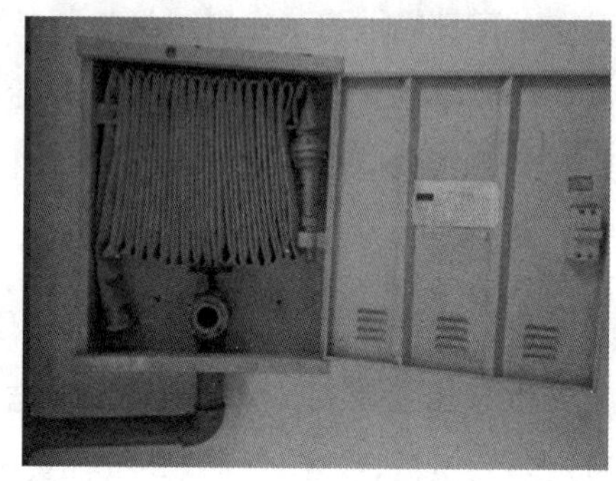

图3-4 灭火器材

(3)高层建筑应按规定设置消防水源并能满足消防要求,即:高度24 m以上的工程须有水泵、水管与工程总体相适应,有专人管理,落实防火制度和措施。

(4)施工现场需动用明火作业的,如:电焊、气焊、气割、熬炼沥青等,必须严格执行三级动火审批手续并落实动火监护和防火措施。按施工区域、层次划分动火级别,动火必须具有"二证一器一监护",即焊工证、动火证、灭火器、监护人。

(5)在防火安全工作中,要建立防火安全组织、义务消防队和防火档案,明确项目负责人、管理人员及各操作岗位的防火安全职责。

7.治安综合治理

(1)生活区应按精神文明建设的要求设置学习和娱乐场所,配备电视机、报纸杂志和文体活动用品。

(2)建立健全治安保卫制度,责任分解到人。

(3)落实治安防范措施,杜绝失窃偷盗、斗殴赌博等违法乱纪事件。

(4)要加强治安综合治理,做到目标管理、制度落实、责任到人。施工现场治安防范措施有力、重点要害部位防范设施到位。与施工现场的外包队伍须签订治安综合治理协议书,加强法制教育。

8.施工现场标牌

(1)施工现场入口处的醒目位置,应当公示“九牌三图”(工程概况牌、岗位监督牌、安全生产牌、消防保卫牌、文明施工牌、环境保护牌、进入施工现场告知牌、领导带班制度公示牌、企业简介牌(大型工程使用)、施工现场平面布置图、施工现场安全平面布置图、效果图),标牌书写字迹要规范,内容要简明实用。标志牌规格:宽 1.2 m、高 0.9 m,标牌底边距地 1.2 m;各企业可结合本地区、工程的特点进行设置,也可以增加应急程序牌、卫生须知牌、卫生包干图、管理程序图、施工的安民告示牌等内容。

(2)施工单位应当在施工现场入口处、施工起重机械、临时用电设施、脚手架、出入通道口、楼梯口、电梯井口、孔洞口、桥梁口、隧道口、基坑边沿、爆破物及有害危险气体和液体存放处等危险部位,设置明显的安全警示标志,安全警示标志必须符合国家标准。

(3)在施工现场的明显处,应有必要的安全内容的标语,标语尽可能地考虑人性化的内容。

(4)施工现场应设置“两栏一报”(即宣传栏、读报栏和黑板报),应及时反映工地内外各类动态。

(5)按文明施工的要求,宣传教育用字须规范,不使用繁体字和不规范的词句。

9.生活设施

1)卫生设施

(1)施工现场应设置水冲式或移动式厕所,厕所地面应硬化,宜设置隔板,隔板高度不宜低于 0.9 m,门窗应齐全(见图 3-5)。

图 3-5 厕所

(2)厕所大小应根据作业人员的数量设置。高层建筑施工超过 8 层以后,每隔 4 层设置临时厕所。厕所应设专人负责清扫、消毒,化粪池应及时清掏。

(3)淋浴间内应设置满足需要的淋浴喷头,可设置储衣柜或挂衣架。

(4)盥洗设施应设置满足作业人员使用的盥洗池，并应使用节水龙头。

2)食堂

(1)食堂必须有卫生许可证，炊事人员必须持身体健康证上岗。

(2)食堂应设置在远离厕所、垃圾站、有毒有害场所等污染源的地方。

(3)食堂应设置独立的制作间、储藏间，门扇下方应设不低于 0.2 m 的防鼠挡板。

(4)制作间灶台及其周边应贴瓷砖，所贴瓷砖高度不宜小于 1.5 m，地面应做硬化和防滑处理。

(5)粮食存放台距墙和地面应大于 0.2 m。

(6)食堂应配备必要的排风设施和冷藏设施。

(7)食堂的燃气罐应单独设置存放间，存放间应通风良好并严禁存放其他物品。

(8)食堂制作间的炊具宜存放在封闭的橱柜内，刀、盆、案板等炊具应生熟分开。若有遮盖，遮盖物品应有正反面标识。各种佐料和副食应存放在密闭器皿内，并应有标志，食堂见图 3－6。

图 3－6　食堂

3)其他

(1)落实卫生责任制及各项卫生管理制度。

(2)生活区应设置开水炉、电热水器或饮用水保温桶；施工区应配备流动保温水桶。

(3)生活垃圾应有专人管理，及时清理、清运；应分类盛放在有盖的容器内，严禁与建筑垃圾混放。

(4)文体活动室应配备电视机、书报、杂志等文体活动设施、用品。

10.保健急救

(1)工地应按规定设置医务室(见图 3－7(a))或配备符合要求的急救箱(见图 3－7(b))。医务人员对生活卫生要起到监督作用，定期检查食堂饮食等卫生情况。

(2)落实急救措施和急救器材(如担架、绷带、止血带、夹板等)。

(3)培训急救人员，掌握急救知识，进行现场急救演练。

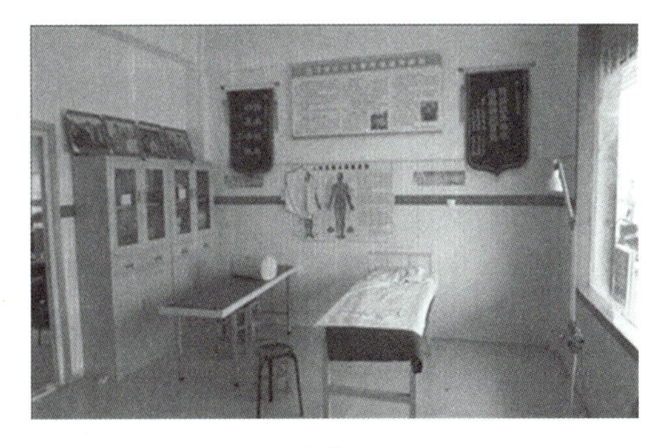

(a)医务室

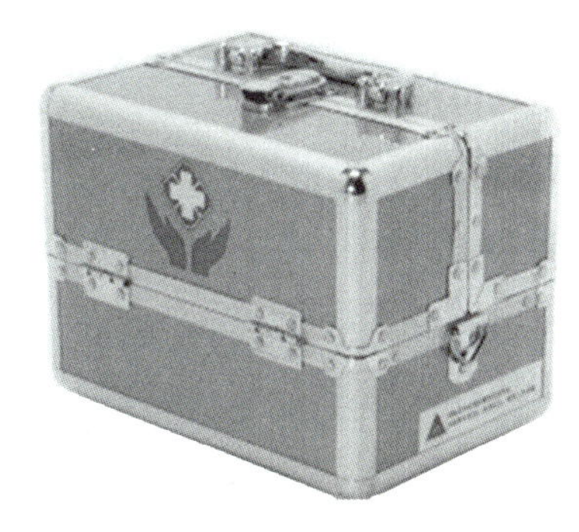

(b)急救箱

图3-7 医疗保键

11.社区服务

(1)制订防止粉尘飞扬和降低噪声的方案或措施。

(2)夜间施工除张挂安民告示牌外,还应按当地有关部门的规定,执行许可证制度。

(3)现场严禁焚烧有毒、有害物质。

(4)切实落实各类施工不扰民措施,消除泥浆、噪声、粉尘等影响周边环境的因素。

作业2 施工现场环境保护

《建设工程施工现场管理规定》明确规定:施工单位应当遵守国家有关环境保护的法律规定,采取措施控制施工现场的各种粉尘、废气、废水、固体废弃物,以及噪声、振动对环境的污染和危害。

一、建筑工程施工对环境的常见影响

(1)施工机械作业,模板支拆、清理与修复作业,脚手架安装与拆除作业等产生的噪声排放。

(2)施工场地平整作业,土、灰、砂、石搬运及存放,混凝土搅拌及作业等产生的粉尘排放。

(3)现场渣土、商品混凝土、生活垃圾、原材料等运输过程中产生的遗撒。

(4)现场油品、化学品库房、作业点产生的油品、化学品泄漏。

(5)现场废弃的涂料桶、油桶、油手套、机械维修保养废液、废渣等产生的有毒有害废弃物排放。

(6)城区施工现场夜间照明造成的光污染。

(7)现场生活区、库房、作业点等处发生的火灾、爆炸。

(8)现场食堂、厕所、搅拌站、洗车点等处产生的生活、生产污水排放。

(9)现场钢材、木材等主要建筑材料的消耗。

(10)现场用水、用电等的消耗。

二、建筑工程施工现场环境保护

1.防治大气污染

1)产生大气污染的施工环节

(1)扬尘污染,应当重点控制的施工环节有以下几个方面。

①搅拌桩、灌注桩施工的水泥扬尘;

②土方施工过程及土方堆放的扬尘;

③建筑材料(砂、石、黏土砖、塑料泡沫、膨胀珍珠岩粉等)堆放的扬尘;

④脚手架清理、拆除过程的扬尘;

⑤混凝土、砂浆拌制过程的水泥扬尘;

⑥木工机械作业的木屑扬尘;

⑦道路清扫扬尘;

⑧运输车辆扬尘;

⑨砖槽、石切割加工作业扬尘;

⑩建筑垃圾清扫扬尘;

⑪生活垃圾清扫扬尘。

(2)空气污染。主要发生在以下几个方面。

①某些防水涂料施工过程;

②化学加固施工过程;

③油漆涂料施工过程;

④施工现场的机械设备、车辆的尾气排放;

⑤工地擅自焚烧对空气有污染的废弃物。

2)防止大气污染的主要措施

(1)施工现场的主要道路必须进行硬化处理,土方应集中堆放。裸露的场地和集中堆放的土方应采取覆盖、固化或绿化等措施。

(2)使用密目式安全网对在建建筑物、构筑物进行封闭,防止施工过程扬尘;拆除旧有建筑物时,应采用隔离、洒水等措施防止扬尘,并应在规定期限内将废弃物清理完毕。

(3)从事土方、渣土和施工垃圾运输工作应采用密闭式运输车辆或采取覆盖措施;施工现场出入口处应采取保证车辆清洁的措施。

(4)施工现场应根据风力和大气湿度的具体情况,进行土方回填、转运作业。

(5)水泥和其他易飞扬的细颗粒建筑材料应密闭存放,砂石等散料应采取覆盖措施。

(6)施工现场混凝土搅拌场所应采取封闭、降尘措施。

(7)建筑物内施工垃圾的清运,必须采用相应容器或管道运输,严禁凌空抛掷。

(8)施工现场应设置密闭式垃圾站,施工垃圾、生活垃圾应分类存放,并及时清运出场。

(9)城区、旅游景点、疗养区、重点文物保护地及人口密集区的施工现场应使用清洁能源。

(10)施工现场的机械设备、车辆的尾气排放应符合国家环保排放标准要求。

(11)施工现场严禁焚烧各类废弃物。

2.防治水污染

1)产生水污染的施工环节

①桩基施工、基坑护壁施工过程的泥浆;

②混凝土(砂浆)搅拌机械、模板、工具的清洗产生的水泥浆污水;

③现浇水磨石施工的水泥浆;

④油料、化学溶剂泄漏;

⑤生活污水。

2)水污染的防治

①施工现场应设置排水沟及沉淀池,现场废水不得直接排入市政污水管网和河流;

②现场存放的油料、化学溶剂等应设有专门的库房,地面应进行防渗漏处理;

③食堂应设置隔油池,并应及时清理;

④厕所的化粪池应进行抗渗处理;

⑤食堂、盥洗室、淋浴间的下水管线应设置隔离网,并应与市政污水管线连接,保证排水通畅。

3.防治施工噪声污染

施工现场应按照现行国家标准《建筑施工场界噪声限值》及《建筑施工场界噪声测量方法》制订降噪措施,并应对施工现场的噪声值进行监测和记录。

施工现场的强噪声设备宜设置在远离居民区的一侧。

对因生产工艺要求或其他特殊需要,确需在22时至次日6时期间进行强噪声工作的,施工前建设单位和施工单位应到有关部门提出申请,经批准后方可进行夜间施工,并公告附近居民。

夜间运输材料的车辆进入施工现场,严禁鸣笛,装卸材料应做到轻拿轻放;对产生噪声和振动的施工机械、机具的使用,应当采取消声、吸声、隔声等有效措施控制和降低噪声。

4.防治施工照明污染

夜间施工严格按照建设行政主管部门和有关部门的规定执行,对施工照明器具的种类、灯光亮度加以严格控制,特别是在城市市区居民居住区内,减少施工照明对城市居民的危害。

5.防治施工固体废弃物污染

施工车辆运输砂石、土方、渣土和建筑垃圾,采取密封、覆盖措施,避免泄露、遗撒,并按指定地点倾卸，防止固体废物污染环境。

三、环境保护的意义

(1)保护和改善施工环境是保证人们身体健康和社会文明的需要。采取专项措施防止粉尘、噪声和水源污染，保护好作业现场及其周围的环境，是保证职工和相关人员身体健康、体现社会总体文明的一项利国利民的重要工作。

(2)保护和改善施工现场环境是消除对外部的干扰，保证施工顺利进行的需要。随着人们的法制观念和自我保护意识的增强，尤其在城市中，施工扰民问题反映突出，应及时采取防治措施，减少对环境的污染和对市民的干扰，这也是施工生产顺利进行的基本条件。

(3)保护和改善施工环境是现代化大生产的客观要求。现代化施工广泛应用新设备、新技术和新的生产工艺，对环境质量要求很高，如果粉尘、振动超标就可能损坏设备，使设备难以发挥作用。

(4)节约能源、保护人类生存环境是保证社会和企业可持续发展的需要。人类社会即将面临环境污染和能源危机的挑战，为了保护子孙后代赖以生存的环境条件，每个公民和企业都有责任和义务来保护环境。良好的环境和生存条件，也是企业发展的基础和动力。

任务实施

一、资讯

1. 工作任务

拟建建筑东西长 110 m，南北宽 70 m，拟建建筑物首层平面 80 m×40 m，如图 1 所示，地下 2 层，地上 6/20 层，檐口高 26/68 m，建筑面积约 48 000 m^2。编制该建筑施工现场场容、场貌及料具堆放方案，并对场容、场貌及料具堆放、环境保护、环境卫生进行检查验收。

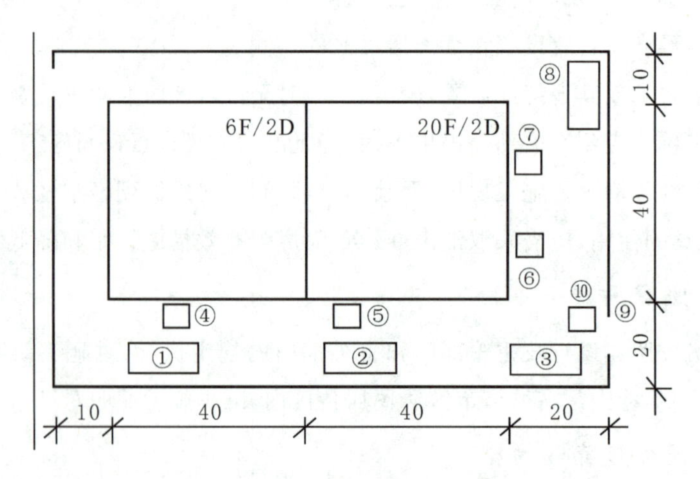

图 1　部分临时设施平面布置示意图(单位:m)

2.收集、查询信息

学生根据任务查阅教材、资料获取必要的知识。

3.引导问题

①写出图1中临时设施编号所处位置最宜布置的临时设施名称(如⑨大门与围墙),简要说明布置理由。

②施工现场的文明施工采取哪些措施?

③施工现场安全文明施工宣传方式有哪些?

④施工现场防治噪声污染和大气污染的措施是什么?

⑤如何做好施工现场环境卫生与防疫工作?

二、计划

初步选择现场文明施工方案。

三、决策

确定现场文明施工方案。

四、实施

小组成员协作编制现场文明施工方案。

五、检查

根据《建筑工程施工现场环境与卫生标准》(JGJ 146—2013)对文明施工检查评分表的要求,检查本施工方案是否完整、规范、实用。学生首先自查,然后以小组为单位进行互查,发现错误及时纠正,遇到问题商讨解决,教师再作出改进指导。

六、评价

学生首先自评,然后教师结合学生在实施过程中表现出来的职业素养、参与程度综合考核评价每位学生的成绩。

学生评价自评表

<table>
<tr><td>项目名称</td><td>安全生产管理基本知识</td><td>任务名称</td><td>施工现场管理与文明施工</td><td>学生签名</td><td></td></tr>
<tr><td colspan="4">自评内容</td><td>标准分值</td><td>实际得分</td></tr>
<tr><td colspan="4">现场围挡</td><td>5</td><td></td></tr>
<tr><td colspan="4">封闭管理</td><td>5</td><td></td></tr>
<tr><td colspan="4">施工场地</td><td>5</td><td></td></tr>
<tr><td colspan="4">材料管理</td><td>15</td><td></td></tr>
<tr><td colspan="4">现场办公与宿舍</td><td>10</td><td></td></tr>
<tr><td colspan="4">现场防火</td><td>15</td><td></td></tr>
<tr><td colspan="4">综合治理</td><td>10</td><td></td></tr>
<tr><td colspan="4">公示标牌</td><td>5</td><td></td></tr>
<tr><td colspan="4">生活设施</td><td>10</td><td></td></tr>
<tr><td colspan="4">社区服务</td><td>5</td><td></td></tr>
<tr><td colspan="4">是否能认真描述困难、错误和修改内容</td><td>5</td><td></td></tr>
<tr><td colspan="4">对自己工作的评价</td><td>5</td><td></td></tr>
<tr><td colspan="4">团队协作能力</td><td>5</td><td></td></tr>
<tr><td colspan="4">合计得分</td><td>100</td><td></td></tr>
<tr><td colspan="6">改进内容及方法：</td></tr>
</table>

教师评价表

项目名称	安全生产管理基本知识	任务名称	施工现场管理与文明施工	学生签名	
自评内容			标准分值	实际得分	
现场围挡			5		
封闭管理			5		
施工场地			5		
材料管理			15		
现场办公与宿舍			10		
现场防火			15		
综合治理			10		
公示标牌			5		
生活设施			10		
社区服务			5		
是否能认真描述困难、错误和修改内容			5		
对自己工作的评价			5		
团队协作能力			5		
合计得分			100		

项目4 施工安全技术管理

项目描述

某建筑公司承接了一栋学生宿舍楼的施工任务，该学生宿舍楼位于城市中心区，建筑面积24 112 m^2，地下1层，地上17层，局部9层。现需要技术员对该学生宿舍楼工程按照“安全第一、预防为主、综合治理”的方针，结合工程特点、环境条件、劳动组织、作业方法、施工机械、供电设施情况，对分部、分项工程施工中可能发生的事故隐患和安全问题进行预测，制订各分部、分项工程的安全施工技术措施。从根本上消除事故隐患，确保安全生产“零疏漏”。

知识目标

(1)熟悉土方工程、地基处理工程、桩基工程安全技术。

(2)掌握基坑支护安全技术。

(3)掌握模板工程安全技术。

(4)熟悉砌体工程、钢筋工程、混凝土工程安全技术。

(5)熟悉屋面工程及装饰装修工程安全技术。

技能目标

(1)能分析处理基坑支护施工中安全问题和制订事故预防措施。

(2)能分析砌体工程、钢筋工程、混凝土工程、屋面工程及装饰装修工程安全技术。

(3)能分析处理模板工程施工中安全问题和制订事故预防措施。

素质目标

(1)具有良好的沟通交流能力、团队合作精神和创新意识。

(2)具有爱护环境、尊重自然、保护环境的生态意识。

(3)具有规范操作意识，精益求精、一丝不苟的工匠精神和爱岗敬业的责任意识。

(4)具有法律法规意识。

任务 1　地基与基础工程安全管理

任务描述

地基与基础工程隐蔽性高，潜在不安全因素较多，容易出现土壁坍塌、高处坠落、触电事故。因此在地基与基础工程施工中坚持“安全第一、预防为主、综合治理”的方针，能有效消除或控制危险和有害因素，保证人民群众的生命和财产安全，促进社会稳定，创造和谐社会。

接收项目后通过熟悉地基与基础工程施工安全技术规定和要求，需要各小组对学生宿舍楼地基与基础工程施工现场进行安全检查与评分。

作业 1　土方工程安全管理

一、土方施工及其特点

土方施工包括土(或石)方的挖掘、运输、回填、压实等主要施工过程，以及场地清理、测量放线、排水降水、土壁支护等准备和辅助工作。

土方工程的特点是：工程量大，劳动强度高，施工条件复杂，往往受场地限制。建筑工程土方工程施工，一般为露天作业。施工时受地下水文、地质、气候和施工地区等因素的影响较大，不确定因素也较多，特别是城市内施工，场地狭窄，土方与土方的留置、存放都受到施工场地的限制，容易出现土壁坍塌、高处坠落、触电事故。因此，施工前必须做好各项准备工作，进行充分的调查研究，根据基坑设计和场地条件，编写土方开挖专项施工方案。如采用机械开挖，挖土机械的通道布置、挖土顺序、土方运输等，都应避免引起对围护结构、基坑内的工程桩、支撑立柱和周围环境等的不利影响。

二、土方开挖的安全措施

(1)在施工组织设计中，要有单项土方工程施工方案，对施工准备、开挖方法、放坡、排水、边坡支护应根据有关规范要求进行设计，边坡支护要有设计计算书。

(2)土方开挖的顺序、方法必须与设计工况相一致，并遵循“开槽支撑、先撑后挖、分层开挖、严禁超挖”的原则。

(3)挖土方前对周围环境要认真检查，不能在危险岩石或建筑物下面进行作业。

(4)深基坑四周设防护栏杆，人员上下要有专用爬梯。

(5)运土道路的坡度、转弯半径要符合有关安全规定。

(6)弃土应及时运出,如需要临时堆土,或留作回填土,堆土坡脚至坑边距离应按挖坑深度、边坡坡度和土的类别确定,在边坡支护设计时应考虑堆土附加的侧压力。

(7)为防止基坑底的土被扰动,基坑挖好后要尽量减少暴露时间,及时进行下一道工序的施工。如不能立即进行下一道工序,要预留 15～30 cm 厚的覆盖土层,待基础施工时再挖去。

三、土方开挖安全管理

1.人工开挖安全技术

(1)挖土前根据安全技术交底了解地下管线、人防及其他构筑物情况和具体位置,地下构筑物外露时,必须进行加固保护。作业中应避开管线和构筑物,在现场电力、通信电缆 2 m 范围内和在现场燃气、热力、给排水等管道 1 m 范围内挖土时,必须在其业主单位人员监护下采取人工开挖。

(2)开挖槽、坑、沟深度超过 1.5 m 的,必须根据土质和深度情况,按安全技术交底放坡或加可靠支撑;遇边坡不稳、有坍塌危险征兆时,必须立即撤离现场,并及时报告施工负责人,采取安全可靠排险措施后,方可继续挖土。

(3)槽、坑、沟必须设置人员上下坡道或安全梯。严禁攀登护壁支撑上下,或在沟、坑边壁上挖洞攀登爬上或跳下。施工间歇时,不得在槽、坑坡脚下休息。

(4)挖土过程中遇有古墓、地下管道、电缆或其他不能辨认的异物和液体、气体时,应立即停止挖土,并报告施工现场负责人,待查明处理后,再继续挖土。

(5)槽、坑、沟边 1 m 以内不得堆土、堆料、停放机具。堆土高度不得超过 1.5 m。槽、坑、沟与建筑物、构筑物的距离不得小于 1.5 m。开挖深度超过 2 m 时,必须在周边设两道牢固护身栏杆,并张挂密目式安全网。

(6)人工挖土,前后操作人员横向间距不应小于 2～3 m,纵向间距不得小于 3 m。严禁掏洞挖土,抠底挖槽。

(7)每日或雨后必须检查土壁及支撑稳定情况,在确保安全的情况下继续工作,并且不得将土和其他物件堆在支撑上,不得在支撑上行走或站立。混凝土支撑梁底面上的粘附物必须及时清除。

2.机械开挖安全技术

(1)施工机械进场前必须经过验收,合格后方能使用。

(2)机械挖土,应严格控制开挖面坡度和分层厚度,防止边坡和挖土机下的土体滑动,挖土机作业半径内不得有人进入。司机必须持证作业。

(3)机械挖土,启动前应检查离合器、液压系统及各铰接部分等,经空车试运转正常后再开始作业,机械操作中进铲不应过深,提升不应过猛,作业中不得碰撞基坑支撑。

(4)机械不得在输电线路一侧工作,不论在任何情况下,机械的任何部位与架空输电线路的最近距离应符合安全操作规程要求(根据现场输电线路的电压等级确定)。

(5)机械应停在坚实的地基上,如基础过差,应采取走道板等加固措施,不得将挖土机履带与挖空的基坑平行 2 m 停、驶。运土汽车不宜靠近基坑平行行驶,防止塌方翻车。

(6)向汽车上卸土应在车子停稳定后进行,禁止铲斗从汽车驾驶室上越过。

(7)场内道路应及时整修,确保车辆安全畅通,各种车辆应有专人负责指挥引导。

(8)车辆进出门口的人行道下,如有地下管线(道)必须铺设厚钢板,或浇筑混凝土加固。车辆出大门口前,应将轮胎冲洗干净,不得污染道路。

3.土石方机械安全使用的强制性条文

1)土石方机械安全使用基本要求强制性条文

(1)作业前,应查明施工场地明、暗设置物(电线、地下电缆、管道、坑道等)的地点及走向,并采用明显记号表示。严禁在离电缆 1 m 以内位置作业。

(2)机械运行中,严禁接触转动部位和进行检修。在修理(焊、铆等)工作装置时,应使其降到最低位置,并应在悬空部位垫上垫木。

(3)在施工中遇下列情况之一时应立即停工,待符合作业安全条件时,方可继续施工。

①填挖区土体不稳定,有发生坍塌危险时;

②气候突变,发生暴雨、水位暴涨或山洪暴发时;

③在爆破警戒区内发出爆破信号时;

④地面涌水冒泥,出现陷车或因雨发生坡道打滑时;

⑤工作面净空不足以保证安全作业时;

⑥施工标志、防护设施损毁失效时。

(4)配合机械作业的清底、平地、修坡等人员,应在机械回转半径以外工作。当必须在回转半径以内工作时,应停止机械回转并制动好后,方可作业。

2)挖掘装载机安全使用的强制性条文

在行驶或作业中,除驾驶室外,挖掘装载机任何地方均严禁乘坐或站立人员。

3)推土机安全使用的强制性条文

推土机行驶前,严禁有人站在履带或刀片的支架上,机械四周应无障碍物,确认安全后,方可开动。

4)拖式铲运机安全使用的强制性条文

(1)作业中,严禁任何人上下机械,传递物件,以及在铲斗内、拖把或机架上坐立。

(2)非作业行驶时,铲斗必须用锁紧链条挂牢在运输行驶位置上,机上任何部位均不得载人或装载易燃、易爆物品。

5)轮胎式装载机安全使用的强制性条文

装载机转向架未锁闭时,严禁站在前后车架之间进行检修保养。

6)风动凿岩机安全使用的强制性条文

(1)严禁在废炮眼上钻孔和骑马式操作,钻孔时钻杆与钻孔中心线应保持一致。

(2)在装完炸药的炮眼 5 m 以内,严禁钻孔。

7)电动凿岩机安全使用的强制性条文

电缆线不得设在水中或在金属管道上通过。施工现场应设标志,严禁机械、车辆在电缆上通过。

作业2 基坑工程安全管理

一、基坑工程及其特点

1.基坑侧壁的安全等级分为三级

(1)符合下列情况之一,为一级基坑:

①重要工程或支护结构作为主体结构的一部分;

②开挖深度大于 10 m;

③与临近建筑物、重要设施的距离在开挖深度以内的基坑;

④基坑范围内有历史文物、近代优秀建筑、重要管线等需严加保护的基坑。

(2)三级基坑为开挖深度小于 7 m,且周围环境无特别要求的基坑。

(3)除一级和三级外的基坑属于二级基坑。

(4)当周围已有的设施有特殊要求时,尚应符合这些要求。

2.基坑工程特点

基坑开挖过程中,由于受土的类别、土的含水程度、气候,以及基坑边坡上方附加荷载的影响,当土体中剪应力增大到超过土体的抗剪强度时,边坡或土壁将失去稳定而塌方,导致安全事故发生。

二、基坑工程安全技术

一般把深度小于 5 m 的称为浅基坑;深度大于 5 m 的称为深基坑。基坑土方开挖的施工工艺一般有两种:放坡开挖和支护开挖。基坑边坡支护都要编制专项施工方案,并进行设计计算。按照《建设工程安全生产管理条例》的要求,深基坑方案应组织专家论证审查,合格后方可实施。

(一)浅基坑工程安全技术

1.直壁不加支撑

无地下水或地下水低于基坑(槽)底面且土质均匀时,无地下水位影响,且开挖后敞露时间不长时，开挖的基坑可以不放坡和不加支护，而保持直壁。但挖深不应超过表 4－1 的规定。

表 4－1 直立壁不加支撑的挖土深度

土层类别	挖土允许值/m
密实、中密的砂土和碎石类土（充填物为砂土）	1.00
硬塑、可塑的黏质粉土及粉质黏土	1.25
硬塑、可塑的黏性土和碎石类土（充填物为黏性土）	1.50
坚硬的黏性土	2.00

2．放坡

开挖土方的深度超过一定限度时，基坑边坡应做成一定的坡度。土方放坡的大小与土质、开挖深度、开挖方法、边坡留置时间、排水情况、土体上堆积的荷载、周围环境、场地大小等有关。当土质均匀、地下水位低于基坑底面标高时，可以放坡，放坡的最大坡度与土质情况等相关。如：中密砂土，当坡顶无荷载时放坡的高与宽之比为 1∶1；当坡顶有堆土或堆放材料时，放坡的高与宽之比为 1∶1.25；当坡顶有挖土机或汽车运输时，放坡的高与宽之比为 1∶1.5。由此可以看出对于同一类土，坡顶的荷载越大，坡的宽度越大。

3．支护

基坑开挖若因场地的限制不能放坡或放坡后所增加的土方量太大，可采用设置挡土支撑的方法。支撑形式多种多样，一般可用临时挡墙或喷锚网支护。

（二）深基坑工程安全技术

1．基坑支护

各种建筑物与地下管线都要开挖基坑，一些基坑可直接开挖或放坡开挖，但当坑深度较深，周围场地又不宽敞时，一般都采用基坑支护，过去支护比较简单，也就是钢板桩加井点降水，一般能满足基坑安全施工，而对于深基坑已不能满足要求，近几年来随着基坑深度和体量的增大，支护技术也有了较大进展，按功能分常用的有以下一些。

（1）挡土系统：常用的有钢板桩、钢筋混凝土板桩、深层水泥搅拌桩、钻孔灌注桩、地下连续墙。其功能是形成支护排桩或支护挡土墙阻挡坑外土压力。

（2）挡水系统：常用的有深层水泥搅拌桩、旋喷桩、压密注浆、地下连续墙、锁口钢板桩。其功能是阻挡坑外渗水。

（3）支撑系统：常用的有钢管与型钢内支撑、钢筋混凝土内支撑、钢与钢筋混凝土组合支撑。其功能是支承围护结构侧力与限制围护结构位移。

2.基坑支护安全控制要点

1)施工方案

基坑开挖之前要根据地质勘探报告和设计图纸,按照土质情况、基坑深度和周边环境制订技术设计和支护方案,其内容包括放坡要求、支护结构设计、机械选择、开挖时间、开挖顺序、分层开挖深度、坡道位置、车辆进出道路、降水措施及监测要求、劳动力配备等。

施工方案的制订必须针对施工工艺并结合作业条件,对施工过程中可能造成坍塌的因素、作业人员的不安全行为,以及对周边建筑、道路等产生的不安全状态,制订具体可行的安全措施并在施工中付诸实施。支护设计方案必须经公司总工审批。基坑深度超过5 m时,必须经专家论证并报建设行政主管部门审批。

施工方案的主要内容如下:

(1)现场勘测:包括测绘现场的地形、地貌,工程的定位,现场生产、生活临设建筑物及作业通道的位置,地下管、线及障碍物的分布,现场周边的环境等。

(2)安全边坡及基坑支护结构形式的选择与设计:根据现场的地质资料、基坑的深浅、采用的施工方法、作业场地的周边环境等决定安全边坡或基坑支护的结构形式。根据选定的基坑支护结构形式对锚固桩的布置、入土深度及其主要的各项施工参数,内支撑的形式及材料的选用,每节护壁的高度,桩与支撑的连接,土、桩、内支撑共同工作的问题等进行设计和计算,并对作业时应遵守的时间和施工顺序,基坑的排水措施等做出明确的规定。

(3)基坑支护变形的监测措施:在基础施工过程中,应有对挡土结构位移、支撑锚固系统应力、支护系统的变形及位移、边坡的稳定、基坑周围建筑的变化、排水设计的变化等进行严密监测的措施,主要包括监测点的设置和保护,监测的方式、内容及时间,监测的记录,监测记录的分析、处理等内容。

(4)防止毗邻建筑物和邻近道路等沉降的措施:应当根据基坑的施工方法和开挖深度对周边建筑物地基持力层的影响,编制防止毗邻建筑物和邻近道路及重要管线沉降的具体措施,主要包括观测点的设置,对毗邻的建筑物和邻近道路及重要管线等设施进行沉降观测及变形测量的方式及时间,监测的记录,监测记录的分析、处理等内容。

(5)基础施工的安全技术措施:主要是临近防护的设置,作业人员上、下基坑专用通道的设置,夜间作业的照明配备,采用机械开挖土方时使用土石方机械的问题,人工挖土的作业安全,立体交叉作业的隔离防护问题,冬、雨季施工的安全技术措施等。

(6)绘制有关基坑支护设计的施工图纸:主要有基坑支护施工总平面图和施工图、锚桩布置平面图和立面图、支撑系统的平面图和立面图,以及关键部位的细部构造节点详图。

(7)有关人工挖孔桩施工的安全技术措施,重点有以下几个方面。

①孔井护壁方案及井口围护措施;

②施工现场的围挡及有关的防护措施;

③安全用电的措施；

④深井挖孔时，保证井下通风的措施；

⑤要勘察并排除作业区域内的有毒、有害气体；

⑥作业人员应严格遵守安全生产纪律和安全技术规程；

⑦应有监测孔井土壁稳定的措施。

(8)随上层建筑荷载的加大，常要求在地面以下设置一层或两层地下室，因而基坑的深度常超过 5 m 以上，且面积较大，给基础工程施工带来很大困难和危险，必须认真制订安全措施，防止发生事故。其具体措施如下：

①工程场地狭窄，邻近建筑物多，大面积基坑的开挖，常使这些旧建筑物发生裂缝或不均匀沉降，应控制基坑的开挖；

②基坑的深度不同，主楼较深，群房较浅，因而须仔细进行施工程序安排，有时先挖一部分浅坑，再加支撑或采用悬臂板桩；

③合理采用降水措施，以减少板桩上土的压力；

④当采用钢板桩时，合理解决位移和弯曲；

⑤除降低地下水位外，基坑内还需设置明沟和集水井，以排除因暴雨突然暴增的明水；

⑥大面积基坑应考虑配两路电源，当其中一路电源发生故障时，可以及时切换为另一路电源，防止因停止降水而发生事故。

2)安全防护

(1)孔口安全防护。

①孔口操作平台搭设应牢固且自成体系，人员或渣料进出口处应设置高度不小于 1.8 m 的安全围栏；

②孔口附近地表排水必须畅通，严禁积水；

③孔口护壁制作时应高出自然地面 0.3 m 以上，作业过程中应经常清除孔口四周撒落的渣土，以保持孔口井坎高度；

④作业过程中，孔口附近应设置安全禁区，严禁在孔口近旁堆放弃方、物料或重型机械、载重汽车靠近桩孔行走；

⑤挖孔桩在成桩前，孔口处应设置安全警示标志、夜间示警红灯及孔口罩盖，严防挖孔间歇期间人畜掉入坑内。

(2)坑内安全防护。

①按规定设置护壁，挖一段设置一段护壁，严禁违规超挖；

②出渣送料用的起重提升机具制作、安装必须符合安全使用的要求，操作提升机具应遵守安全技术操作规程，严防提升的渣料呈“自由坠落状”坠入孔底；

③孔内挖土时，作业人员头顶上方距孔底 2.5 m 高处应设置半圆形防护挡板，当渣料进出

桩孔时孔底作业人员则应在防护挡板下方躲避；

④孔内井壁上应设置安全爬梯，严禁作业人员攀登井绳或脚踩桩孔护壁台阶出入桩孔；

⑤作业人员下孔前必须先检查孔内尤其是孔底部位的空气成分，确认安全无误后方可下孔作业；

⑥检测孔内空气成分应用气体检测仪测试，以确保检测结果正确可靠；

⑦当孔内空气成分中 CO_2＞0.3%，H_2S＞ 10 mg/m³，O_2＜18%时，必须用鼓风机向孔内送风置换，直到孔内空气成分符合安全作业标准，作业人员方可入孔作业；

⑧挖孔深度超过 10 m 后，孔内作业过程中应进行不间断送风方式作业，送风量不小于 25 L/s。

3)坑壁支护

对不同深度的基坑和作业条件，坑壁支护所采取的支护方式和放坡大小也不同。

(1)原状土放坡。一般基坑深度小于 3 m 时，可采用一次性放坡。当深度达到 4～5 m 时可采取分级(阶梯式)放坡。明挖放坡必须保证边坡的稳定。根据土的类别进行稳定计算，确定安全系数。原状土放坡适用于较浅的基坑，对于深基坑，可采用打桩、土钉墙和地下连续墙等方法来确保边坡稳定。

(2)排桩(护坡桩)。当周边无条件放坡时，可设计成挡土墙结构。采用预制桩、钢筋混凝土桩和钢桩，当采用间隔排桩时，可采用高压旋喷或深层搅拌的方法将桩与桩之间的土体固化，形成桩墙挡土结构。桩墙结构实际上是利用桩的入土深度形成悬臂结构，当基础较深时，可采用坑外拉锚或坑内支撑来保护桩的稳定。

(3)坑外拉锚与坑内支撑。

①坑外拉锚。用锚具将锚杆固定在桩的悬臂部分，将锚杆的另一端伸向基坑边土层内锚固，以增加桩的稳定。土锚杆由锚头、自由段和锚固段组成。锚杆必须有足够长度，锚固段不能设置在土层的滑动面之内，锚杆可设计一层或多层，并要现场进行抗拔力确定试验。

②坑内支撑。坑内支撑有单层平面支撑和多层支撑，一般材料选取型钢或钢筋混凝土。操作时要注意支撑安装和拆除顺序。多层支撑必须在上道支撑混凝土强度达 80%时才可挖下层，钢支撑严禁在负荷状态下焊接。

(4)地下连续墙。地下连续墙就是在深层地下浇筑一道钢筋混凝土墙，其作用是既可挡土护壁又可隔渗。具体施工如下：机械成槽(长槽)，用膨润土泥浆护壁，槽内放入钢筋笼，浇筑混凝土，按 5～8 m 分段进行，后连接接头，形成一道地下连续墙。

4)基坑降排水

基坑施工要设置有效的降排水措施，对地下水的控制一般有排水、降水、隔渗等方法。

(1)排水。基坑深度较浅，常采用明排，即沿槽底挖出两道水沟，每隔 30～40 m 设一集水井，用水泵将水抽走。

(2)降水。开挖深度大于 3 m 时,可采用井点降水。井点降水每级可降 4.5 m,再深时,可采用多级降水,水量大时,可采用深井降水。降水井井点位置距坑边为 2~2.5 m。基坑外面挖排水沟,防止雨水流入坑内。为了防止降水后造成周围建筑物不均匀沉降,可在降水同时采取回灌措施,以保持原有的地下水位不变。抽水过程中要经常检查降水井的真空度,防止漏气。

(3)隔渗。基坑隔渗是用高压旋喷、深层搅拌形成的水泥土墙和底板筑成止水帷幕,阻止地下水渗入坑内。

5)坑边荷载

施工机械和物料堆放距槽边距离应按设计规定执行。开挖出的土方,不得堆在基坑外侧以免引起地面堆载超负荷。

沿土方边缘移动的运输工具和机械,不应离槽边过近。堆置土方距坑槽上部边缘不少于 1.0 m,弃土堆置高度不超过 1.5 m。大中型施工机具距坑槽边距离应根据设备自重、基坑支护、土质情况等经设计计算确定,一般情况下不得小于 1.5 m。当周边有条件时,可采用坑外降水,以减少墙体背后水的压力。

6)上下通道

基坑施工作业人员上下必须设置专用通道,不准攀爬模板、脚手架以确保安全。人员专用通道应在施工组织设计中确定,其攀登设施可视条件采用梯子或专门搭设,应符合高处作业规范中攀登作业的要求。

7)土方开挖

支护结构必须在达到设计要求的强度后,方可开挖下层土方,严禁提前开挖和超挖;基坑开挖应按设计和施工方案的要求,分层、分段、均衡开挖;基坑开挖过程中应采取措施防止碰撞支护结构、工程桩或扰动基底原状土层;当采用机械在软土场地作业时,应采取铺设渣土、砂石等硬化措施。

8)基坑支护变形监测

为了确保基坑工程的安全。深基坑工程施工过程中必须进行监测。

(1)监测内容。

①围护结构监测。主要有围护结构完整性及强度监测、围护结构顶部水平位移监测、围护结构倾斜监测、围护结构沉降监测、围护结构应力监测、支撑轴力监测、立柱沉降监测等。

②周围环境监测。主要项目有邻近建筑物沉降、倾斜和裂缝发生时间及发展过程的监测;邻近构筑物、道路、地下管网等设施变形监测;表层土体沉降、水平位移以及深层土体分层沉降和水平位移监测;围护结构侧面土压力监测;坑底隆起监测;土层孔隙水压力监测;地下水位监测。

(2)施工监测要重点把握好三个环节。

①监测单位的确定;

②基坑工程监测项目、监测大纲的制订和内容的完备性;

③监测资料的收集和传递要求。

9)支撑拆除

基坑支撑结构的拆除方式、拆除顺序应符合专项施工方案要求;当采用机械拆除作业时施工荷载应小于支撑结构承载能力;当采用人工拆除作业时,应按规定设置防护设施;当采用爆破、静力破碎等方式拆除时,必须符合国家现行相关规范要求。

10)作业环境

坑槽内作业不应降低规范要求。人员作业必须有安全立足点,脚手架搭设必须符合规范规定,临边防护必须符合要求。交叉作业、多层作业上下设置隔离层。垂直运输作业及设备也必须按照相应的规范进行检查。深基坑施工的照明问题、电箱的设置、周围环境,以及各种电气设备的架设使用均应符合电气规范规定。

11)应急预案

基坑工程应按规范要求,结合工程施工过程中可能出现的支护变形、漏水等影响基坑工程安全的不利因素制订应急预案;应急组织机构应健全,应急物资、材料、工具机具等品种、规格、数量应满足应急的需要,并应符合应急预案要求。

任务实施

一、资讯

1.工作任务

某施工总承包单位承担学生宿舍楼基坑工程的施工,基坑开挖深度 12 m,基坑南侧距坑边 6 m 处有一栋 6 层住宅楼。基坑土质状况从地面向下依次为:杂填土 0~2 m,粉质土 2~5 m,砂质土 5~10 m,黏性土 10~12 m,砂质土 12~18 m。上层滞水水位在地表以下 5 m(渗透系数为 0.5 m/d),地表下 18 m 以内无承压水。基坑支护设计采用灌注桩加锚杆。施工前,建设单位为节约投资,指示更改设计,除南侧外其余三面均采用土钉墙支护,垂直开挖。基坑在开挖过程中北侧支护出现较大变形,但一直未被发现,最终导致北侧支护部分坍塌。事故调查中发现:

①施工总承包单位对本工程作了重大危险源分析,确认南侧毗邻建筑物、临边防护、上下通道的安全为重大危险源,并制订了相应的措施,但未审批。

②施工总承包单位有健全的安全制度文件。

③施工过程中无任何安全检查记录、交底记录及培训教育记录等其他记录资料。

2.收集、查询信息

学生根据任务查阅教材、资料获取必要的知识。

3.引导问题

①从技术方面分析,造成该基坑坍塌的主要因素有哪些?

②基坑支护安全控制要点是什么?

二、计划

结合任务分析该基坑坍塌的主要原因。

三、决策

确定事故发生的原因。

四、实施

小组成员协作找出避免基坑支护坍塌的措施。

五、检查

根据《建筑施工安全检查标准》(JGJ 59－2011)对基坑支护安全检查评分表的要求，检查本基坑支护工程保证项目和一般项目。学生首先自查，然后以小组为单位进行互查，发现错误及时纠正，遇到问题商讨解决，教师再作出改进指导。

六、评价

学生首先自评，然后教师结合学生在实施过程中表现出来的职业素养、参与程度综合考核评价每位学生的成绩。

学生评价表

<table>
<tr><td>项目名称</td><td>施工安全技术管理</td><td>任务名称</td><td>土方与基础工程安全技术</td><td>学生签名</td><td></td></tr>
<tr><td colspan="3">自评内容</td><td>标准分值</td><td colspan="2">实际得分</td></tr>
<tr><td colspan="3">施工方案</td><td>10</td><td colspan="2"></td></tr>
<tr><td colspan="3">基坑支护</td><td>10</td><td colspan="2"></td></tr>
<tr><td colspan="3">降排水</td><td>10</td><td colspan="2"></td></tr>
<tr><td colspan="3">基坑开挖</td><td>10</td><td colspan="2"></td></tr>
<tr><td colspan="3">坑边荷载</td><td>10</td><td colspan="2"></td></tr>
<tr><td colspan="3">安全防护</td><td>10</td><td colspan="2"></td></tr>
<tr><td colspan="3">基坑监测</td><td>10</td><td colspan="2"></td></tr>
<tr><td colspan="3">支撑拆除</td><td>5</td><td colspan="2"></td></tr>
<tr><td colspan="3">作业环境</td><td>5</td><td colspan="2"></td></tr>
<tr><td colspan="3">应急预案</td><td>5</td><td colspan="2"></td></tr>
<tr><td colspan="3">是否能认真描述困难、错误和修改内容</td><td>5</td><td colspan="2"></td></tr>
<tr><td colspan="3">对自己工作的评价</td><td>5</td><td colspan="2"></td></tr>
<tr><td colspan="3">团队协作能力</td><td>5</td><td colspan="2"></td></tr>
<tr><td colspan="3">合计得分</td><td>100</td><td colspan="2"></td></tr>
<tr><td colspan="6">改进内容及方法：</td></tr>
</table>

教师评价表

项目名称	施工安全技术管理	任务名称	土方与基础工程安全技术	学生签名	
自评内容			标准分值	实际得分	
施工方案			10		
基坑支护			10		
降排水			10		
基坑开挖			10		
坑边荷载			10		
安全防护			10		
基坑监测			10		
支撑拆除			5		
作业环境			5		
应急预案			5		
是否能认真描述困难、错误和修改内容			5		
对自己工作的评价			5		
团队协作能力			5		
合计得分			100		

任务2 砌筑工程安全管理

任务描述

砌筑工程量大面广、施工现场复杂、投入的劳动力较大，如果安全管理不慎，就容易发生高处坠落事故和物体打击事故，砌筑施工的安全在施工现场非常重要。

接收项目后通过熟悉砌筑工程施工安全技术规定和要求，需要各小组对学生宿舍楼砌筑工程施工现场进行安全检查与评分。

(1)作业前，必须检查作业环境是否符合安全要求，道路是否畅通，施工机具是否完好，脚手架及安全设施、防护用品是否齐全，检查合格后，方可作业。

(2)砌基础时，应经常注意和检查基坑土质变化情况，以及有无崩裂现象；堆放砖块材料应离坑边 1 m 以上；砌筑 2 m 以上深基础时，应设有爬梯或坡道，不得攀跳槽、沟、坑上下，不得站在墙上操作。送料、砂浆要设有溜槽，严禁向下猛倒和抛掷物料工具等。

(3)砌筑高度超过 1.2 m，必须搭设脚手架作业。在一层以上或高度超过 4 m 时，若采用里脚手架必须支搭安全网，若采用外脚手架应设护身栏杆和挡脚板。

(4)在架子上用刨锛斩砖，操作人员必须面向里，把砖头斩在架子上。挂线用的坠物必须绑扎牢固。

(5)脚手架上堆放料量不得超过规定荷载，堆砖不得超过 3 匹侧砖，同一块脚手板上的操作人员不超过 2 人。

(6)在楼层(特别是预制板面)施工时，堆放机械、砖块等物品不得超过使用荷载，如超过荷载时，必须经过验算采取有效加固措施后方可进行堆放和施工。

(7)砌墙时，每个工作班的砌筑高度不得超过 1.8 m，砖柱和独立构筑物的砌筑高度，每个工作班也不得超过 1.8 m，冬期施工更要严格控制一次砌筑高度。

(8)施工中如需上下层同时进行操作，上下两层间必须设有专用的防护棚或其他隔离设施，否则不得让工人在下方工作。

(9)在高处脚手架上进行砌筑与装修操作时，不准往上或往下乱抛扔材料或工具，必须采用传递方法。

(10)车辆运输砖、石时，两车前后距离平道上不小于 2 m，坡道上不小于 10 m。从砖垛上取砖时，要先取高处的后取低处的，防止垛倒砸人。

(11)使用于垂直运输的砖笼、绳索具等，必须满足负荷要求，牢固无损，吊运时不得超载，并须经常检查，发现问题及时修理。

(12)不准站在墙顶上做划线、刮缝、清扫墙面或检查大角垂直等工作。

(13)不准用不稳固的工具或物体在脚手板面垫高操作，更不准在未经过加固的情况下，在一层脚手架上随意再叠加一层，脚手板不允许有探头现象，不准用 38 mm×89 mm 木料或钢模板作脚手板。

(14)已经就位的砌块，必须立即进行竖缝灌浆；对稳定性较差的窗间墙独立柱和挑出墙面较多的部位，应加临时支撑，以保证其稳定性。

(15)作业结束后，应将脚手板上和砌体上的碎块、灰浆清扫干净，作业环境中的碎料、落地灰、杂物、工具集中清运，清扫时注意防止碎块掉落，同时做好已砌好砌体的防雨措施。

任务实施

一、资讯

1. 工作任务

各小组选择学生宿舍楼一面墙完成砌筑施工安全技术交底。

2. 收集、查询信息

学生根据任务查阅教材、资料获取必要的知识准备。

3. 引导问题

①砌筑工程应采取哪些安全保证措施？

②为保障砌筑工人安全应对其进行哪些方面安全教育？

二、计划

各小组初步制订砌筑工程安全交底方案。

三、决策

确定砌筑工程安全交底方案。

四、实施

小组成员协作编制砌筑工程安全交底方案。

五、检查

根据砌筑工程安全管理的要求，检查砌筑工程安全交底方案的完整性。学生首先自查，然后以小组为单位进行互查，发现错误及时纠正，遇到问题商讨解决，教师再作出改进指导。

六、评价

学生首先自评，然后教师结合学生在实施过程中表现出来的职业素养、参与程度综合考核评价每位学生的成绩。

学生评价表

项目名称	施工安全技术管理	任务名称	砌筑工程安全管理	学生签名	
自评内容			标准分值	实际得分	
砌筑安全教育			30		
砌筑安全保障措施			30		
是否能认真描述困难、错误和修改内容			10		
对自己工作的评价			10		
团队协作能力			20		
合计得分			100		
改进内容及方法：					

教师评价表

项目名称	施工安全技术管理	任务名称	砌筑工程安全管理	学生签名	
自评内容			标准分值	实际得分	
砌筑安全教育			30		
砌筑安全保障措施			30		
是否能认真描述困难、错误和修改内容			10		
对自己工作的评价			10		
团队协作能力			20		
合计得分			100		

任务3 模板工程安全管理

任务描述

模板工程多为高处作业，施工过程需要与脚手架、起重作业配合，施工过程中容易发生物体打击、机械伤害、起重伤害、高处坠落、触电等安全事故。模板工程必须经过设计计算，并绘制模板施工图，制订相应的施工安全技术措施。特别是当前高层与大跨度混凝土结构日益增多，模板结构的设计与施工不合理、强度或稳定性不足、操作不符合要求等将会导致模板体系破坏，造成坍塌事故，严重地危害国家及人民群众的生命和财产安全。

接收项目后通过了解模板组成和搭设基本要求，掌握模板安装、拆除的安全技术规定和要求，需要各小组对学生宿舍楼的模板支设进行安全检查与评分。

一、模板的构造

1.模板构造

模板通常由三部分组成：模板面、支撑结构（包括水平支撑结构，如龙骨、桁架、小梁等，以及垂直支撑结构，如立柱、格构柱等）和连接配件（包括穿墙螺栓、模板面连接卡扣、模板面与支承构件，以及支承构件之间连接零配件等）。

2.模板构造要求

（1）各种模板的支架应自成体系，严禁与脚手架进行连接。

（2）模板支架立杆在安装时，应加设水平支撑，立杆高度大于 2 m 时，应设两道水平支撑，每增高 1.5～2 m，再增设一道水平支撑。

（3）满堂模板立杆除必须在四周及中间设置纵、横双向水平支撑外，当立杆高度超过 4 m 时，应每隔 2 步设置一道水平剪刀撑。

（4）模板支架立杆底部应设置垫板，不得使用砖及脆性材料铺垫。并应在支架的两端和中间部分与建筑结构进行连接。

（5）当采用多层支模时，上下各层立杆应保持在同一垂直线上。

（6）需进行二次支撑的模板，当安装二次支撑时，模板上不得有施工荷载。

（7）应严格控制模板上堆料及设备荷载，当采用小推车运输时，应搭设小车运输通道，将荷载传给建筑结构。

（8）模板支架的安装应按照设计图纸进行，安装完毕浇筑混凝土前，应经验收确认符合要求。

二、模板安全作业基本要求

1.模板工程一般要求

(1)模板工程的施工方案必须经过上一级技术部门批准。

(2)模板施工前现场负责人要认真审查施工组织设计中关于模板的设计资料,模板设计的主要内容如下。

①绘制模板设计图,包括细部构造大样图和节点大样图,注明所选材料的规格、尺寸和连接方法,绘制支撑系统的平面图和立面图,并注明间距及剪刀撑的设置。

②根据施工条件确定荷载,并按所有可能产生的荷载中最不利情况验算模板整体结构和支撑系统的强度、刚度和稳定性,并有相应的计算书。

③制订模板的制作、安装和拆除等施工方案。应根据混凝土输送方法(泵送混凝土、人力挑送混凝土、在浇灌运输道上用手推翻斗车运送混凝土)制订模板工程中有针对性的安全措施。

(3)模板施工前的准备工作有以下几个方面。

①模板施工前,现场施工负责人应认真向有关工作人员进行安全交底。

②模板构件进场后,应认真检查构件和材料是否符合设计要求。

③做好模板垂直运输的安全施工准备工作,排除模板施工中现场的不安全因素。

④支撑模板立柱宜采用钢材,材料的材质应符合有关规定。当采用木材时,其树种可根据各地实际情况选用,立杆的有效尾径不得小于 80 mm,立杆要顺直,接头数量不得超过 30%,且不应集中。

2.模板安装

1)基础及地下工程模板

(1)地面以下支模应先检查土壁的稳定情况,当有裂纹及塌方危险迹象时,应在采取安全防范措施后,方可下人作业。当深度超过 2 m 时,操作人员应乘扶梯上下。

(2)距基槽(坑)上口边缘 1 m 内不得堆放模板。向基槽(坑)内运料应使用起重机、溜槽或绳索,运下的模板严禁立放在基槽(坑)土壁上。

(3)斜支撑与侧模的夹角不应小于 45°,支在土壁的斜支撑应加设垫板,底部的对角楔木应与斜支撑连接牢固。高大长脖基础若采用分层支模时,其下层模板应经就位校正并支撑稳固后,方可进行上一层模板的安装。

(4)在有斜支撑的位置,应在两侧模间采用水平支撑连成整体。

2)柱模板

(1)现场拼装柱模时,应适时地安设临时支撑进行固定,斜撑与地面的倾角宜为 60°,严禁将大片模板系在柱子钢筋上。

(2)待四片柱模就位组拼经对角线校正无误后,应立即自下而上安装柱箍。

(3)若为整体预组合柱模,吊装时应采用卡环和柱模连接,不得采用钢筋钩代替。

(4)柱模校正(用四根斜支撑或用连接在柱模顶四角带花篮螺丝的缆风绳,底端与楼板钢筋拉环固定进行校正后,应采用斜撑或水平撑进行四周支撑,以确保整体稳定;当高度超过 4 m时,应群体或成列同时支模,并应将支撑连成一体,形成整体框架体系;当需单根支模时,柱宽大于 500 mm 应每边在同一标高上设置不得少于 2 根斜撑或水平撑。斜撑与地面的夹角宜为 45°～60°,下端应有防滑移的措施。

(5)角柱模板的支撑,除满足上述要求外,还应在里侧设置能承受拉力和压力的斜撑。

3)墙模板

(1)当采用散拼定型模板支模时,应自下而上进行,必须在下一层模板全部紧固后,方可进行上一层安装。当下层不能独立安设支撑件时,应采取临时固定措施。

(2)当采用预拼装的大块墙模板进行支模安装时,严禁同时起吊两块模板,并应边就位、边校正、边连接,固定后方可摘钩。

(3)安装电梯井内墙模前,必须在板底下 200 mm 处牢固地满铺一层脚手板。

(4)模板未安装对拉螺栓前,板面应向后倾一定角度。

(5)当钢楞需接长时,接头处应增加相同数量和不小于原规格的钢楞,其搭接长度不得小于墙模板宽或高的 15% ～20%。

(6)拼接时的 U 形卡应正反交替安装;间距不得大于 300 mm;两块模板对接接缝处的 U 形卡应满装。

(7)对拉螺栓与墙模板应垂直,松紧应一致,墙厚尺寸应正确。

(8)墙模板内外支撑必须坚固、可靠,应确保模板的整体稳定,当墙模板外面无法设置支撑时,应在里面设置能承受拉力和压力的支撑。多排并列且间距不大的墙模板,当其与支撑互成一体时,应采取措施,防止灌筑混凝土时引起临近模板变形。

4)独立梁和整体楼盖梁结构模板

(1)安装独立梁模板时应设安全操作平台,并严禁操作人员站在独立梁底模或柱模架上操作及上下通行。

(2)底模与横楞应拉结好,横楞与支架、立柱应连接牢固。

(3)安装梁侧模时,应边安装边与底模连接,当侧模高度多于两块高时,应采取临时固定措施。

(4)起拱应在侧模内外楞连接牢固前进行。

(5)单片预组合梁模,钢楞与板面的拉结应按设计规定制作,并应按设计吊点试吊无误后,方可正式吊运安装,侧模与支架支撑稳定后方可摘钩。

5)楼板或平台板模板

(1)当预组合模板采用桁架支模时,桁架与支点的连接应固定牢靠,桁架支承应采用平直通长的型钢或木方。

(2)当预组合模板块较大时,应加钢楞后方可吊运。当组合模板为错缝拼配时,板下横楞应均匀布置,并应在模板端穿插销。

(3)单块模就位安装,必须待支架搭设稳固、板下横楞与支架连接牢固后进行。

6)其他结构模板

(1)安装圈梁、阳台、雨篷及挑檐等模板时,其支撑应独立设置,不得支搭在施工脚手架上。

(2)安装悬挑结构模板时,应搭设脚手架或悬挑工作台,并应设置防护栏杆和安全网。作业处的下方不得有人通行或停留。

(3)烟囱、水塔及其他高大构筑物的模板,应编制专项施工设计和安全技术措施,并应详细地向操作人员进行交底后方可安装。

(4)在危险部位进行作业时,操作人员应系好安全带。

7)爬升模板构造与安装

(1)进入施工现场的爬升模板系统中的大模板、爬升支架、爬升设备、脚手架及附件等,应按施工组织设计及有关图纸验收,合格后方可使用。

(2)爬升模板安装时,应统一指挥,设置警戒区与通信设施,做好原始记录,并应符合下列规定:

①检查工程结构上预埋螺栓孔的直径和位置,并应符合图纸要求;

②爬升模板的安装顺序应为底座、立柱、爬升设备、大模板、模板外侧脚手架。

(3)施工过程中爬升大模板及支架时,应符合下列规定:

①爬升前,应检查爬升设备的位置、牢固程度、吊钩及连接杆件等,确认无误后,拆除相邻大模板及脚手架间的连接杆件,使各个爬升模板单元彻底分开;

②爬升时,应先收紧千斤钢丝绳,吊住大模板或支架,然后拆卸穿墙螺栓,并检查再无任何连接,卡环和安全钩无问题,调整好大模板或支架的重心,保持垂直,开始爬升。爬升时,作业人员应站在固定件上,不得站在爬升件上,爬升过程中应防止晃动与扭转;

③每个单元的爬升不宜中途交接班,不得隔夜再继续爬升,每单元爬升完毕应及时固定;

④大模板爬升时,新浇混凝土的强度不应低于 1.2 N/mm^2。支架爬升时的附墙架穿墙螺栓受力处的新浇混凝土的强度应达到 10 N/mm^2 以上。

(4)作业人员应背工具袋,以便存放工具和拆下的零件,防止物件跌落。且严禁高空向下抛物。

(5)每次爬升组合安装好的爬升模板、金属件应涂刷防锈漆,板面应涂刷脱模剂。

(6)爬模的外附脚手架或悬挂脚手架应满铺脚手板,脚手架外侧应设防护栏杆和安全网。爬架底部亦应满铺脚手板和设置安全网。

(7)每步脚手架间应设置爬梯,作业人员应由爬梯上下,进入爬架应在爬架内上下,严禁攀爬模板、脚手架和爬架外侧。

(8)脚手架上不应堆放材料，脚手架上的垃圾应及时清除。如需临时堆放少量材料或机具，必须及时取走，且不得超过设计荷载的规定。

(9)所有螺栓孔均应安装螺栓，螺栓应采用 50～60 N·m 的扭矩紧固。

3.模板拆除安全管理

1)模板拆除的一般要求

(1)模板的拆除措施应经技术主管部门或负责人批准，拆除模板的时间可按现行国家标准《混凝土结构工程施工质量验收规范》(GB 50204－2015)的有关规定执行。冬期施工的拆模，应符合专门规定。

(2)当混凝土未达到规定强度或已达到设计规定强度，需提前拆模或承受部分超设计荷载时，必须经过计算和技术主管确认其强度能承受此荷载后，方可拆除。

(3)在承重焊接钢筋骨架作配筋的结构中，承受混凝土重量的模板，应在混凝土达到设计强度的 25%后方可拆除承重模板。当在已拆除模板的结构上加置荷载时，应另行核算。

(4)大体积混凝土的拆模时间除应满足混凝土强度要求外，还应使混凝土内外温差降低到 25 ℃以下，否则应采取有效措施防止产生温度裂缝。

(5)后张预应力混凝土结构的侧模宜在施加预应力前拆除，底模应在施加预应力后拆除。当设计有规定时，应按规定执行。

(6)拆模前应检查所使用的工具是否有效和可靠，扳手等工具必须装入工具袋或系挂在身上，并应检查拆模场所范围内的安全措施。

(7)模板的拆除工作应设专人指挥。作业区应设围栏，其内不得有其他工种作业，并应设专人负责监护。拆下的模板、零配件严禁抛掷。

(8)拆模的顺序和方法应按模板的设计规定进行。当设计无规定时，可采取先支的后拆、后支的先拆、先拆非承重模板、后拆承重模板，并应从上而下进行拆除。拆下的模板不得抛扔，应按指定地点堆放。

(9)多人同时操作时，应明确分工、统一信号或行动，应具有足够的操作面，人员应站在安全处。

(10)高处拆除模板时，应符合有关高处作业的规定。严禁使用大锤和撬棍，操作层上临时拆下的模板堆放不能超过 3 层。

(11)在提前拆除互相搭连并涉及其他后拆模板的支撑时，应补设临时支撑。拆模时，应逐块拆卸，不得成片撬落或拉倒。

(12)拆模如遇中途停歇应将已拆松动、悬空、浮吊的模板或支架进行临时支撑牢固或相互连接稳固。对活动部件必须一次拆除。

(13)已拆除了模板的结构，应在混凝土强度达到设计强度值后方可承受全部设计荷载。若在未达到设计强度以前，需在结构上加置施工荷载时，应另行核算，强度不足时，应加设临时支撑。

(14)遇6级或6级以上大风时，应暂停室外的高处作业。雨、雪天气后应先清扫施工现场，方可进行工作。

(15)拆除有洞口模板时，应采取防止操作人员坠落的措施。洞口模板拆除后，应按国家现行标准《建筑施工高处作业安全技术规范》(JGJ 80－2016)的有关规定及时进行防护。

2)支架立柱拆除

(1)当拆除钢楞、木楞、钢桁架时，应在其下面临时搭设防护支架，使所拆楞梁及桁架先落在临时防护支架上。

(2)当立柱的水平拉杆超出2层时，应首先拆除2层以上的拉杆。当拆除最后一道水平拉杆时，应和拆除立柱同时进行。

(3)当拆除4～8 m跨度的梁下立柱时，应先从跨中开始，对称地分别向两端拆除，严禁采用连梁底板向旁侧一片拉倒的拆除方法。

(4)对于多层楼板模板的立柱，当上层及以上楼板正在浇筑混凝土时，下层楼板立柱的拆除，应根据下层楼板结构混凝土强度的实际情况，经过计算确定。

(5)拆除平台、楼板下的立柱时，作业人员应站在安全处。

(6)对已拆下的钢楞、木楞、桁架、立柱及其他零配件应及时运到指定地点。对有芯钢管立柱运出前应先将芯管抽出或用销卡固定。

3)普通模板拆除

(1)基础模板拆除：拆除条形基础、杯形基础、独立基础或设备基础的模板时，应符合下列规定。

①拆除前应先检查基槽(坑)土壁的安全状况，发现有松软、龟裂等不安全因素时，应在采取安全防范措施后，方可进行作业。

②模板和支撑杆件等应随拆随运，不得在离槽(坑)上口边缘1 m以内堆放。

③拆除模板时，施工人员必须站在安全地方。应先拆内外木楞、再拆木面板；钢模板应先拆钩头螺栓和内外钢楞，后拆U形卡和L形插销，拆下的钢模板应妥善传递或用绳钩放置地面，不得抛掷。

(2)柱模拆除，拆除柱模应符合下列规定。

①柱模拆除应分别采用分散拆和分片拆两种方法。分散拆除的顺序应为：拆除拉杆或斜撑、自上而下拆除柱箍或横楞、竖楞，自上而下拆除配件及模板、运走分类堆放、清理、拔钉、钢模维修、刷防锈油或脱模剂、入库备用。分片拆除的顺序应为：拆除全部支撑系统、自上而下拆除柱箍及横楞、拆掉柱角U形卡、分2片或4片拆除模板、原地清理、刷防锈油或脱模剂、分片运至新支模地点备用。

②柱子拆下的模板及配件不得向地面抛掷。

(3)墙模拆除,拆除墙模应符合下列规定。

①墙模分散拆除顺序应为:拆除斜撑或斜拉杆、自上而下拆除外楞及对拉螺栓、分层自上而下拆除木楞或钢楞及零配件和模板、运走分类堆放、拔钉清理或清理检修后刷防锈油或脱模剂、入库备用。

②预组拼大块墙模拆除顺序应为:拆除全部支撑系统、拆卸大块墙模接缝处的连接型钢及零配件、拧去固定埋设件的螺栓及大部分对拉螺栓、挂上吊装绳扣并略拉紧吊绳后,拧下剩余对拉螺栓,用方木均匀敲击大块墙模立楞及钢模板,使其脱离墙体,用撬棍轻轻外撬大块墙模板使全部脱离,指挥起吊、运走、清理、刷防锈油或脱模剂备用。

③拆除每一大块墙模的最后2个对拉螺栓后,作业人员应撤离大模板下侧,以后的操作均应在上部进行。个别大块模板拆除后产生局部变形者应及时整修好。

④大块模板起吊时,速度要慢,应保持垂直,严禁模板碰撞墙体。

(4)拆除梁、板模板应符合下列规定。

①梁、板模板应先拆梁侧模,再拆板底模,最后拆除梁底模,并应分段分片进行,严禁成片撬落或成片拉拆。

②拆除时,作业人员应站在安全的地方进行操作,严禁站在已拆或松动的模板上进行拆除作业。

③拆除模板时,严禁用铁棍或铁锤乱砸,已拆下的模板应妥善传递或用绳钩放至地面。

④严禁作业人员站在悬臂结构边缘敲拆下面的底模。

⑤待分片、分段的模板全部拆除后,方允许将模板、支架、零配件等按指定地点运出堆放,并进行拔钉、清理、整修、刷防锈油或脱模剂,入库备用。

(5)爬升模板拆除。

①拆除爬模应有拆除方案,且应由技术负责人签署意见,应向有关人员进行安全技术交底后,方可实施拆除。

②拆除时应先清除脚手架上的垃圾杂物,并应设置警戒区由专人监护。

③拆除时应设专人指挥,严禁交叉作业。拆除顺序应为:悬挂脚手架和模板、爬升设备、爬升支架。

④已拆除的物件应及时清理、整修和保养,并运至指定地点备用。

⑤遇5级以上大风应停止拆除作业。

(6)飞模拆除。

①脱模时,梁、板混凝土强度等级不得小于设计强度的35%。

②飞模的拆除顺序、行走路线和运到下一个支模地点的位置,均应按飞模设计的有关规定进行。

③拆除时应先用千斤顶顶住下部水平连接管,再拆去木楔或砖墩(或拔出钢套管连接螺栓,

提起钢套管)。推入可任意转向的四轮台车,松千斤顶使飞模落在台车上,随后推运至主楼板外侧搭设的平台上,用塔吊吊至上层重复使用。若不需重复使用时,应按普通模板的方法拆除。

④飞模拆除必须有专人统一指挥,飞模尾部应绑安全绳,安全绳的另一端应套在坚固的建筑结构上,且在推运时应逐渐放松。

⑤飞模推出后,楼层外边缘应立即绑好护身栏。

任务实施

一、资讯

1.工作任务

某建筑公司承接了一栋学生宿舍楼的施工任务,该学生宿舍楼位于城市中心区,建筑面积24 112 m^2 地下1层,地上17层,局部9层。该层面工程浇筑时模板支撑发生坍塌事故。事故造成9人伤亡,其中7人抢救无效死亡,1人重伤,1人轻伤。请分析引起事故原因,确定事故预防措施。

2.收集、查询信息

学生根据任务查阅教材、资料获取必要的知识。

3.引导问题

①模板施工方案的主要内容有哪些?

②模板施工荷载有哪些规定?

③模板安装基本安全要求有哪些?

④模板拆除基本安全要求有哪些?

二、计划

分析事故发生的可能原因。

三、决策

确定事故发生的原因。

四、实施

小组成员协作确定事故预防措施。

五、检查

根据《建筑施工模板安全技术规范》(JGJ 162—2008)对模板支架检查评分表的要求,检查是否满足模板施工保证项目和一般项目要求。

六、评价

学生首先自查,然后以小组为单位进行互查,发现错误及时纠正,遇到问题商讨解决,教师在作出改进指导后,结合学生在实施过程中表现出来的职业素养、参与程度综合考核评价每位学生的成绩。

学生评价自评表

项目名称	施工安全技术管理	任务名称	模板工程安全管理	学生签名	
自评内容			标准分值	实际得分	
施工方案			10		
支架基础			10		
支架构造			10		
支架稳定			15		
施工荷载			10		
杆件连接			10		
购配件材质			10		
支架拆除			10		
是否能认真描述困难、错误和修改内容			5		
对自己工作的评价			5		
团队协作能力			5		
合计得分			100		
改进内容及方法：					

教师评价表

项目名称	施工安全技术管理	任务名称	模板工程安全管理	学生签名	

自评内容	标准分值	实际得分
施工方案	10	
支架基础	10	
支架构造	10	
支架稳定	15	
施工荷载	10	
杆件连接	10	
购配件材质	10	
支架拆除	10	
是否能认真描述困难、错误和修改内容	5	
对自己工作的评价	5	
团队协作能力	5	
合计得分	100	

任务4 钢筋工程安全管理

任务描述

建筑施工中钢筋工程是建筑工程施工的主要分项工程，其作业工序复杂、工作面广、施工时间较长、作业人员数量多，容易发生安全事故。

接收项目后通过了解钢筋安全管理内容，掌握钢筋加工、绑扎的安全操作规程，需要各小组对学生宿舍楼的钢筋加工与绑扎进行安全检查与评分。

一、钢筋工程安全管理

1.一般规定

(1)作业前必须检查机械设备、作业环境、照明设施等，并且试运行必须符合安全要求。作业人员必须经安全培训，考试合格后，方可上岗作业。

(2)脚手架上不得集中码放钢筋，应随使用及时运送。

(3)操作人员必须熟悉钢筋机械的构造性能和用途，并应按照清洁、调整、紧固、防腐、润滑的要求，维修保养机械。

(4)机械运行中停电时，应立即切断电源。收工时应按顺序停机，拉闸，关好闸箱门，清理作业场所。电路故障必须由专业电工排除，严禁非电工接、拆、修电气设备。

(5)操作人员作业时必须扎紧袖口，理好衣角，扣好衣扣，严禁戴手套。女工应戴工作帽，将头发挽入帽内不得外露。

(6)机械明齿轮、皮带轮等高速运转部分，必须安装防护罩或防护板。

(7)电动机械的电闸箱必须按规定安装漏电保护器，并应灵敏有效。

(8)工作完毕后，应用工具将铁屑、钢筋头清除，严禁用手擦抹或嘴吹。切好的钢材、半成品必须按规格码放整齐。

2.钢筋运输安全要求

(1)人工搬运钢筋时，步伐要一致，当上下坡(桥)或转弯时，要前后呼应，步伐稳健，注意钢筋头尾的摆动，防止碰撞物体或击中他人；特别防止碰挂周围和上下的电线，上户或卸料时要互相打招呼，注意安全。

(2)人工垂直传递钢筋时，送料人应站立在牢固平整的地面或临时构筑物上，接料人应有护身栏杆或防止前倾的牢固物体，必要时挂好安全带。

(3)机械垂直吊运钢筋时，应捆扎牢固，吊点应设在钢筋的两端，有困难时，才在该束钢筋的重心处设置吊点，钢筋要平稳上升，不得超重起吊。

(4)起吊钢筋或钢筋骨架时，下方禁止站人，待钢筋骨架降落至离楼地面或安装标高 1 m 以内人员方准靠近操作，待就位放稳或支撑好后，方可摘钩。

(5)钢筋在运输和储存时，必须保留标牌，并按批分别堆放整齐，避免锈蚀和污染。

(6)注意钢筋切勿碰触电源，严禁钢筋靠近高压线路，钢筋与电源线路的安全距离应符合施工现场用电中的规定要求。

3.钢筋加工安全要求

1)冷拉

(1)作业前，必须检查卷扬机钢丝绳、地锚、钢筋夹具、电气设备等，确认安全后方可作业。

(2)冷拉时，应设专人值守，操作人员必须位于安全地带，钢筋两侧 3 m 以内及冷拉线两端严禁有人，严禁跨越钢筋和钢丝绳，冷拉场地两端地锚以外应设置警戒区，装设防护挡板及警告标志。

(3)卷扬机运转时，严禁人员靠近冷拉钢筋和牵引钢筋的钢丝绳。

(4)运行中出现滑脱、绞断等情况时，应立即停机。

(5)冷拉速度不宜过快，在基本拉直时应稍停，检查夹具是否牢固可靠，严格按安全技术交底要求控制伸长值。

(6)冷拉完毕，必须将钢筋整理平直，不得相互乱压和单头挑出，未拉盘筋的引头应盘住，机具拉力部分均应放松再装夹具。

(7)维修或停机，必须切断电源，锁好箱门。

2)切断

(1)操作前必须检查切断机刀口，确定安装正确，刀片无裂纹，刀架螺栓紧固，防护罩牢靠，空运转正常后再进行操作。

(2)钢筋切断应在调直后进行，断料时要握紧钢筋，螺纹钢一次只能切断一根。

(3)切断钢筋，手与刀口的距离不得小于 15 cm。断短料手握端小于 40 cm 时，应用套管或夹具将钢筋短头压住或夹住，严禁用手直接送料。

(4)机械运转中严禁用手直接清除刀口附近的断头和杂物，在钢筋摆动范围内和刀口附近，非操作人员不得停留。

(5)作业时应摆直、紧握钢筋，应在活动切口向后退时送料入刀口，并在固定切刀一侧压住钢筋，严禁在切刀向前运动时送料，严禁两手同时在切刀两侧握住钢筋俯身送料。

(6)发现机械运转异常、刀片歪斜等，应立即停机检修。

(7)作业中严禁进行机械检修、加油、更换部件，维修或停机时，必须切断电源，锁好箱门。

3)弯曲

(1)工作台和弯曲工作盘台应保持水平，操作前应检查芯轴、成型轴、挡铁轴、可变挡架有无裂纹或损坏，防护罩须牢固可靠，经空运转确认正常后，方可作业。

(2)操作时要熟悉倒顺开关控制工作盘旋转的方向，钢筋放置要和挡架、工作盘旋转方向相配合，不得放反。

(3)改变工作盘旋转方向时，必须在停机后进行，即从正转—停—反转，不得直接从正转—反转或从反转—正转。

(4)弯曲机运转中严禁更换芯轴、成型轴和变换角度及调速，严禁在运转时加油或清扫。

(5)弯曲钢筋时，严格依据使用说明书要求操作，严禁超过该机对钢筋直径、根数及机械转速的规定。

(6)严禁在弯曲钢筋的作业半径内和机身不设固定销的一侧站人。

(7)弯曲未经冷拉或有锈皮的钢筋时，必须戴护目镜及口罩。

(8)作业中不得用手清除金属屑，清理工作必须在机械停稳后进行。

(9)检修、加油、更换部件或停机，必须切断电源，锁好箱门。

4.钢筋绑扎安全要求

(1)在高处(2 m或2 m以上)、深坑绑扎钢筋和安装钢筋骨架，必须搭设脚手架或操作平台，临边应搭设防护栏杆。

(2)绑扎立柱和墙体钢筋时，不得站在钢筋骨架上或攀登骨架上下。

(3)绑扎在建施工工程的圈梁、挑梁、挑檐、外墙和边柱等钢筋时，应站在脚手架或操作平台上作业。无脚手架必须搭设水平安全网。悬空大梁钢筋的绑扎，必须站在满铺脚手板或操作平台上操作。

(4)绑扎基础钢筋，应设钢筋支架或马凳，深基础或夜间施工应使用低压照明灯具。

(5)钢筋骨架安装，下方严禁站人，必须待骨架降落至距离楼和地面1 m以内方准靠近，就位支撑好，方可摘钩。

(6)绑扎和安装钢筋，不得将工具、箍筋或短钢筋随意放在脚手架或模板上。

(7)在高处楼层上拉钢筋或钢筋调向时，必须事先观察运行上方或周围附近是否有高压线，严防碰触。

5.成品码放安全要求

(1)严禁在高压线下码放材料。

(2)材料码放场地必须平整坚实，不积水。

(3)加工好的成品钢筋必须按规格尺寸和形状码放整齐，高度不超过150 cm，并且下面要垫枕木，标识清楚。

(4)弯曲好的钢筋码放时，弯钩不得朝上。

(5)冷拉过的钢筋必须将钢筋整理平直，不得相互乱压和单头挑出，未拉盘筋的引头应盘住。

(6)散乱钢筋应随时清理堆放整齐。

(7)材料分堆分垛码放,不可分层叠压。

(8)直条钢筋要按捆成行叠放,端头一致平齐,应控制在三层以内,并且设置防倾覆、滑坡设施。

(9)临时堆放钢筋,不得过分集中,应考虑模板的承载能力。在新浇筑楼板混凝土凝固尚未达到1.2 MPa强度前,严禁堆放钢筋。

6.钢筋工程机械使用安全要求

(1)使用钢筋除锈机应遵守以下规定:

①检查钢丝刷的固定螺栓有无松动,传动部分润滑和封闭式防护罩及排尘设备等完好情况。

②操作人员必须束紧袖口,戴防尘口罩、手套和防护眼镜。

③严禁将弯钩成型的钢筋上机除锈。弯度过大的钢筋宜在基本调直后除锈。

④操作时应将钢筋放平,手握紧,侧身送料,严禁在除锈机正面站人。整相除锈应由两人配合操作,互相呼应。

(2)使用钢筋调直机应遵守以下规定:

①调直机安装必须平稳,料架料槽应平直,对准导向筒、调直筒和下刀切孔中心线。电机必须设可靠接零保护。

②按调直钢筋的直径,选用调直块及速度。调直钢筋长度短于2 m或直径大于9 mm的应低速进行。

③在调直块未固定,防护罩未盖好前不得送料。作业中严禁打开防护罩并调整间隙。严禁戴手套操作。

④喂料前应将不直的料头切去,导向筒前应装一根1 m长的钢管,钢筋必须先过钢管再送入调直机前端的导孔内。当钢筋穿入后,手与压辊必须保持一定距离。

⑤机械上不准搁置工具、物件,避免振动落入机体。

⑥圆盘钢筋放入放圈架上要平稳,乱丝或钢筋脱架时,必须停机处理。

⑦已调直的钢筋,必须按规格、根数分成小捆,散乱钢筋应随时清理堆放整齐。

(3)使用钢筋切断机应遵守以下规定:

①操作前必须检查切断机刀口,确定安装正确,刀片无裂纹,刀架螺栓紧固,防护罩牢靠,然后手扳动皮带轮检查齿轮啮合间隙,调整刀刃间隙,空运转正常后再进行操作。

②钢筋切断应在调直后进行,断料时要握紧钢筋。多根钢筋一次切断时,总截面积应在规定范围内。

③切断钢筋,手与刀口的距离不得少于15 cm。断短料手握端小于40 cm时,应用套管或夹具将钢筋短头压住或夹住,严禁用手直接送料。

④机械运转中严禁用手直接清除刀口附近的断头和杂物。在钢筋摆动范围内和刀口附近,

非操作人员不得停留。

⑤发现机械运转异常、刀片歪斜等,应立即停机检修。

(4)使用钢筋弯曲机应遵守以下规定:

①工作台和弯曲工作盘台应保持水平,操作前应检查芯轴、成型轴、挡铁轴、可变挡架有无裂纹或损坏,防护罩是否牢固可靠,经空运转确认正常后,方可作业。

②操作时要熟悉倒顺开关控制工作盘旋转的方向,钢筋放置要和挡架、工作盘旋转方向相配合,不得放反。

③改变工作盘旋转方向时必须在停机后进行,即从正转一停一反转,不得直接从正转一反转或从反转一正转。

④弯曲机运转中严禁更换芯轴、成型轴和变换角度及调速,严禁在运转时加油或清扫。

⑤弯曲钢筋时,严禁超过该机对钢筋直径、根数及机械转速的规定。

⑥严禁在弯曲钢筋的作业半径内和机身不设固定销的一侧站人。弯曲好的钢筋应堆放整齐,弯钩不得朝上。

(5)钢筋冷拉应遵守以下规定:

①根据冷拉钢筋的直径选择卷扬机。卷扬机出绳应经封闭式导向滑轮和被拉钢筋方向成直角。卷扬机的位置必须使操作人员能见到全部冷拉场地,距冷拉中线不得少于5 m。

②冷拉场地两端地锚以外应设置警戒区,装设防护挡板及警告标志,严禁非生产人员在冷拉线两端停留,跨越或触动冷拉钢筋。操作人员作业时必须离开冷拉钢筋2 m以外。

③用配重控制的设备必须与滑轮匹配,并有指示起落的记号或设专人指挥。配重框提起的高度应限制在离地面300 mm以内。配重架四周应设栏杆及警告标志。

④作业前应检查冷拉夹具夹齿是否完好,滑轮、拖拉小跑车应润滑灵活,拉钩、地锚及防护装置应齐全牢靠。确认后方可操作。

⑤每班冷拉完毕,必须将钢筋整理平直,不得相互乱压和单头挑出,未拉盘筋的引头应盘住,机具拉力部分均应放松。

⑥导向滑轮不得使用开口滑轮。维修或停机,必须切断电源,锁好箱门。

(6)使用对焊机应遵守下列规定:

①对焊机应有可靠的接零保护。多台对焊机并列安装时,间距不得小于3 m,并应接在不同的相线上,有各自的控制开关。

②作业前应进行检查,对焊机的压力机构应灵活,夹具必须牢固,气、液压系统应无泄漏,正常后方可施焊。

③焊接前应根据所焊钢筋截面,调整二次电压,不得焊接超过对焊机规定直径的钢筋。

④应定期磨光断路器上的接触点、电极,定期紧固二次电路全部连接螺栓。冷却水温度不得超过40 ℃。

⑤焊接较长钢筋时应设置托架,焊接时必须防止火花烫伤其他人员。在现场焊接竖向柱钢

筋时，焊接后应确保焊接牢固后再松开卡具，进行下道工序。

(7)使用点焊机应遵守下列规定：

①作业前，必须清除上、下两电极的油污。通电后，检查机体外壳应无漏油。

②启动前，应首先接通控制线路的转向开关调整极数，然后接通水源、气源，最后接通电源。电极触头应保持光洁，漏电应立即更换。

③作业时气路、水冷系统应畅通，气体保持干燥，排水温度不得超过 400 ℃。

④严禁加大引燃电路中的熔断器。当负载过小使引燃管内不能发生电弧时不得闭合控制箱的引燃电路。

⑤控制箱如长期停用，每月应通电加热 30 min，如更换闸流管亦要预热 30 min，正常工作的控制箱的预热时间不得少于 5 min。

二、预应力钢筋施工安全管理

1. 一般规定

(1)必须经过专门培训，掌握预应力张拉的安全技术知识并经考试合格后方可上岗。

(2)必须按照检测机构检验、编号的配套组使用张拉机具。

(3)张拉作业区域应设明显警示牌，非作业人员不得进入作业区。

(4)张拉时必须服从统一指挥，严格按照安全技术交底要求读表。油压不得超过安全技术交底规定值。发现油压异常等情况时，必须立即停机。

(5)高压油泵操作人员应戴护目镜。

(6)作业前应检查高压油泵与千斤顶之间的连接件，连接件必须完好、紧固，确认安全后方可作业。

(7)钢筋张拉时，严禁敲击钢筋、调整施力装置。

2. 先张法

(1)张拉台座两端必须设置防护墙，沿台座外侧纵向每隔 2～3 m 设一个防护架。张拉时，台座两端严禁有人，任何人不得进入张拉区域。

(2)油泵必须放在台座的侧面，操作人员必须站在油泵的侧面。

(3)打紧夹具时，作业人员应站在横梁的上面或侧面，击打夹具中心。

3. 后张法

(1)作业前必须在张拉端设置 5 cm 厚的防护木板。

(2)操作千斤顶和测量伸长值的人员应站在千斤顶侧面操作。千斤顶顶力作用线方向不得有人。

(3)张拉力时千斤顶行程不得超过安全技术交底的规定值。

(4)两端或分段张拉时，作业人员应明确联系信号，协调配合。

(5)高处张拉时，作业人员应在牢固、有防护栏的平台上作业，上下平台必须走安全梯或坡道。

(6)张拉完成后应及时灌浆、封锚。

(7)孔道灌浆作业，喷嘴插入孔道口，喷嘴后面的胶皮垫圈必须紧压在孔口上，胶皮管与灰浆泵必须连接牢固。

(8)堵灌浆孔时应站在孔的上面。

任务实施

一、资讯

1.工作任务

某建筑公司承接了一栋学生宿舍楼的施工任务，该学生宿舍楼位于城市中心区，建筑面积24 112 m^2，地下1层，地上17层，局部9层。该工程作业人员在基坑内绑扎钢筋过程中，筏板基础钢筋体系发生坍塌，造成10人死亡、4人受伤。请分析引起此起事故的原因有哪些，并制订事故预防措施。

2.收集、查询信息

学生根据任务查阅教材、资料获取必要的知识。

3.引导问题

①钢筋运输的安全要求是什么？

②钢筋加工的安全要求是什么？

③钢筋绑扎的安全要求是什么？

④成品码放的安全要求是什么？

⑤钢筋工程机械使用的安全要求有哪些？

二、计划

分析事故发生的可能原因。

三、决策

确定事故发生的原因。

四、实施

小组成员协作制订事故预防措施。

五、检查

检查是否满足钢筋工程施工安全技术规定。学生首先自查，然后以小组为单位进行互查，发现错误及时纠正，遇到问题商讨解决，教师再作出改进指导。

六、评价

学生首先自评，然后教师结合学生在实施过程中表现出来的职业素养、参与程度综合考核评价每位学生的成绩。

学生评价自评表

项目名称	施工安全技术管理	任务名称	钢筋工程安全管理	学生签名	
自评内容			标准分值	实际得分	
钢筋运输			15		
钢筋加工			20		
钢筋绑扎安全要求			20		
成品码放			15		
钢筋工程机械使用			15		
是否能认真描述困难、错误和修改内容			5		
对自己工作的评价			5		
团队协作能力			5		
合计得分			100		
改进内容及方法：					

教师评价表

项目名称	施工安全技术管理	任务名称	钢筋工程安全管理	学生签名	
自评内容			标准分值	实际得分	
钢筋运输			15		
钢筋加工			20		
钢筋绑扎安全要求			20		
成品码放			15		
钢筋工程机械使用			15		
是否能认真描述困难、错误和修改内容			5		
对自己工作的评价			5		
团队协作能力			5		
合计得分			100		

任务5 混凝土工程安全管理

任务描述

在我国土建工程中，混凝土施工占有很大的比例。其作业工序复杂、工作面广、施工时间较长、作业人员数量多，容易发生安全事故。这不仅影响工程进度和投资效果，而且关系到人民群众生命财产安全。

接收项目后通过了解混凝土安全管理的基本要求，掌握混凝土运输、浇筑与养护的安全技术操作规程，需要各小组对学生宿舍楼的混凝土施工进行安全检查与评分。

一、材料运输安全要求

(1)作业前应检查运输道路和工具，确保安全。

(2)使用汽车、罐车运送混凝土时，现场道路应平整坚实，现场指挥人员应站在车辆侧面。卸料时，车轮应挡掩。

(3)搬运袋装水泥时，必须按顺序逐层从上往下阶梯式搬运，严禁从下边抽取。堆放时，垫板应平稳、牢固，按层码垛整齐，必须压槎码放，高度不得超过10袋。水泥码放不得靠近墙壁。

(4)使用手推车运输时应平稳推行，不得抢跑，空车应让重车。向搅拌机料斗内倒料时，应设挡掩，不得撒把倒料。向搅拌机料斗内倒水泥时，脚不得蹬在料斗上。

(5)运输混凝土小车通过或上下沟槽时必须走便桥或马道，便桥和马道的宽度应不小于1.5 m，马道应设防滑条和防护栏杆。应随时清扫落在便桥或马道上的混凝土。途经的构筑物或洞口临边必须设置防护栏杆。

(6)用手推车运料，运送混凝土时，装运混凝土量应低于车厢5～10 cm。

(7)用起重机运输时，机臂回转范围内不得有无关人员。垂直运输使用井架、龙门架、电梯运送混凝土时，必须明确联系信号。车把不得超出吊盘(笼)以外，车轮应当挡掩，稳起稳落，用塔吊运送混凝土时，小车必须焊有牢固吊环，吊点不得少于4个，并保持车身平衡；使用专用吊斗时吊环应牢固可靠，吊索具应符合起重机械安全规程要求。中途停车时，必须用滚杠架住吊笼。吊笼运行时，严禁将头或手伸向吊笼的运行区域。

(8)应及时清扫落地材料，保持现场环境整洁。

二、混凝土浇筑与振捣

(1)浇筑作业必须设专人指挥，分工明确。

(2)混凝土振捣器使用前必须经过电工检查确认合格后方可使用,开关箱内必须装置保护器,插座头应完好无损,电源线不得破皮漏电;操作者必须穿绝缘鞋,戴绝缘手套。

(3)在沟槽、基坑中浇筑混凝土前应检查槽帮,确认安全后方可作业。

(4)沟槽深度大于 3 m 时,应设置混凝土溜槽,溜槽间节必须连接可靠。操作部位应设防护栏,不得直接站在溜放槽帮上操作。溜放时作业人员应协调配合。

(5)泵送混凝土时,宜设 2 名以上人员牵引布料杆。泵送管接口、安全阀、管架等必须安装牢固,输送前应试送,检修时必须卸压。

(6)浇筑拱型结构,应自两边拱脚对称同时进行,浇筑圈梁、雨蓬、阳台时应设置安全防护设施。

(7)浇灌 2 m 高度以上框架柱、梁混凝土时应站在脚手架或平台上作业。不得直接站在模板或支撑上操作。浇灌人员不得直接在钢筋上踩踏、行走。

(8)向模板内灌注混凝土时,作业人员应协调配合,灌注人员应听从振捣人员的指挥。

(9)浇筑混凝土作业时,楼板仓内照明用电必须使用 12 V 低压。

(10)预应力灌浆应严格按照规定压力进行,输浆管道应畅通,阀门接头应严密牢固。

三、混凝土养护

(1)使用覆盖物养护混凝土时,预留孔洞必须按照规定设安全标志,加盖或设围栏,不得随意挪动安全标志及防护设施。

(2)使用电热毯养护应设警示牌、围栏,无关人员不得进入养护区域。严禁折叠使用电热毯,不得在电热毯上压重物,不得用金属丝捆绑电热毯。

(3)使用软水管浇水养护时,应将水管接头连接牢固,移动水管不得猛拽,不得倒行拉移胶管。

(4)覆盖物养护材料使用完毕后,应及时清理并存放到指定地点,码放整齐。

(5)蒸汽养护、操作和冬季施工测温人员,不得在混凝土养护坑(池)边沿站立或行走,应注意脚孔洞与磕绊物等,加热用的蒸汽管应架高或用保温材料包裹。

任务实施

一、资讯

1.工作任务

某建筑公司承接了一栋学生宿舍楼的施工任务,该学生宿舍楼位于城市中心区,建筑面积 24 112 m^2,地下 1 层,地上 17 层,局部 9 层。该混凝土工程工地夏天夜间施工,因为工程才开始不久,照明设施没有完全设置好。操作人员王某因为有事,让张某帮助操作,张某此时还没有取得上岗证。王某急急忙忙换掉绝缘靴和绝缘手套后离开。1 个小时后,王某满身是汗的赶回工地。回来后，王某立即进入操作场地，但是忘记戴上绝缘手套。因为操作现场昏暗，王某一不小心接触到电源开关，触电身亡。请分析引起此起事故的原因有哪些，并确定事故预防措施。

2.收集、查询信息

学生根据任务查阅教材、资料获取必要的知识。

3.引导问题

①材料运输的安全要求有哪些？

②混凝土浇筑与振捣要求有哪些？

③混凝土养护要求有哪些？

二、计划

分析事故发生的可能原因。

三、决策

确定事故发生的原因。

四、实施

小组成员协作确定事故预防措施。

五、检查

检查是否满足混凝土工程施工安全技术规定。学生首先自查，然后以小组为单位进行互查，发现错误及时纠正，遇到问题商讨解决，教师再出改进指导。

六、评价

学生首先自评，然后教师结合学生在实施过程中表现出来的职业素养、参与程度综合考核评价每位学生的成绩。

学生评价自评表

项目名称	施工安全技术管理	任务名称	混凝土工程安全管理	学生签名	
自评内容			标准分值	实际得分	
材料运输			20		
混凝土浇筑			20		
混凝土振捣			20		
混凝土养护			20		
是否能认真描述困难、错误和修改内容			5		
对自己工作的评价			5		
团队协作能力			10		
合计得分			100		
改进内容及方法：					

教师评价表

项目名称	施工安全技术管理	任务名称	混凝土工程安全管理	学生签名	
自评内容			标准分值	实际得分	
材料运输			20		
混凝土浇筑			20		
混凝土振捣			20		
混凝土养护			20		
是否能认真描述困难、错误和修改内容			5		
对自己工作的评价			5		
团队协作能力			10		
合计得分			100		

任务6 屋面与装饰工程安全管理

任务描述

建筑装饰工程工种多，各施工班组和各分包单位穿插施工，互相影响，现场施工安全隐患较多。屋面工程的危险性主要有高处坠落、物体打击、火灾、中毒等。

接收项目后通过了解屋面与装饰工程安全管理的内容，掌握屋面与装饰工程施工的安全技术操作规程，需要各小组对学生宿舍楼的屋面与装饰工程进行安全检查与评分。

一、屋面工程安全管理

1.屋面工程安全技术的一般规定

(1)屋面施工作业前，无女儿墙的屋面的周围边沿和预留孔洞处，工程安全管理必须按"洞口、临边"防护规定进行安全防护。施工中由临边向内施工，严禁由内向外施工。

(2)施工现场操作人员必须戴好安全帽，防水层和保温层施工人员禁止穿硬底和带钉子的鞋。

(3)易燃材料必须储存在专用仓库或专用场地，应设专人进行管理。

(4)库房及现场施工隔汽层、保温层时，严禁吸烟和使用明火，并配备消防器材及设施。

(5)屋面材料垂直运输或吊运中应严格遵守相应的安全操作规程。

(6)屋面没有女儿墙，在屋面上施工作业时，作业人员应面对檐口，由檐口往里以防不慎坠落。

(7)清扫垃圾及砂浆拌和物过程中，避免灰尘飞扬。对建筑垃圾，特别是有毒物质，应按时定期地清理并运送到指定地点。

(8)屋面施工作业时，绝对禁止从高处向下乱扔杂物，以防砸伤他人。

(9)雨雪、大风天气应停止作业，待屋面干燥和风停后，方可继续工作。

2.柔性防水屋面施工安全管理

(1)溶剂型防水涂料易燃有毒，应存放于阴凉、通风、无强烈日光直晒、无火源的室内，并备有消防器材。

(2)使用溶剂型防火涂料时，施工人员应穿工作服、工作鞋，戴手套。操作时若皮肤沾上涂料，应及时用沾有相应溶剂的棉纱擦除，再用肥皂和清水洗净。

(3)卷材作业时，作业人员操作应注意风向，防止下风方向作业人员中毒或烫伤。

(4)屋面防水层作业过程中，操作人员若发生恶心、头晕、过敏等情况时，应立即停止操作。

(5)屋面铺贴卷材时,四周应设置 1.2 m 高的围栏,靠近屋面四周沿边应侧身操作。

3.刚性防水屋面施工安全管理

(1)浇筑混凝土时,混凝土不得集中堆放。

(2)水泥、砂、石、混凝土等材料运输过程中,不得随处溢洒,及时清扫撒落的材料。

(3)混凝土振捣器使用前,必须经电工检验确认合格,方可使用。开关箱必须装设漏电保护器,插头应完好无损,电源线不得破皮漏电,操作者必须穿绝缘鞋(胶鞋),戴绝缘手套。

二、装饰装修工程安全管理

1.抹灰工程安全管理

(1)墙面抹灰的高度超过 1.5 m 时,要搭设脚手架或操作平台,大面积墙面抹灰时,要搭设脚手架。

(2)搭设抹灰用高大架子必须有设计和施工方案,参与搭架子的人员,必须经培训合格,持证上岗。

(3)高大架子必须经相关安全部门检验合格后,方可开始使用。

(4)施工操作人员严禁在架子上打闹、嬉戏,使用的灰铲、刮杠等不要乱丢、乱扔。

(5)遇有恶劣气候(如风力在 6 级以上),影响安全施工时,禁止高空作业。

(6)提拉灰斗的绳索要结实牢固,防止绳索断裂,灰斗坠落伤人。

(7)施工作业中尽可能避免交叉作业,抹灰人员不要在同一垂直面上工作。

(8)施工现场的脚手架、防护设施、安全标志和警告牌,不得擅自拆动,需拆动时,经施工负责人同意,并由专业人员加固后拆动。

(9)乘人的外用电梯、吊笼应有可靠的安全装置,禁止人员随同运料吊篮、吊盘上下。

(10)对安全帽、安全网、安全带要定期检查,不符合要求的严禁使用。

(11)外墙贴面砖施工前先要由专业架子工搭设装修用外脚手架,经验收合格后才能使用。

(12)操作人员进入施工现场必须戴好安全帽,系好风紧扣。

(13)高空作业必须佩戴安全带,上架子作业前必须检查脚手板搭放是否安全可靠,确认无误后方可上架进行作业。

(14)上架工作衣着要轻便,禁止穿硬底鞋、拖鞋、高跟鞋,并且架子上的人不得集在一起,严禁向下抛掷杂物。

(15)脚手架的操作面上不可堆积过量的面砖和砂浆。

(16)施工现场临时用电线路必须按用电规范布设,严禁乱接乱拉,远距离电缆线不得随地乱拉,必须架空固定。

(17)小型电动工具,必须安装漏电保护装置,使用时,应经试运转合格后方可操作。

(18)电器设备应有接地、接零保护。现场维护电工应持证上岗。非维护电工不得乱接电源。

(19)电源、电压须与电动机具的铭牌电压相符。电动机具移动时，应先断电后移动，下班或使用完毕必须拉闸断电。

(20)施工时必须按施工现场安全技术交底施工。

(21)施工现场严禁扬尘作业，清理打扫时，必须洒少量水湿润后方可打扫，并注意对成品的保护，废料及垃圾必须及时清理干净，装袋运至指定堆放地点，堆放垃圾处必须进行围挡。

2.油漆涂料工程安全管理

(1)作业高度超过 2 m 时，应按规定搭设脚手架。施工前要检查是否牢固。

(2)涂装施工前，应集中工人进行安全教育，并进行书面交底。

(3)施工现场严禁设涂装材料仓库。场外的涂装仓库应有足够的消防设施，并且设有严禁烟火的安全标语。

(4)墙面涂料高度超过 1.5 m 时，要搭设马凳或操作平台。

(5)涂刷作业时操作工人应佩戴相应的保护用品，例如：防毒面具、口罩、手套等，以免危害工人的健康。

(6)严禁在民用建筑工程室内用有机溶剂清洗施工用具。

(7)涂料使用后，应及时封闭存放，废料应及时清出室内。施工时，室内应保持良好通风，但是不宜有过堂风。

(8)民用建筑工程室内装修中，进行饰面人造木板拼接施工时，除芯板为 A 类外，应对其断面及无饰面部位进行密封处理(如采用环保类腻子胶等)。

(9)遇有上下立体交叉作业时，作业人员不得在同一垂直方向上操作。

(10)涂装窗子时，严禁站在或骑在窗槛上操作，以防槛断人落。刷外开窗扇漆时，应将安全带挂在牢靠的地方。刷封檐板时，应利用外装修架或搭设挑架进行。

(11)现场清扫应设专人洒水，不得有扬尘污染。打磨粉尘应用湿布擦净。

(12)涂刷作业过程中，操作人员如感头痛、恶心、胸闷或心悸，应立即停止作业，到户外呼吸新鲜空气。

(13)每天收工后，应尽量不剩涂装材料，剩余涂装材料不准乱倒，应收集后集中处理。

3.门窗工程安全管理

(1)安装门窗框、扇作业时，操作人员不得站在窗台和阳台栏板上作业。当门窗临时固定，封填材料尚未达到其应有强度时，不准手拉门、窗进行攀登。

(2)安装二层楼以上外墙窗扇，应设置脚手架和安全网，如外墙无脚手架和安全网时，必须挂好安全带。

(3)使用手提电钻操作，必须配戴绝缘胶手套。机械生产和圆锯锯木，一律不得戴手套操作，并必须遵守用电和有关机械安全的操作规程。

(4)操作过程中如遇停电、抢修或因事离开岗位时，除对本机关掣外，并应将闸掣拉开，切断电源。

(5)使用电动螺钉旋具、手电钻、冲击钻、曲线锯等必须选用Ⅱ类手持式电动工具,每季度至少全面检查一次,确保使用安全。

(6)凡使用机械操作,在开机时,必须挥手扬声示意,方可接通电源,并不准使用金属物体合闸。

(7)使用射钉枪必须符合下列要求。

①射钉弹要按有关爆炸和危险物品的规定进行搬运、储存和使用,存放环境要整洁、干燥、通风良好、温度不高于 40 ℃,不得碰撞、用火烘烤或高温加热射钉弹。

②操作人员要经过培训,严格按规定程序操作,作业时要戴防护眼镜,严禁枪口对人。

③墙体必须稳固、坚实并具承受射击冲击的刚度。在薄墙、轻质墙上射钉时,墙的另一面不得有人,以防射穿伤人。

(8)使用特种钢钉应选用重量大的锤头,操作人员应戴防护眼镜。为防止钢钉飞跳伤人,可用钳子夹住再行敲击。

4.吊顶工程安全管理

(1)无论是高大工业厂房的吊顶还是普通住宅房间的吊顶均属于高处作业,因此,作业人员要严格遵守高处作业的有关规定,严防发生高处坠落事故。

(2)吊顶的房间或部位要由专业架子工搭设满堂红脚手架,脚架的临边处设两道防护栏杆和一道挡脚板,吊顶人员站在脚手架操作面上作业,操作面必须满铺脚手板。

(3)吊顶的主、副龙骨与结构面要连接牢固,防止吊顶脱落伤人。

(4)吊顶下方不得有其他人员来回行走,以防掉物伤人。

(5)作业人员要穿防滑鞋,行走及材料的运输要走马道,严禁从架管爬上、爬下。

(6)作业人员使用的工具要放在工具袋内,不要乱丢、乱扔。同时高空作业人员禁止向下投掷物体,以防砸伤他人。

(7)作业人员使用的电动工具要符合安全用电要求,如需用电焊的地方必须由专业电焊工施工。

5.玻璃幕墙工程安全管理

(1)安装时使用的焊接机械及电动螺钉旋具、手电钻、冲击电钻、曲线锯等手持式电动具,应按照相应的安全交底操作。

(2)铝合金幕墙安装人员应经专门安全技术培训,考核合格后方能上岗操作。施工前要进行安全技术交底。

(3)幕墙安装时操作人员应在脚手架上进行,作业前必须检查脚手架是否牢靠,脚手板是否有空洞或探头等,确认安全可靠后方可作业。高处作业时,应按照相关的高处作业安全交底要求进行操作。

(4)使用天那水清洁幕墙时,室内要通风良好,戴好口罩,严禁吸烟,周围不准有火种。沾有天那水的棉纱、布应收集在金属容器内,并及时处理。

(5)玻璃搬运应遵守下列要求。

①风力在5级或以上时难以控制玻璃,应停止搬运和安装玻璃。

②搬运玻璃必须戴手套或用布、纸垫住玻璃边口部分与手及身体裸露部分分隔,如数量较大应装箱搬运,玻璃片直立于箱内,箱底和四周要用稻草或其他软性物品垫稳。两人以上共同搬抬较大较重的玻璃时,要互相配合。

③若幕墙玻璃尺寸过大,则要用专门的吊装机具搬运。

④对于隐框幕墙,若玻璃与铝框是在车间黏结的,要待结构胶固化后才能搬运。

⑤搬运玻璃前应先检查玻璃是否有裂纹,特别要注意暗裂,确认完好后方可搬运。

任务实施

一、资讯

1.工作任务

某建筑公司承接了一栋学生宿舍楼的施工任务,该学生宿舍楼位于城市中心区,建筑面积24 112 m^2,地下1层,地上17层,局部9层。对施工中装修工程可能发生的事故隐患和安全问题进行预测,制订装修工程的安全施工技术措施。

2.收集、查询信息

学生根据任务查阅教材、资料获取必要的知识。

3.引导问题

(1)装修工程安全管理内容有哪些?

(2)装修工程应采取哪些安全保证措施?

(3)为保障装修工人安全应对其进行哪些方面的安全教育?

二、计划

各小组初步制订装修工程安全交底方案。

三、决策

确定装修工程安全交底方案。

四、实施

小组成员协作编制装修工程安全交底方案的完整性。

五、检查

根据装修工程安全管理的要求,检查装修工程安全交底方案的完整性。

六、评价

学生首先自查,然后以小组为单位进行互查,发现错误及时纠正,遇到问题商讨解决,教师在作出改进指导后,结合学生在实施过程中表现出来的职业素养、参与程度综合考核评价每位同学成绩。

学生评价自评表

项目名称	施工安全技术管理	任务名称	屋面与装饰工程安全管理	学生签名	
自评内容			标准分值	实际得分	
屋面工程			15		
抹灰工程			15		
油漆涂料工程			15		
门窗工程			15		
吊顶工程			15		
幕墙工程			10		
是否能认真描述困难、错误和修改内容			5		
对自己工作的评价			5		
团队协作能力			5		
合计得分			100		
改进内容及方法：					

教师评价表

项目名称	施工安全技术管理	任务名称	屋面与装饰工程安全管理	学生签名	
自评内容			标准分值	实际得分	
屋面工程			15		
抹灰工程			15		
油漆涂料工程			15		
门窗工程			15		
吊顶工程			15		
幕墙工程			10		
是否能认真描述困难、错误和修改内容			5		
对自己工作的评价			5		
团队协作能力			5		
合计得分			100		

项目5 建筑施工专项安全管理

项目描述

某建筑公司承接了一栋学生宿舍楼的施工任务，该学生宿舍楼位于城市中心区，建筑面积24 112 m^2，地下1层，地上17层，局部9层。现需要安全员对该学生宿舍楼工程高处作业、施工用电、现场消防、脚手架施工进行安全检查和评分。

知识目标

(1)掌握建筑施工安全“三宝”“四口”的安全技术要求。

(2)掌握临边、洞口、攀登、悬空作业的安全防护规定及技术要求。

(3)掌握施工现场消防安全技术。

(4)熟悉电气设备接零或接地、施工现场配电室、配电箱及开关箱、施工用电线路、施工照明等的用电要求。

(5)掌握施工用电的安全技术要求。

(6)掌握基本的确保脚手架施工安全的知识和技能，对脚手架施工及管理过程的重要环节和步骤了然于胸，正确执行脚手架施工的安全管理。

技能目标

(1)能根据《建筑施工高处作业安全技术规范》的高处作业和“三宝”“四口”安全检查评分表组织高处作业和“三宝”“四口”防护的安全检查和评分。

(2)能根据《建筑工程施工现场供用电安全规范》的施工用电安全检查评分表组织施工用电的安全检查和评分。

(3)能根据脚手架检查评分表组织脚手架的安全检查和评分。

(4)能根据《建筑工程施工现场消防安全技术规范》的检查评分表组织现场防火的安全检查和评分。

素质目标

(1)培养敬业精神、职业道德、职业素养和崇尚技能宝贵、劳动光荣。

(2)培养爱护环境、尊重自然、保护环境的生态意识。

(3)培养安全管理规范操作意识,精益求精、一丝不苟的工匠精神和爱岗敬业的责任意识。

(4)培养学生运用马克思哲学思想,善于抓住主要矛盾,并解决问题的创新能力。

(5)培养学生多角度、全方位分析问题的能力。

(6)培养学生法律法规意识。

任务1　高处作业安全管理

任务描述

高处坠落事故的发生率高、危险性大,每年死于高处坠落的务工人员占总事故的50%左右,是施工安全的第一大杀手。

接收项目后通过了解高处作业防护要点,掌握“三宝”“四口”“五临边”防护措施,需要各小组对学生宿舍楼的高处作业进行安全检查与评分。

一、高处作业的定义、分类与分级

1.高处作业的基本定义

《高处作业分级》规定:“凡在坠落高度基准面2 m以上(含2 m)有可能坠落的高处进行的作业,都称为高处作业。”所谓坠落高度基准面,即通过可能坠落范围最低处的水平面。如从作业位置可能坠落到的最低点的地面、楼面、楼梯平台、相邻较低建筑物的屋面、基坑的底面、脚手架的通道板等。

以作业位置为中心,6 m为半径,画出一个垂直于水平面的柱形空间,此柱形空间内最低处与作业位置间的高度差称为基础高度,以h表示。

以作业位置为中心,以可能坠落范围半径为半径划成的与水平面垂直的柱形空间,称为可能坠落范围。

2.高处作业的作业高度

作业区各作业位置至相应坠落高度基准面的垂直距离的最大值称为该作业区的高处作业高度,简称作业高度,以H表示。

作业高度,将高处作业分为2～5 m,5～15 m,15～30 m及大于30 m四个区域。高处作业可能坠落范围用坠落半径(R)表示,用以确定不同高度作业时,其安全平网的防护宽度。坠落半径与高处作业的基础高度(h)相关,如表5-1所示。

表 5-1 高处作业的基础高度与坠落半径

高处作业基础高度	坠落半径	高处作业基础高度	坠落半径
2～5 m	3 m	15～30 m	5 m
5～15 m	4 m	>30 m	6 m

3.高处作业分类与分级

高处作业分为A,B两类。其中,存在下列九类直接引起坠落的客观危险因素的为B类高处作业:

①阵风风力六级(风速10.8 m/s)以上;

②《高温作业分级》(GB/T 4200—2008)规定的1级以上的高温条件;

③气温低于10 ℃的室外环境;

④场地有冰、雪、霜、水、油等易滑物;

⑤自然光线不足,能见度差;

⑥接近或接触危险电压带电体;

⑦摆动,立足处不是平面或只有很小的平面,致使作业者无法维持正常姿势;

⑧抢救突然发生的各种灾害事故;

⑨超过《体力搬运重量限值》规定的搬运。不存在上述九类中的任一种客观危险因素的高处作业为A类高处作业。两类高处作业都按作业高度的不同分为4个级别,如表5-2所示。

表 5-2 高处作业分级

单位:m

作业高度	2～5	5～15	15～30	>30
A	Ⅰ	Ⅱ	Ⅲ	Ⅳ
B	Ⅱ	Ⅲ	Ⅳ	Ⅳ

4.高处作业的危险有害因素

高处作业极易发生高处坠落事故,也容易因高处作业人员违章或失误,发生物体打击事故,结构安装工程的高处作业,还可能发生起重伤害事故。

二、高处作业基本安全要求

《建筑施工高处作业安全技术规范》对工业与民用房屋建筑及一般构筑物施工时,高处作业中临边、洞口、攀登、悬空、操作平台及交叉等项作业,以及属于高处作业的各类洞、坑、沟、槽等工程施工的安全要求作出了明确规定。

1.高处作业的基本安全规定

(1)高处作业的安全技术措施及其所需料具,必须列入工程的施工组织设计。

(2)单位工程施工负责人应对工程的高处作业安全技术负责并建立相应的责任制。施工前,应逐级进行安全技术教育及交底,落实所有安全技术措施和人身防护用品,未经落实时不得进行施工。

(3)高处作业中的安全标志、工具、仪表、电气设施和各种设备,必须在施工前加以检查,确认其完好,方能投入使用。

(4)攀登和悬空高处作业人员,以及搭设高处作业安全设施的人员,必须经过专业技术培训及专业考试合格,持证上岗,并必须定期进行体格检查。

(5)施工中对高处作业的安全技术设施,发现有缺陷和隐患时,必须及时解决;危及人身安全时,必须停止作业。

(6)施工作业场所有坠落可能的物件,应一律先行撤除或加以固定;高处作业中所用物料,均应堆放平稳,不妨碍通行和装卸;工具应随手放入工具袋;作业中的走道、通道板和登高用具,应随时清扫干净;拆卸下的物件及余料和废料均应及时清理运走,不得任意乱置或向下丢弃;传递物件禁止抛掷。

(7)雨天和雪天进行高处作业时,必须采取可靠的防滑、防寒和防冻措施。凡水、冰、霜、雪均应及时清除。对进行高处作业的高耸建筑物,应事先设置避雷设施。遇有六级以上强风、浓雾等恶劣气候,不得进行露天攀登与悬空高处作业。暴风雪及台风暴雨后,应对高处作业安全设施逐一加以检查,发现有松动、变形、损坏或脱落等现象,应立即修理完善。

(8)因作业必需,临时拆除或变动安全防护设施时,必须经施工负责人同意,并采取相应的的可靠措施,作业后应立即恢复。

(9)防护棚搭设与拆除时,应设警戒区,并应派专人监护。严禁上下同时拆除。

(10)高处作业安全设施的主要受力杆件,力学计算按一般结构力学公式,强度及挠度计算按现行有关规范进行,但钢结构受弯构件的强度计算不考虑塑性影响,构造上应符合现行的相应规范的要求。

2.高处作业人员的基本要求

(1)身体健康:从事高处作业人员要定期进行体格检查。凡患有高血压、心脏病、贫血病、癫痫病、四肢有残缺,以及其他不适于高处作业的人员,不得从事高处作业。酒后禁止高处作业。

(2)正确佩带和使用安全带。

(3)戴好安全帽。进入施工区域的所有人员,必须戴好符合《GB 2811－2007〈安全帽〉》标准的安全帽。安全帽应完好,无破损、变形,有衬垫,并系好帽带。

(4)按规定着装。高处作业人员衣着要灵便,禁止赤脚、穿硬底鞋、拖鞋、高跟鞋及带钉易滑鞋从事高处作业。

(5)配戴好工具袋。高处作业人员使用的工具，应随手装入工具袋中。

(6)登高的梯子材质必须坚固，不得缺档，梯子上下端必须采取防滑措施，梯子搭设斜度以60°～70°为宜，不得两人同时在梯上作业。

(7)使用直爬梯进行攀登作业时，高度以5 m为宜，超过7 m时，应加设防护笼，超过8 m时，必须设置梯间平台。

(8)作业人员应从规定的通道上下，不得在阳台、脚手架大横杆上等非规定通道进行攀登，也不得利用吊车臂架及非载人提升设备进行攀登。

3.高处作业安全防护设施的验收

(1)建筑施工进行高处作业之前，应进行安全防护设施的逐项检查和验收。验收合格后，方可进行高处作业。验收也可分层进行，或分阶段进行。

(2)安全防护设施，应由单位工程负责人验收，并组织有关人员参加。

(3)安全防护设施的验收，应具备下列资料：

①安全防护设施验收记录；

②安全防护设施变更记录及签证。

(4)安全防护设施的验收，主要包括以下内容：

①所有临边、洞口等各类技术措施的设置状况；

②技术措施所用的配件、材料和工具的规格和材质；

③技术措施的节点构造及其与建筑物的固定情况；

④扣件和连接件的紧固程度；

⑤安全防护设施的用品及设备的性能与质量是否合格的验证。

(5)安全防护设施的验收应按类别逐项查验，并作出验收记录。凡不符合规定须整改合格后再行查验。施工工期内还应定期进行抽查。

二、建设施工安全"三宝"

建设施工安全"三宝"，是指建设施工防护使用的安全网和个人防护用的安全帽、安全带。安全网用来防止人、物坠落，安全帽用来保护使用者的头部，减轻撞击伤害，安全带用来预防高处作业人员坠落。因此，坚持正确使用、佩戴建设施工安全"三宝"，是降低施工伤亡事故的有效措施。

1.安全帽

头作为人体最重要的部位，在职业安全防护中一直作为重点来防护，安全帽(图5-1)就是施工作业中头部的保护神，有了它，工作中就多了一份呵护。安全规则是生命的保护神，遵章作业，就是珍惜生命。让我们用一顶简单的安全帽消除隐患，保证安全。

图 5-1　安全帽

(1)安全帽的作用。

当作业人员头部受到坠落物的冲击时,利用安全帽帽壳、帽衬在瞬间先将冲击力分解到头盖骨的整个面积上;然后利用安全帽的各个部位,帽壳帽衬的结构、材料和所设置的缓冲结构(插口、拴绳、缝线、缓冲垫等)的弹性变形、塑性变形和允许的结构破坏将大部分冲击力吸收,使最后作用到人员头部的冲击力降低到 4 900 N 以下,从而起到保护作业人员的头部不受到伤害或降低伤害的作用。

(2)安全帽的检查。

①检查每顶安全帽上应有:制造厂名称、商标、型号;制造年、月;许可证编号。每顶安全帽出厂时,必须有检验部门批量验证和工厂检验合格证。

②检查安全帽的品种,如:带电作业场所的使用人员,应选择具有电绝缘性能并检验合格的安全帽;低温环境作业时,应选择具有低温防护性能并检验合格的安全帽,否则就不能满足所需防护的要求。

③检查安全帽的外观是否有裂纹,帽衬是否完整,安全帽帽衬顶端与帽壳内顶的垂直距离应当在 25～50 mm。安全帽上如存在影响其性能的明显缺陷应及时报废,以免影响防护作用。

④检查使用期限:植物枝条编织的安全帽有效期为 2 年,塑料安全帽的有效期为 2 年半,玻璃钢(包括维纶钢)和胶质安全帽的有效期为 3 年半,超过有效期的安全帽应报废。

(3)安全帽的使用要求。

①使用之前应检查安全帽的外观是否有裂纹、碰伤痕迹、凸凹不平、磨损,帽衬是否完整,帽衬的结构是否处于正常状态,安全帽上如存在影响其性能的明显缺陷应及时报废,以免影响防护作用。

②使用者不能随意在安全帽上拆卸或添加附件,以免影响其原有的防护性能。

③使用者不能随意调节帽衬的尺寸,这会直接影响安全帽的防护性能,落物冲击一旦发生,安全帽会因佩戴不牢脱出或因冲击后触顶直接伤害佩戴者。

④佩戴者在使用时一定要将安全帽戴正、戴牢,不能晃动,要系紧下颚带,调节好后箍以防

安全帽脱落。

⑤不能私自在安全帽上打孔，不要随意碰撞安全帽，不要将安全帽当板凳坐，以免影响其强度。

(4)安全帽的维护保养。

安全帽要存放在干燥通风的地方，远离热源及日光直射，做好日常的简单保养，不能在有酸、碱或化学试剂污染的环境中存放，不能放置在高温、日晒或潮湿的场所中，以防其老化变质。

2. 安全带

安全带(图 5－2)是保护高处坠落的最后一道防线，为了防止作业者在某个高度和位置可能出现的坠落，作业者在登高和高处作业时，必须系挂好安全带。

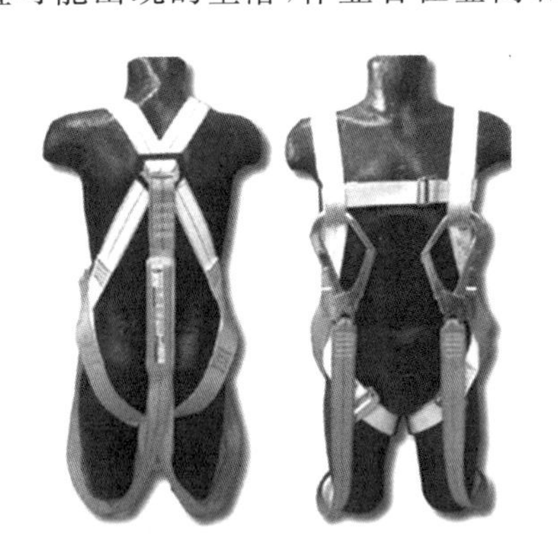

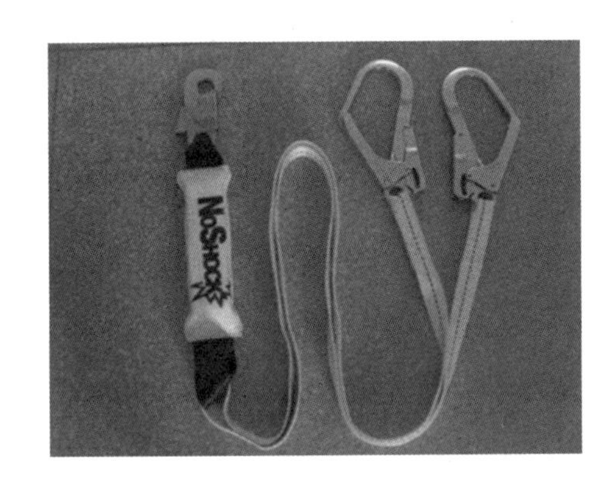

图 5－2 安全带

(1)安全带的标准。

①冲击力的大小主要由人体体重和坠落距离而定，坠落距离与安全挂绳长度有关。使用 3 m以上长绳应加缓冲器，单腰带式安全带冲击试验荷载不超过 9.0 kN。

②做冲击负荷试验。对架子工安全带，抬高 1 m 试验，以 100 kg 重量拴挂，自由坠落安全带不破断为合格。

(2)安全带的使用和维护。

①使用前要检查安全带各部位是否完好无损，安全带上的各种部件不得任意拆除。

②高处作业如无固定挂处，应采用适当强度的钢丝绳或采取其他方法悬挂。

③高挂低用(图 5－3)。将安全带挂在高处，人在下面工作就叫高挂低用。它可以使有坠落发生时的实际冲击距离减小，与之相反的是低挂高用。因为当坠落发生时，实际冲击的距离会加大，人和绳都要受到较大的冲击负荷，所以安全带必须高挂低用，杜绝低挂高用。

图 5-3 高挂低用

④安全带要拴挂在牢固的构件或物体上，要防止摆动或碰撞，严禁使用打结的安全绳，不准将钩直接挂在安全带上使用，应将钩挂在连接环上。

⑤悬挂安全带必须有可靠的锚固点，即安全带要挂在牢固可靠的地方，禁止挂在移动及带尖锐角不牢固的物件上。

⑥安全带严禁擅自接长使用。如果使用3 m及以上的长绳时必须要加缓冲器，各部件不得任意拆除。

(3)安全带的维护保养。

①安全带在使用后，要注意维护和保管。要经常检查安全带缝制部分和挂钩部分，必须详细检查捻线是否发生裂断和残损等。

②安全带不使用时要妥善保管，不可接触高温、明火、强酸、强碱或尖锐物体，不要存放在潮湿的仓库中保管。

③安全带在使用两年后应抽验一次，频繁使用应经常进行外观检查，发现异常必须立即更换。定期或抽样试验用过的安全带，不准再继续使用。

3.安全网

目前，建筑工地所使用的安全网，按其形式及作用可分为平网和立网两种。由于这两种网使用中的受力情况不同，因此它们的规格、尺寸和强度要求等也有所不同。平网，指其安装平面平行于水平面，主要用来承接人和物的坠落；立网，指其安装平面垂直于水平面，主要用来阻止人和物的坠落。

1)安全网的构造和材料

安全网的材料，要求其密度小、强度高、耐磨性好、延伸率大和耐久性较强，此外，还应有一定的耐气候性能，受潮湿后其强度下降不太大。目前，安全网以化学纤维为主要材料。一张安全网上所有的网绳都要采用同一材料，所有材料的湿、干强力比不得低于75%。通常，多采用维纶和尼龙等合成化纤作网绳。丙纶性能不稳定，禁止使用。此外，只要符合国家有关规定的要求，亦可采用棉、麻、棕等植物材料做原料。不论用何种材料，每张安全平网的质量一般不宜超过 15 kg,并要能承受 800 N 的冲击力。

2)密目式安全网

根据《建筑施工安全检查标准》规定,P3×6 的大网眼的安全平网只能在电梯井、外脚手架的跳板下方、脚手架与墙体间的空隙等处使用,密目式安全网的目数为网上任意一处 10 cm×10 cm的面积上大于 2000 目(孔眼大于 2000 个)。目前,生产密目式安全网的厂家很多,品种也很多,产品质量参差不齐,为了保证使用合格的密目式安全网,每张安全网出厂前,必须有国家指定的监督检验部门批量验证和工厂检验合格证。施工单位采购来以后,应做现场试验,除外观、尺寸、质量、目数等检查以外,还要做以下两项试验:

(1)贯穿试验。

将 1.8 m×6 m 的安全网与地面成 30°夹角放好,四边拉直固定。在网中心上方 3 m 的地方,用一根 ϕ48×3.5 的 5 kg 钢管自由落下。网不贯穿,即为合格;网贯穿,即为不合格。

(2)冲击试验。

将密目式安全网水平放置,四边拉紧固定。在网中心上方 1.5 m 处,用一个 100 kg 的沙袋自由落下,网边撕裂的长度小于 200 mm 即为合格。

用密目式安全网对在建工程外围及外脚手架的外侧全封闭,使得施工现场用大网眼的平网作水平防护的敞开式防护,用栏杆或小网眼立网作防护的半封闭式防护,实现了全封闭式防护。

3)安全网使用要求

(1)安全网必须有产品生产许可证和质量合格证,不准使用无证和不合格产品。

(2)安装前必须对网及支撑物(架)进行检查,要求支撑物(架)有足够的强度、刚性和稳定性,且系网处无撑角及尖锐边缘,确认无误时方可安装。

(3)安全网搬运时,禁止使用钩子,禁止把网拖过粗糙的表面或锐边。

(4)在施工现场安全网的支搭和拆除要严格按照施工负责人的安排进行,不得随意拆毁安全网。

(5)安全网应绷紧、扎牢,拼接严密,不得使用破损的安全网。

(6)安装时,在每个系结点上,边绳应与支撑物(架)靠紧,并用一根独立的系绳连接,系结点沿网边均匀分布,其距离不得大于 750 mm。系结点应符合打结方便,连接牢固又容易解开,受力后又不会散脱的原则。有筋绳的网在安装时,也必须将筋绳连接在支撑物(架)上。

(7)多张网连接使用时,相邻部分应靠紧或重叠,连接绳材料与网相同时,强力不得低于网绳强力。

(8)安全网作防护层时,必须封挂严密、牢靠;水平防护时,必须采用平网,不准用立网代替平网。

(9)凡高度在 4 m 以上的建筑物,首层四周必须支搭固定 3 m 宽的平网。安装平网应外高里低,以 15°为宜。平网网面不宜绷得过紧,平网内或下方应避免堆积物品,平网与下方物体表面的距离不应小于 3 m,两层平网间的距离不得超过 10 m。

(10)安装立网时,安装平面应与水平面垂直,立网底部必须与脚手架全部封严。

(11)要保证安全网受力均匀,必须经常清理网上落物,网内不得有积物。

(12)施工现场应积极使用密目式安全网,架子外侧、楼层临边井架等处用密目式安全网封闭栏杆,安全网放在杆件里侧。

(13)单层悬挑架一般只搭设一层脚手板为作业层,须在紧贴脚手板下部挂一道平网做防护层;当脚手板下挂平网有困难时,可沿外挑斜立杆的密目网里侧斜挂一道平网,作为人员坠落的防护层。

(14)单层悬挑架包括防护栏杆及斜立杆部分,全部用密目网封严。多层悬挑架上搭设的脚手架,用密目网封严。

(15)架体外侧用密目网封严。

(16)安全网安装后,必须经专人检查验收合格并签字后才能使用。

(17)安全网暂时不用时应存放在通风、避光、隔热、无化学品污染的仓库或专用场所。

3.临边作业安全防护

在建筑工程施工中,工人大部分时间处在未完成建筑物的各层、各部位或构件的边缘作业。临边是施工过程中极易发生坠落事故的场合,不得缺少安全防护。

(1)临边作业的含义。

临边作业是指施工作业时,工作面边沿没有围护设施或围护设施的高度低于800 mm时的高处作业。建筑施工现场常见的临边,即通常所称的“五临边”,主要有楼层周边、楼梯侧边、平台或阳台边、屋面周边和沟、坑、槽、深基础周边等。

(2)对临边高处作业,必须设置防护措施,并符合下列规定。

①基坑周边,尚未安装栏杆或栏板的阳台、料台与挑平台周边,雨篷与挑檐边,无外脚手的屋面与楼层周边及水箱与水塔周边等处,都必须设置防护栏杆,见图5-4。

图5-4 防护措施

②楼层墙高度超过3.2 m的二层楼面周边,以及无外脚手架的高度超过3.2 m的楼层周边,必须在外围架设一道安全平网,见图5-5。

图 5-5 楼层临边防护

③分层施工的楼梯口和梯段边，必须安装临时护栏。顶层楼梯口应随工程结构进度安装正式防护栏杆。

④井架与施工用电梯和脚手架等与建筑物通道的两侧边，必须设防护栏杆。地面通道上部应装设安全防护棚。双笼井架通道中间，应予分隔封闭。

⑤各种垂直运输接料平台，除两侧设防护栏杆外，平台口还应设置安全门或活动防护栏杆。

(3)临边防护栏杆杆件的规格及连接要求，应符合下列规定。

①毛竹横杆小头有效直径不应小于 72 mm，栏杆柱小头直径不应小于 80 mm，并须用不小于 16 号的镀锌钢丝绑扎，不应少于 3 圈，并无斜滑。

②原木横杆上杆梢径不应小于 70 mm，下杆梢径不应小于 60 mm，栏杆柱梢径不应小于 75 mm，并须用相应长度的圆钉钉紧，或用不小于 12 号的镀锌钢丝绑扎，要求表面平顺且稳固无动摇。

③钢管横杆及栏杆柱均采用 48×(2.5～3.5) m 的管材，以扣件或电焊固定。

④以其他钢材如角钢等作防护栏杆杆件时，应选用强度相当的规格，以电焊固定。

(4)搭设临边防护栏杆时，必须符合下列要求。

①防护栏杆应由上、下两道横杆及栏杆柱组成，上杆离地高度为 1.0～1.2 m，下杆离地高度为 0.5～0.6 m。坡度大于 1∶2.2 的屋面，防护栏杆应高 1.5 m，并加挂安全立网。除经设计计算外，横杆长度大于 2 m 时，必须加设栏杆柱。

②栏杆柱的固定应符合下列要求：a. 当在基坑四周固定时，可采用钢管并打入地面 50～70 cm；钢管离边口的距离，不应小于 50 cm；当基坑周边采用板桩时，钢管可打在板桩外侧；b. 当在混凝土楼面、屋面或墙面固定时，可用预埋件与钢管或钢筋焊牢；采用竹、木栏杆时，可在预埋件上焊接 30 cm 长的 L50×5 角钢，其上下各钻一孔，然后用 10 mm 螺栓与竹、木杆件拴牢；c. 当在砖或砌块等砌体上固定时，可预先砌入规格相适应的 80×6 弯转扁钢作预埋铁的混凝土块，然后用上述方法固定。

③栏杆柱的固定及其与横杆的连接，其整体构造应使防护栏杆在上杆任何处，能经受任何方向的 1 000 N 外力。当栏杆所处位置有发生人群拥挤、车辆冲击或物件碰撞等可能时，应加

大横杆截面或加密柱距。

④防护栏杆必须自上而下用安全立网封闭，或在栏杆下边设置严密固定的高度不低于 18 cm的挡脚板或 40 cm 的挡脚笆。挡脚板与挡脚笆上如有孔眼，不应大于 25 mm。板与笆下边距离底面的空隙不应大于 10 mm。卸料平台两侧的栏杆，必须自上而下加挂安全立网或满扎竹笆。

⑤当临边的外侧面临街道时，除防护栏杆外，敞口立面必须采取满挂安全网或其他可靠措施作全封闭处理。

4. 洞口作业安全防护

《建筑施工高处作业安全技术规范》关于孔、洞的定义如下。

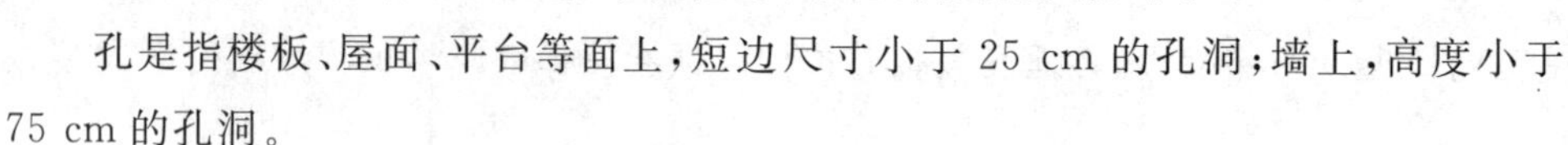

孔是指楼板、屋面、平台等面上，短边尺寸小于 25 cm 的孔洞；墙上，高度小于 75 cm 的孔洞。

洞是指楼板、屋面、平台等面上，短边尺寸大于或等于 25 cm，墙上高度大于或等于 75 cm，宽度大于 45 cm 的孔洞。

洞口作业，是指洞与孔边口旁的高处作业，包括施工现场及通道旁深度在 2 m 及 2 m 以上的桩孔、人孔、沟槽与管道、孔洞等边沿上的作业。

施工现场因工程和工序需要而产生洞口，常见的有楼梯口、电梯井口、预留洞口、井架通道口，即常称的“四口”。

1)楼梯口

楼梯口和梯段边，应在高度为 1.2 m、0.6 m 处及底部设置 3 道防护栏杆，杆件内侧挂密目式安全立网，见图 5-6。顶层楼梯口应随工程结构进度安装正式防护栏杆或者临时栏杆，梯段旁边也应设置栏杆，作为临时护栏。防护栏杆转角部位宜采用工具式防护栏杆。

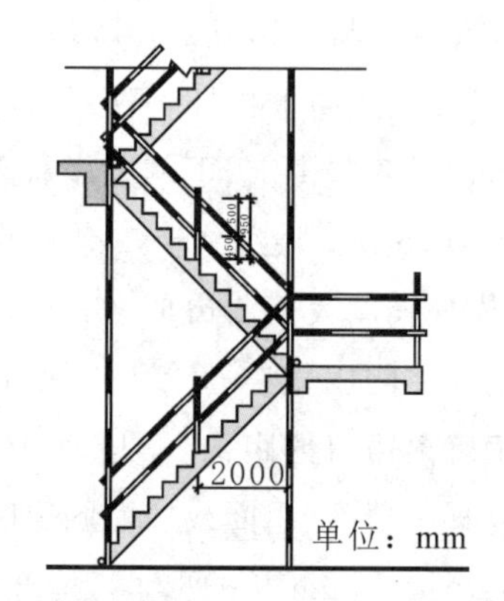

图 5-6　楼梯口防护

2)电梯井口防护

电梯井口必须设定型化、工具化的可开启式安全防护栅门，涂刷黄黑相间警示色，见图

5-7。安全防护栅门高度不得低于 1.8 m,并设置 180 mm 高踢脚板,门离地高度不大于 50 mm,门宜上翻外开。电梯井内应每层设置硬质材料隔离措施。安全隔离应封闭严密牢固。当隔离措施采用钢管落地式满堂架且高度大于 24 m 时应采用双立杆。

图 5-7 电梯井口防护

3)预留洞口、坑井防护

管桩及钻孔桩等桩孔上口、杯形或条形基础上口、未填土的坑槽以及上人孔、天窗、地板门等处,均应按洞口防护设置稳固的盖件,并有醒目的标志警示。竖向洞口应设栏杆,防护严密。竖向洞口下边沿至楼板或底面低于 800 mm 的窗台等竖向洞口,如侧边落差大于 2 m 时,应增设临时护栏,见图 5-8。

楼板面等处短边长为 250～500 mm 的水平洞口、安装预制构件时的洞口,以及缺件临时形成的洞口,应设置盖件,四周搁置均衡,并有固定措施;短边长为 500～1 500 mm 的水平洞口,应设置网格式盖件,四周搁置均衡,并有固定措施,上满铺木板或脚手片;短边长大于 1 500 mm 的水平洞口,洞口四周应增设防护栏杆。

图 5-8 预留洞口防护

4)通道口防护

进出建筑物主体通道口应搭设防护棚,见图 5-9。棚宽大于道口,两端各长出 1 m,进深尺寸应符合高处作业安全防护范围。坠落半径(R)分别为:当坠落物高度为 2～5 m 时,R 为 3 m;当坠落物高度为 5～15 m 时,R 为 4 m;当坠落物高度为 15～30 m 时,R 为 5 m;当坠落物高度大于 30 m 时,R 为 6 m。

场内(外)道路边线与建筑物(或外脚手架)边缘距离小于坠落半径的,应搭设安全通道。木工加工场地、钢筋加工场地等上方有可能坠落物件或处于起重机调杆回转范围之内,应搭设双层防护棚。安全防护棚应采用双层保护方式,当采用脚手片时,层间距 600 mm,铺设方向应相互垂直。各类防护棚应有单独的支撑体系,固定可靠安全。严禁用毛竹搭设,且不得悬挑在外架上。

图 5-9　通道口防护

5.攀登作业安全防护

(1)在施工组织设计中应确定用于现场施工的登高和攀登设施。现场登高应借助建筑结构或脚手架上的登高设施,也可采用载人的垂直运输设备。进行攀登作业时可使用梯子或采用其他攀登设施。

(2)柱、梁和行车梁等构件吊装所需的直爬梯及其他登高用拉攀件,应在构件施工图或说明内作出规定。

(3)攀登的用具,结构构造上必须牢固可靠。供人上下的踏板其使用荷载不应大于 1 100 N。当梯面上有特殊作业,重量超过上述荷载时,应按实际情况加以验算。

(4)移动式梯子,均应按现行的国家标准验收其质量。

(5)梯脚底部应坚实,不得垫高使用。梯子的上端应有固定措施。立梯不得有缺档。立梯工作角度以 75°±5°为宜,踏板上下间距以 30 cm 为宜。

(6)梯子如需接长使用,必须有可靠的连接措施且接头不得超过 1 处。连接后梯梁的强度不应低于单梯梯梁的强度。

(7)折梯使用时上部夹角以 35°～45°为宜,铰链必须牢固,并应有可靠的拉撑措施。

(8)固定式直爬梯应用金属材料制成。梯宽不应大于 50 cm,支撑应采用不小于 L70×6 的角钢,埋设与焊接均必须牢固。梯子顶端的踏棍应与攀登的顶面齐平,并加设 1～1.5 m 高的扶手。使用直爬梯进行攀登作业时，攀登高度以 5 m 为宜。超过 5 m 时，宜加设护笼；超过 8 m 时，必须设置梯间平台。

(9)作业人员应从规定的通道上下，不得在阳台之间等非规定通道进行攀登，也不得任意利用吊车臂架等施工设备进行攀登。上下梯子时，必须面向梯子，且不得手持器物。

(10)钢柱安装登高时，应使用钢挂梯或设置在钢柱上的爬梯。钢柱的接柱应使用梯子或操作台。操作台横杆高度，当无电焊防风要求时，其高度不宜小于 1 m，有电焊防风要求时，其高度不宜小于 1.8 m。

(11)登高安装钢梁时，应视钢梁高度，在两端设置挂梯或搭设钢管脚手架，梁面上需行走时，其一侧的临时护栏横杆可采用钢索，当改用扶手绳时，绳的自然下垂度不应大于 $L/20$ (L 为绳的长度)，并应控制在 10 cm 以内。

(12)钢屋架的安装，应遵守下列规定。

①在屋架上下弦登高操作时，对于三角形屋架应在屋脊处，梯形屋架应在两端，设置攀登时上下的梯架。材料可选用毛竹或原木，踏步间距不应大于 40 cm，毛竹梢径不应小于 70 mm。

②屋架吊装以前，应在上弦设置防护栏杆。

③屋架吊装以前，应预先在下弦挂设安全网；吊装完毕后，即将安全网铺设固定。

6.悬空作业安全防护

在无立足点或无牢靠立足点的条件下，进行的高处作业，统称为悬空作业。即在施工场，高度在 2 m 及 2 m 以上，周边临空状态下进行作业，属于悬空作业。因为无立足点，因此必须适当地建立牢靠的立足点，如搭设操作平台、脚手架或吊篮等，方可进行施工。

(1)悬空作业一般安全要求。

①悬空作业处应有牢靠的立足处，且必须视具体情况，配置防护栏网、栏杆或其他安全设施。

②悬空作业所用的索具、脚手板、吊篮、吊笼、平台等设备，均需经过技术鉴定或验证方可使用。

(2)构件吊装和管道安装时悬空作业必须遵守的规定。

①钢结构的吊装，构件应尽可能在地面组装，并应搭设进行临时固定、电焊、高强度螺栓连接等工序的高空安全设施，随构件同时上吊就位。拆卸时的安全措施，亦应一并考虑和落实。高空吊装预应力钢筋混凝土屋架、桁架等大型构件前，也应搭设悬空作业中所需的安全设施。

②悬空安装大模板、吊装第一块预制构件、吊装单独的大中型预制构件时，必须站在操作平台上操作。吊装中的大模板和预制构件，以及石棉、水泥板等屋面板上，严禁站人和行走。

③安装管道时必须有已完成结构或操作平台为立足点，严禁在安装中的管道上站立和行走。

(3)模板支撑和拆卸时悬空作业必须遵守的规定。

①支模应按规定的作业程序进行，模板未固定前不得进行下一道工序。严禁在连接件和支

撑件上攀登上下，并严禁在上下同一垂直面上装、拆模板。结构复杂的模板，装、拆应严格按照施工组织设计的措施进行。

②支设高度在 3 m 以上的柱模板，四周应设斜撑，并应设立操作平台。低于 3m 的可使用马凳操作。

③支设悬挑形式的模板时，应有稳固的立足点。支设临空构筑物模板时，应搭设支架或脚手架。模板上有预留洞时，应在安装后将洞盖住。混凝土板上拆模后形成的临边或洞口，应按规范进行防护。拆模高处作业，应配置登高用具或搭设支架。

(4)钢筋绑扎时悬空作业必须遵守的规定。

①绑扎钢筋和安装钢筋骨架时，必须搭设脚手架和马道。

②绑扎圈梁、挑梁、挑檐、外墙和边柱等钢筋时，应搭设操作台架和张挂安全网。悬空大梁钢筋的绑扎，必须在满铺脚手板的支架或操作平台上操作。

③绑扎立柱和墙体钢筋时，不得站在钢筋骨架上或攀登骨架上下。3 m 以内的柱钢筋，可在地面或楼面上绑扎，整体竖立；绑扎 3 m 以上的柱钢筋，必须搭设操作平台。

(5)混凝土浇筑时悬空作业必须遵守的规定。

①浇筑离地 2 m 以上框架、过梁、雨篷和小平台时，应设操作平台，不得直接站在模板或支撑件上操作。

②浇筑拱形结构，应自两边拱脚对称地相向进行。浇筑储仓，下口应先行封闭，并搭设脚手架以防人员坠落。

③特殊情况下如无可靠的安全设施，必须系好安全带并扣好保险钩，或架设安全网。

(6)进行预应力张拉时悬空作业必须遵守的规定。

①进行预应力张拉时，应搭设站立操作人员和设置张拉设备的牢固可靠的脚手架或操作平台。雨天张拉时，还应架设防雨棚。

②预应力张拉区域应标示明显的安全标志，禁止非操作人员进入。张拉钢筋的两端必须设置挡板。挡板应距所张拉钢筋的端部 1.5～2 m，且应高出最上一组张拉钢筋 0.5 m，其宽度应距张拉钢筋两外侧各不小于 1 m。

③孔道灌浆应按预应力张拉安全设施的有关规定进行：a. 安装门、窗，油漆及安装玻璃时，严禁操作人员站在阳台栏板上操作。门、窗临时固定，封填材料未达到强度，以及电焊时，严禁手拉门、窗进行攀登。b. 在高处外墙安装门、窗，无外脚手架时，应张挂安全网。无安全网时，操作人员应系好安全带，其保险钩应挂在操作人员上方的可靠物件上。c. 进行各项窗口作业时，操作人员的重心应位于室内，不得在窗台上站立，必要时应系好安全带进行操作。

7. 操作平台

(1)移动式操作平台必须符合下列规定。

①操作平台应由专业技术人员按现行的相应规范进行设计，计算书及图纸应编入施工组织设计。

②操作平台的面积不应超过10 m^2，高度不应超过5 m。还应进行稳定验算，并采用措施减少立柱的长细比。

③装设轮子的移动式操作平台，轮子与平台的接合处应牢固可靠，立柱底端离地面不得超80 mm。

④操作平台可用 ϕ(48～51)×3.5 mm钢管以扣件连接，亦可采用门架式或承插式钢管脚手架部件，按产品使用要求进行组装。平台的次梁，间距不应大于40 cm；台面应满铺3 cm厚的木板或竹笆。

⑤操作平台四周必须按临边作业要求设置防护栏杆，并应布置登高扶梯。

(2)悬挑式钢平台必须符合下列规定。

①悬挑式钢平台应按现行的相应规范进行设计，其结构应能防止左右晃动，计算书及图纸应编入施工组织设计。

②悬挑式钢平台的搁置点与上部拉结点，必须位于建筑物上，不得设置在脚手架等施工设备上。

③斜拉杆或钢丝绳，构造上宜两边各设前后两道，两道中的每一道均应作单道受力计算。

④应设置4个经过验算的吊环。吊运平台时应使用卡环，不得使吊钩直接钩挂吊环。吊环应用甲类3号沸腾钢制作。

⑤钢平台安装时，钢丝绳应采用专用的挂钩挂牢，采取其他方式时卡头的卡子不得少于3个。建筑物锐角利口围系钢丝绳处应加衬软垫物，钢平台外口应略高于内口。

⑥钢平台左右两侧必须装置固定的防护栏杆。

⑦钢平台吊装，须待横梁支撑点电焊固定，接好钢丝绳，调整完毕，经过检查验收后，方可松卸起重吊钩，上下操作。

⑧钢平台使用时，应有专人进行检查，发现钢丝绳有锈蚀损坏应及时调换，焊缝脱焊应及时修复。操作平台上应显著地标明容许荷载值。操作平台上人员和物料的总重量，严禁超过设计的容许荷载。应配备专人加以监督。

8.交叉作业安全防护

施工现场常会有上下立体交叉的作业。凡在上下不同层次，处于空间贯通状态下同时进行高处作业，属于交叉作业。

(1)支模、粉刷、砌墙等各工种进行上下立体交叉作业时，不得在同一垂直方向上操作。下层作业的位置，必须处于在上层高度确定的可能坠落范围半径之外。不符合以上条件时，应设置安全防护层。

(2)钢模板、脚手架等拆除时，下方不得有其他操作人员。

(3)钢模板部件拆除后，临时堆放处离楼层边沿不应小于1 m，堆放高度不得超过1 m。楼层边口、通道口、脚手架边缘等处，严禁堆放任何拆下的物件。

(4)结构施工自二层起，凡人员进出的通道口(包括井架、施工用电梯的进出通道)，均应搭设安全防护棚。高度超过 24 m 的层上的交叉作业，应设双层防护。

(5)由于上方施工可能坠落物件或处于起重机把杆回转范围之内的通道，在其受影响范围内，必须搭设顶部能防止穿透的双层防护廊。

任务实施

一、资讯

1.工作任务

某建筑公司承接了一栋学生宿舍楼的施工任务，该学生宿舍楼位于城市中心区，建筑面积 24 112 m^2，地下 1 层，地上 17 层，局部 9 层。该工程施工过程中工人王某在搬运完建筑门窗后，准备离开施工现场回家，由于楼内光线不足，在行走途中，不小心踏上了通风口盖板上(通风口为 1.2 m×1.4 m，盖板为 1.5 m×1.5 m，厚 1 mm 的镀锌铁皮)，铁皮在王某的踩踏作用下，迅速变形塌落，王某随塌落的盖板掉到地下室地面(落差 15.35 m)，经抢救无效于当日死亡。请分析事故原因，确定事故预防措施。

2.收集、查询信息

学生根据任务查阅教材、资料获取必要的知识。

3.引导问题

①高处作业的定义是什么？

②“四口”的定义是什么，其主要防护措施有哪些？

③“临边”指哪些部位？

④“三宝”是指什么？“三宝”使用要求是什么？

二、计划

分析事故发生的可能原因。

三、决策

确定事故发生的原因。

四、实施

小组成员协作确定事故预防措施。

五、检查

根据《建筑施工高处作业安全技术规范》(JGJ 80—2016)对施工用电检查评分表的要求，检查是否满足施工用电保证项目和一般项目要求。学生首先自查，然后以小组为单位进行互查，发现错误及时纠正，遇到问题商讨解决，教师再作出改进指导

六、评价

学生首先自评，然后教师结合学生在实施过程中表现出来的职业素养、参与程度综合考核评价每位学生的成绩。

学生评价自评表

项目名称	建筑施工专项安全管理	任务名称	高处作业安全管理	学生签名	
自评内容			标准分值	实际得分	
“三宝”			10		
临边防护			15		
洞口防护			10		
通道口防护			15		
攀登作业			15		
悬空作业			10		
移动式操作平台			10		
是否能认真描述困难、错误和修改内容			5		
对自己工作的评价			5		
团队协作能力			5		
合计得分			100		
改进内容及方法：					

教师评价表

项目名称	建筑施工专项安全管理	任务名称	高处作业安全管理	学生签名	
自评内容			标准分值	实际得分	
“三宝”			10		
临边防护			15		
洞口防护			10		
通道口防护			15		
攀登作业			15		
悬空作业			10		
移动式操作平台			10		
是否能认真描述困难、错误和修改内容			5		
对自己工作的评价			5		
团队协作能力			5		
合计得分			100		

任务2 脚手架安全管理

任务描述

由于脚手架是为保证高处作业人员安全顺利进行施工而搭设的工作平台和作业通道，如果脚手架选材不当，搭设不牢固、不稳定，就会造成施工中的重大伤亡事故。

接收项目后通过了解高处作业防护要点，掌握“三宝”“四口”“五临边”防护措施，需要各小组对学生宿舍楼的高处作业进行安全检查与评分。

一、扣件式钢管脚手架施工安全管理

为保证建筑工程的扣件式钢管脚手架的施工安全，施工企业必须从施工方案的编制与审批、立杆基础设置、架体与建筑结构拉结处理、杆件间距规定与剪刀撑设置、脚手板与防护栏杆的设置、横向水平杆设置、杆件连接处理、层间防护、构配件材质选取、通道设置等。交底与验收规定等方面做好安全保证工作。

1. 施工方案

施工单位在脚手架搭设之前，应根据工程的特点和施工工艺编制脚手架施工专项施工方案。如搭设扣件式钢管脚手架，必须按照《建筑施工扣件式钢管脚手架安全技术规范》(JGJ 130—2011)的规定进行设计计算，定出构造和编制搭设方案，方案要具体、可行，能够指导施工。

2. 构配件材质

(1)扣件式钢管脚手架应采用可锻铸铁制作的扣件(图 5-10)，其材质应符合现行国家标准《钢管脚手架扣件》(GB 15831—2006)的规定，在螺栓拧紧扭力矩达 65 N·m 时不得发生破坏。

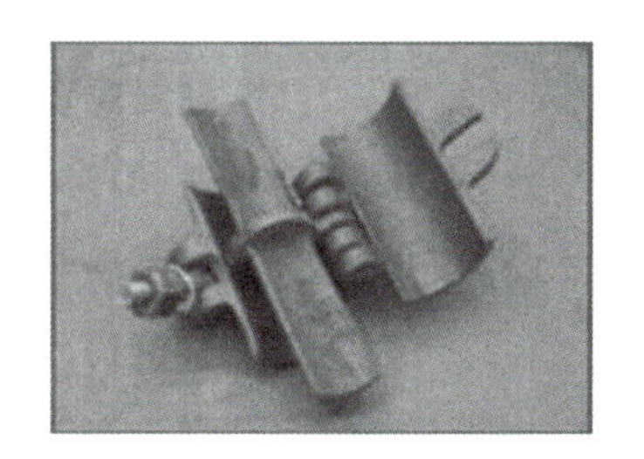

图 5-10 扣件

(2)脚手架钢管应采用现行国家标准《直缝电焊钢管》(GB/T 13793—2008)或《低压流体输送用焊接钢管》(GB/T 3091—2015)中规定的普通钢管，其质量应符合现行国家标准《碳素结构钢》(GB/T 700－2006)中 Q235－A 级钢的规定。每根钢管的最大质量不应大于 25 kg，采用直径为 47 mm×3.5 mm 钢管。

(3)脚手架搭设必须选用同一种材质，钢管式脚手架均采用外径 47 mm、壁厚 3.5 mm 的焊接钢管，也可采用同样规格的无缝钢管或外径 51 mm、壁厚 3 mm 的焊接钢管，钢管材质宜使用力学性能适中的 Q235 钢，其材料性能应符合《碳素结构钢》的相应规定。用于立杆、大横杆、剪刀撑和斜杆的钢管长度为 4～6.5 m，用于小横杆的钢管长度为 1.8～2.2 m 以适应脚手架宽度的需要。

(4)钢管锈蚀严重(大面积翘皮、连续麻点深达 0.5 mm，以及锈迹斑斑不好鉴别壁厚锈损等情况)、弯曲、压扁变形和壁厚小于 3 mm 的钢管都不得用于架设脚手架。钢管有裂缝也不得用于脚手架。

3.立杆基础

(1)基础应平整夯实，表面应进行混凝土硬化。落地立杆应垂直稳放在金属底座或坚固底板上。

(2)立杆下部应设置纵横扫地杆。纵向扫地杆应采用直角扣件固定在距底座上面不大于 200 mm 处的立杆上，横向扫地杆应采用直角扣件固定在紧靠纵向扫地杆下方的立杆上。当立杆基础不在同一高度上时，必须将高处的纵向扫地杆向低处延长两跨与立杆固定，高低差不应大于 1 m，靠边坡上方的立杆轴线到边坡的距离不应小于 500 mm。

(3)立杆基础外侧应设置截面不小于 200 mm×200 mm 的排水沟，保持立杆基础不积水，并在外侧 800 mm 宽范围内采用混凝土硬化。

(4)外脚手架不宜支设在屋面、雨篷、阳台等处。确因需要，应分别对屋面、雨篷、阳台等部位的结构安全性进行验算，并在专项施工方案中明确。

(5)当脚手架基础下有设备基础、管沟时，在脚手架使用过程中不应开挖。当必须开挖时，应采取加固措施。

4.立杆

(1)立杆搭设：

①每根立杆底部应设置底座或垫板，见图 5－11。

图 5-11 立杆底部节点

②脚手架必须设置纵、横向扫地杆。纵向扫地杆应采用直角扣件固定在距底座上皮不大于200 mm 处的立杆上。横向扫地杆应采用直角扣件固定在紧靠纵向扫地杆下方的立杆上。

③脚手架立杆基础不在同一高度上时，必须将高处的纵向扫地杆向低处延长两跨与立杆固定，高低差不应大于 1 m。靠边坡上方的立杆轴线到边坡的距离不应小于 500 mm 。

④单、双排脚手架底层步距均不应大于 2 m。

⑤单排、双排与满堂脚手架立杆接长除顶层顶步外，其余各层各步接头必须采用对接扣件连接。

(2)立杆对接、搭接规定：

①当立杆采用对接接长时，立杆的对接扣件应交错布置，两根相邻立杆的接头不应设置在同步内，同步内隔一根立杆的两个相隔接头在高度方向错开的距离不宜小于 500 mm；各接头中心至主节点的距离不宜大于步距的 1/3。

②当立杆采用搭接接长时，搭接长度不应小于 1 m，并应采用不少于 2 个旋转扣件固定。端部扣件盖板的边缘至杆端距离不应小于 100 mm，见图 5-12。

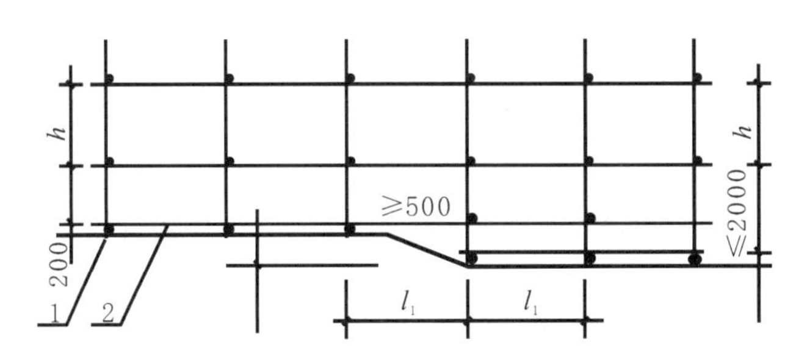

1—横向扫地杆；2—纵向扫地杆。

图 5-12 纵、横向扫地杆构造

③脚手架立杆顶端栏杆宜高出女儿墙上端 1 m，宜高出檐口上端 1.5 m。

5. 水平杆

(1)纵向水平杆应设置在立杆内侧，单根杆长度不应小于 3 跨。

(2)纵向水平杆接长应采用对接扣件连接或搭接。并应符合下列规定。

①两根相邻纵向水平杆的接头不应设置在同步或同跨内;不同步或不同跨两个相邻接头在水平方向错开的距离不应小于500 mm;各接头中心至最近主节点的距离不应大于纵距的1/3,见图5-13。

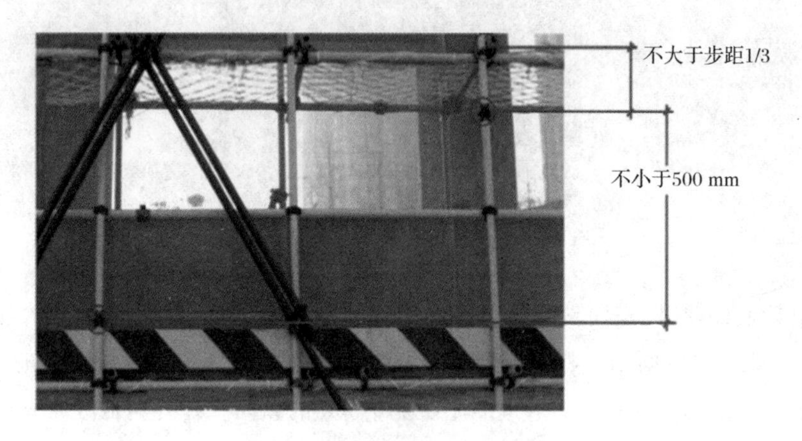

图5-13 相邻纵向水平杆接头

②搭接长度不应小于1 m,应等间距设置3个旋转扣件固定,端部扣件盖板边缘至搭接纵向水平杆杆端的距离不应小于100 mm。

③当使用冲压钢脚手板、木脚手板、竹串片脚手板时,纵向水平杆应作为横向水平杆的支座,用直角扣件固定在立杆上;当使用竹笆脚手板时,纵向水平杆应采用直角扣件固定在横向水平杆上,并应等间距设置,间距不应大于400 mm。

(3)横向水平杆的构造应符合下列规定。

①作业层上非主节点处的横向不平杆,宜根据支承脚手板的需要等间距设置,最大间距不应大于纵距的1/2。

②当使用冲压钢脚手板、木脚手板、竹串片脚手板时,双排脚手架的横向水平杆两端均应采用直角扣件固定在纵向水平杆上;单排脚手架的横向水平杆的一端应用直角扣件固定在纵向水平杆上,另一端应插入墙内,插入长度不应小于180 mm。

③当使用竹笆脚手板时,双排脚手架的横向水平杆两端,应用直角扣件固定在立杆上;单排脚手架的横向水平杆的一端,应用直角扣件固定在立杆上,另一端应插入墙内,插入长度亦不应小于180 mm。

(4)主节点处必须设置一根横向水平杆,用直角扣件扣接且严禁拆除。

6.剪刀撑与横向斜撑设置

(1)剪刀撑应从底部边角沿长度和高度方向连续设置至顶部。

(2)剪刀撑斜杆应与立杆或横向水平杆的伸出端进行连接。斜杆的接长应采用搭接,倾角为45°~60°(优先采用45°),每道剪刀撑跨越立杆根数为5~7根,宽度不应小于4跨,且不应小于 6 m。

(3)一字形、开口形双排脚手架的两端均应设置横向斜撑;中间宜每隔 6 跨设置一道横向斜撑。

(4)剪刀撑、横向斜撑搭设应随立杆、纵横向水平杆等同步搭设。

(5)剪刀撑应采用搭接,搭接长度不小于 1 m,且不少于 3 只旋转扣件紧固。

7.架体与建筑物拉结规定

(1)连墙件宜靠近主节点设置,偏离主节点的距离不应大于 300 mm,当大于 300 mm 时,应有加强措施。当连墙件位于立杆步距的 1/2 附近时,须予以调整。

(2)连墙件应从底层第一步纵向水平杆处开始设置,当该处设置有困难时,应采用其他可靠固定措施。连墙件宜菱形布置,也可采用方形、矩形布置。

(3)连墙件应采用刚性连墙件与建筑物连接。

(4)连墙杆宜水平设置,当不能水平设置时,与脚手架连接的一端应向下斜连接,不应采用向上斜连接。

(5)连墙件间距应符合专项施工方案的要求,水平方向不应大于 3 跨,垂直方向不应大于 3 步,也不应大于 4 m(架体高度在 50 m 以上时不应大于 2 步)。连墙件在建筑物转角 1 m 以内和顶部 800 mm 以内应加密。

(6)一字形、开口形脚手架的两端必须设置连墙件,连墙件的垂直间距不应大于建筑物的层高,并不应大于 4 m 或 2 步。

(7)脚手架应配合施工进度搭设,一次搭设高度不应超过相邻连墙件 2 步以上。

(8)在脚手架使用期间,严禁拆除连墙件。连墙件必须随脚手架逐层拆除,严禁先将连墙件整层或数层拆除后再拆脚手架;分段拆除高差不应大于 2 步,如高差大于 2 步,应增设连墙件加固。

(9)因施工需要需拆除原连墙件时,应采取可靠、有效的临时拉结措施,以确保外架安全可靠。

(10)架体高度超过 40 m 且有风涡流作用时,应采取抗上升翻流作用的连墙措施。

8.脚手板

(1)脚手板与架体防护脚手板主要铺在架体上,起着承重作用。结构架可以堆放材料、小车运输、站人操作;装修架则可堆放材料和站人操作。作业层脚手板应铺满、铺稳、铺实。

(2)冲压钢脚手板、木脚手板、竹串片脚手板等,应设置在三根横向水平杆上。当脚手板长度小于 2 m 时,可采用两根横向水平杆支承,但应将脚手板两端与其可靠固定,严防倾翻。脚手板的铺设应采用对接平铺或搭接铺设。脚手板对接平铺时,接头处必须设两根横向水平杆,脚手板外伸长度应取 130～150 mm,两块脚手板外伸长度的和不应大于 300 mm,如图 5-14(a)所示;脚手板搭接铺设时,接头必须支在横向水平杆上,搭接长度不应小于 200 mm,其伸出横向水平杆的长度不应小于 100 mm,如图 5-14(b)所示。

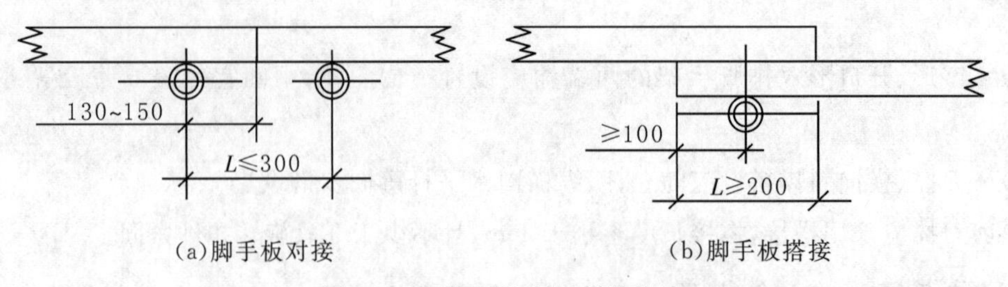

(a)脚手板对接　　(b)脚手板搭接

图 5-14　脚手板对接、搭接构造

(3)竹笆脚手板应按其主竹筋垂直于纵向水平杆方向铺设,且采用对接平铺,四个角应用直径不小于 1.2 mm 的镀锌钢丝固定在纵向水平杆上。

(4)作业层端部脚手板探头长度应取 150 mm,其板的两端均应固定于支承杆件上。

9.荷载

(1)架体上不准附装其他设施,诸如扒杆、卸料平台、堆放机械设备,不准挂配电箱和大量超限堆放材料,如模板、钢管、木枋等。

(2)结构架负荷不大于 3 000 N/m^2,装修架负荷不大于 2 000 N/m^3,为保证架体稳定,在特定情况下要采取卸荷措施。

10.层间防护

(1)施工层脚手板下面要设一道大网眼的平网。每隔 10 m 设一道平网防护,脚手架内立杆与建筑物之间要进行封闭。

(2)当作业层脚手板与建筑物之间缝隙(不小于 15 cm)已构成落物、落人危险时,应采取封闭防护措施,不使物体落到作业层以下而发生伤害事故。

(3)施工层脚手架内排杆与建筑物之间超过 20 cm,要用脚手板或安全网全封闭。其办法是内排小横杆伸长搭铺板,但伸出长度不可大于 300 mm。

11.通道

通道又称斜道、跑道、马道,附在脚手架上。通道(斜道)构造要求如下。

(1)脚手架上应为工人设置上下通道。通道有两种做法:一种是在脚手架外侧;一种是在脚手架内侧。搭设脚手架通道不得钢木、钢竹、竹木混用。

(2)通道搭设在脚手架的外侧,一般采取“之”字形盘旋而上,坡度不得大于 1/3,宽度不得小于 1 m。两端转弯处要设置平台,平台宽度不小于 1.5 m,长度为斜道宽度的两倍。斜道侧面和平台的三面临空处均应加设护身栏杆及挡脚板。通道每隔 300 mm 设一道防滑条。

(3)“一”字形普通斜道的里排立杆可以与脚手架的外排立杆共用,“之”字形普通斜道和运料斜道因架板自重和施工荷载较大,其构架应单独设计和验算,以确保使用安全。

(4)运料斜道立杆间距不宜大于 1.5 m,且需设置足够的剪刀撑或斜杆,确保构架稳定、承载可靠。此外,还有以下注意事项:

①“之”字形斜道部位必须自下至上设置连墙件，连墙件应设置在斜道转向节点处或斜道的中部竖线上，连墙点竖向间距不大于楼层高度；斜道两侧和休息平台外围均按规定设置挡脚板和栏杆。

②脚手板顺铺，接头采用搭接时，板下端与脚手架横杆绑扎固定，以下脚手板的预板头压上脚手板的底板头，起始脚手板的底端应可靠固定，以避免下滑。板头棱台用三角木填顺；接头采用平接时，接头部位用双横杆，间距 200～300 mm。

③各类人员上下脚手架必须在专门设置的人行通道（斜道）行走，不准攀爬脚手架，通道可附着在脚手架上设置，也可靠近建筑物独立设置。

12.检查与验收

脚手架搭设质量的检查验收工作应遵守以下规定：必须按现行的行业标准《建筑施工扣件式钢管脚手架安全技术规范》进行脚手架的验收和检查。

(1)脚手架及其地基基础应在下列阶段进行检查与验收：

①基础完工后及脚手架搭设前；

②作业层上施加荷载前；

③每搭设完 10～13 m 高度后；

④达到设计高度后；

⑤遇有六级大风与大雨后，寒冷地区开冻后；

⑥停用超过一个月后。

(2)脚手架使用中，应定期检查下列项目：

①杆件的设置和连接、连墙件、支撑、门洞桁架等的构造是否符合要求；

②地基是否积水，底座是否松动，立杆是否悬空；

③扣件螺栓是否松动；

④高度在 20 m 和 24 m 以上的脚手架，其立杆的沉降与垂直度的偏差是否均符合《建筑施工扣件式钢管脚手架安全技术规范》的规定；

⑤安全防护措施是否符合要求；

⑥是否超载。

(3)脚手架搭设的技术要求、允许偏差与检验方法，应符合《建筑施工扣件式钢管脚手架安全技术规范》的规定。

(4)安装后的扣件螺栓拧紧扭力矩应采用扭力扳手检查，抽样方法应按随机分布原则进行。抽样检查数目与质量判定标准，应按《建筑施工扣件式钢管脚手架安全技术规范》的规定确定。不合格的必须重新拧紧，直至合格为止。

二、门式钢管脚手施工安全管理

为保证建筑工程的门式钢管脚手架的施工安全，施工企业必须从施工方案的编制与审批、架体基础、架体稳定、杆件锁臂、脚手板、交底与验收工作等方面做好安全保证工作。

1. 施工方案

(1)门式钢管脚手架以门架、交叉支撑、连接棒、挂式脚手板或水平架、锁臂等组成基本结构,再设置水平加固杆、剪刀撑、扫地杆、封口杆、托座与底座,并采用连墙体与建筑物主体结构相连的一种标准化钢管脚手架。安装门式钢管脚手架必须按《建筑施工门式钢管脚手架安全技术规范》的规定进行设计和编制施工方案,并履行审批手续。

(2)脚手架高度要符合规范规定,要有设计计算书。门架立杆在两个方向的垂直偏差均在 2 mm 以内,顶部水平偏差在 5 mm 以内,上下门架立杆对中偏差不大于 3 mm。

2. 架体基础

脚手架基础要平实,并做好排水,按不同土质和搭设高度选取具体做法。应先弹出门架立杆位置线,垫板、底座安放位置要准确,底部要加设扫地杆。

3. 架体稳定

当脚手架搭设高度小于 45 m,基本风压值小于 0.55 kN/m^2 时,垂直间距每 6 m、水平间距每 8 m 设置一处连墙件;当脚手架搭设高度大于 45 m 时,垂直间距每 4 m、水平间距每 6 m 设一处连墙件。在脚手架高度超过 20 m 时,在架体外侧每隔四步设置一道剪刀撑。

门式钢管脚手架一般搭设高度为 45 m 以下,搭设时要及时装设连墙杆件与建筑结构拉牢,严格控制首层门型架的垂直度和水平度。连墙件间距应符合表 5-3 的规定。

表 5-3 连墙杆间距

脚手架搭设高度/m	基本风压/(kN·m^2)	连墙体的间距/m	
		竖直向	水平向
≤45	≤0.55	≤6.0	≤8.0
>45	—	≤4.0	≤6.0

4. 杆件、锁臂、脚手板的交底与验收

脚手架要按照规范要求进行组装,不得漏装杆件、锁臂和脚手板,组装要牢固。搭设前要进行交底,每段搭设完毕,要经过验收合格后,方可进行下道工序施工。

三、碗扣式钢管脚手架施工安全管理

为保证建筑工程的碗扣式钢管脚手架的施工安全,施工企业必须从施工方案、构配件、材质架体基础、架体稳定、杆件锁件、脚手板、荷载、通道、架体防护、交底与验收等方面做好安全保证工作。

1.施工方案

(1)架体搭设应编制专项施工方案,结构设计应进行计算,并按规定进行审核、审批。

(2)当架体搭设超过规范允许高度时,应组织专家对专项施工方案进行论证。

2.构配件材质

(1)架体构配件的规格、型号、材质应符合规范要求。

(2)钢管不应有严重的弯曲、变形、锈蚀。

3.架体基础

(1)立杆基础应按方案要求平整、夯实,并应采取排水措施,立杆底部设置的垫板和底座应符合规范要求。

(2)架体纵横向扫地杆距立杆底端高度应不大于350 mm。

4.架体稳定

(1)架体与建筑结构拉结应符合规范要求,并应从架体底层第一步纵向水平杆处开始设置连墙件,当该处设置有困难时应采取其他可靠措施固定。

(2)架体拉结点应牢固可靠。

(3)连墙件应采用刚性杆件。

(4)架体竖向应沿高度方向连续设置专用斜杆或八字撑。

(5)专用斜杆两端应固定在纵横向水平杆的碗扣节点处。

(6)专用斜杆或八字形斜撑的设置角度应符合规范要求。

5.杆件锁件

(1)架体立杆间距、水平杆步距应符合设计和规范要求。

(2)应按专项施工方案设计的步距在立杆连接碗扣节点处设置纵、横向水平杆。

(3)当架体搭设高度超过24 m时,顶部24 m以下的连墙件层应设置水平斜杆,并应符合。

(4)架体组装及碗扣紧固应符合规范要求。

6.脚手板

(1)脚手板材质、规格应符合规范要求。

(2)脚手板应铺设严密、平整、牢固。

(3)挂扣式钢脚手板的挂扣必须完全挂扣在水平杆上,挂钩应处于锁住状态。

7.通道

(1)架体应设置供人员上下的专用通道。

(2)专用通道的设置应符合规范要求。

8.架体防护

(1)架体外侧应采用密目式安全网进行封闭,网间连接应严密。

(2)作业层应按规范要求设置防护栏杆。

(3)作业层外侧应设置高度不小于 180 mm 的挡脚板。

(4)作业层脚手板下应采用安全平网兜底,以下每隔 10 m 应采用安全平网封闭。

9.荷载

(1)架体上的施工荷载应符合设计和规范要求。

(2)施工均布荷载、集中荷载应在设计允许范围内。

10.交底与验收

(1)架体搭设前应进行安全技术交底,并应有文字记录。

(2)架体分段搭设、分段使用时,应进行分段验收。

(3)搭设完毕应办理验收手续,验收应有量化内容并需责任人签字确认。

四、承插型盘扣式钢管脚手架施工安全管理

为保证建筑工程的承插型盘扣式钢管脚手架的施工安全,应从施工方案、架体基础、架体稳定、杆件设置、脚手板、交底与验收、架体防护、杆件连接、构配件材质、通道等方面做好安全保证工作。

1.施工方案

(1)架体搭设应编制专项施工方案,结构设计应进行计算。

(2)专项施工方案应按规定进行审核、审批。

2.构配件材质

(1)架体构配件的规格、型号、材质应符合规范要求。

(2)钢管不应有严重的弯曲、变形、锈蚀。

3.架体基础

(1)立杆基础应按方案要求平整、夯实,并应采取排水措施。

(2)土层地基上立杆底部必须设置垫板和可调底座,并应符合规范要求。

(3)架体纵、横向扫地杆设置应符合规范要求。

4.杆件连接

(1)立杆的接长位置应符合规范要求。

(2)剪刀撑的接长应符合规范要求。

5.架体稳定

(1)架体与建筑结构拉结应符合规范要求,并应从架体底层第一步水平杆处开始设置连墙件,当该处设置有困难时应采取其他可靠措施固定。

(2)架体拉结点应牢固可靠。

(3)连墙件应采用刚性杆件。

(4)架体竖向斜杆、剪刀撑的设置应符合规范要求。

(5)竖向斜杆的两端应固定在纵、横向水平杆与立杆汇交的盘扣节点处。

(6)斜杆及剪刀撑应沿脚手架高度连续设置,角度应符合规范要求。

6.杆件设置

(1)架体立杆间距、水平杆步距应符合设计和规范要求。

(2)应按专项施工方案设计的步距在立杆连接插盘处设置纵、横向水平杆。

(3)当双排脚手架的水平杆层未设挂扣式钢脚手板时,应按规范要求设置水平斜杆。

7.架体防护

(1)架体外侧应采用密目式安全网进行封闭,网间连接应严密。

(2)作业层应按规范要求设置防护栏杆。

(3)作业层外侧应设置高度不小于 180 mm 的挡脚板。

(4)作业层脚手板下应采用安全平网兜底,以下每隔 10 m 应采用安全平网封闭。

8.脚手板

(1)脚手板材质、规格应符合规范要求。

(2)脚手板应铺设严密、平整、牢固。

(3)挂扣式钢脚手板的挂扣必须完全挂扣在水平杆上,挂钩应处于锁件状态。

9.通道

(1)架体应设置供人员上下的专用通道。

(2)专用通道的设置应符合规范要求。

10.交底与验收

(1)架体搭设前应进行安全技术交底,并应有文字记录。

(2)架体分段搭设、分段使用时,应进行分段验收。

(3)搭设完毕应办理验收手续,验收应有量化内容并需责任人签字确认。

五、满堂脚手架施工安全管理

为保证建筑工程的满堂脚手架的施工安全,应从施工方案、架体基础、架体稳定、杆件设置、荷载、脚手板、交底与验收、架体防护、脚手板、构配件材质、通道等方面做好安全保证工作。

1.施工方案

(1)架体搭设应编制专项施工方案,结构设计应进行计算。

(2)专项施工方案应按规定进行审核、审批。

2.构配件材质

(1)架体构配件的规格、型号、材质应符合规范要求。

(2)杆件的弯曲、变形和锈蚀应在规范允许范围内。

3.架体基础

(1)架体基础应按方案要求平整、夯实,并应采取排水措施。

(2)架体底部应按规范要求设置垫板和底座,垫板规格应符合规范要求。

(3)架体扫地杆设置应符合规范要求。

4.架体稳定

(1)架体四周与中部应按规范要求设置竖向剪刀撑或专用斜杆。

(2)架体应按规范要求设置水平剪刀撑或水平斜杆。

(3)当架体高宽比大于规范规定时应按规范要求与建筑结构拉结或采取增加架体宽度、设置钢丝绳张拉固定等稳定措施。

5.杆件设置

(1)架体立杆件间距,水平杆步距应符合设计和规范要求。

(2)杆件的接长应符合规范要求。

(3)架体搭设应牢固,杆件节点应按规范要求进行紧固。

6.荷载

(1)架体上的施工荷载应符合设计和规范要求。

(2)施工均布荷载、集中荷载应在设计允许范围内。

7.脚手板

(1)作业层脚手板应满铺,铺稳、铺牢。

(2)脚手板的材质、规格应符合规范要求。

(3)挂扣式钢脚手板的挂扣应完全挂扣在水平杆上,挂钩处应处于锁住状态。

8.架体防护

(1)作业层应按规范要求设置防护栏杆。

(2)作业层外侧应设置高度不小于 180 mm 的挡脚板。

(3)作业层脚手板下应采用安全平网兜底,以下每隔 10 m 应采用安全平网封闭。

9.通道

(1)架体应设置供人员上下的专用通道。

(2)专用通道的设置应符合规范要求。

10. 交底与验收

(1)架体搭设前应进行安全技术交底,并应有文字记录。

(2)架体分段搭设、分段使用时,应进行分段验收。

(3)搭设完毕应办理验收手续,验收应有量化内容并需责任人签字确认。

六、悬挑式脚手架施工安全管理

为保证建筑工程的悬挑式脚手架的施工安全,施工企业必须从施工方案的编制与审批悬挑梁安装及架体稳定措施、脚手板铺设与材质、脚手架荷载值及施工荷载堆放、交底与验收等方面做好安全保证工作。

1. 施工方案

悬挑式脚手架在搭设之前,应编制搭设方案并绘制施工图指导施工。施工方案对立杆的固定措施、悬挑梁与建筑结构的连接等关键部位绘制大样详图,指导施工。

悬挑式脚手架必须经设计计算确定。其内容包括悬挑梁或悬挑架的选材及搭设方法,悬梁的强度、刚度、抗倾覆验算,与建筑结构连接做法及要求,上部脚手架立杆与悬挑梁的连接等。悬挑架的节点应该采用焊接或螺栓连接,不得采用扣件连接做法。其计算书及施工方案应经公司总工审批。

2. 脚手架材质

脚手架的材质要求同落地式脚手架,杆件、扣件、脚手板等施工用材必须符合规范规定。外挑型钢和钢管都要符合《碳素结构钢》中的Q235-A级钢的规范规定。悬挑梁、悬挑架的用材应符合钢结构设计规范的有关规定,并应有试验报告资料。

3. 悬挑梁及架体稳定

外挑杆件与建筑结构要连接牢固,悬挑梁要按设计要求进行安装,架体的立杆必须支撑在悬挑梁上,按规范规定与建筑结构进行拉结。

多层悬挑可采用悬挑梁或悬挑架。悬挑梁尾端固定在钢筋混凝土楼板上,另一端悬挑出楼板。悬挑梁按立杆间距(1.5 m)布置,梁上焊短管作底座,脚手架立杆插入固定,然后绑扫地杆。也可采用悬挑架结构,将一段高度的脚手架荷载全部传给底部的悬挑架承担,悬挑架本身即形成一刚性框架,可采用型钢制作,但节点必须是螺栓连接或焊接的刚性节点,不得采用扣件连接,悬挑架与建筑结构的固定方法需经计算确定。

无论是单层悬挑还是多层悬挑,其立杆的底部必须支托在牢靠的地方,并有固定措施确保底部不发生位移。多层悬挑每段搭设的脚手架,应该按照一般落地脚手架搭设规定,垂直不大于两步,水平不大于三跨与建筑结构拉接,以保证架体的稳定。

4.杆件间距

立杆间距必须按施工方案规定，需要加大时必须修改方案，立杆的角度也不准随意改变。

5.脚手板

必须按照脚手架的宽度满铺脚手板，板与板之间紧靠，脚手板平接与搭接应符合要求，板应平稳，板与小横杆放置牢靠。脚手板的材质及规格应符合规范要求，不允许出现探头板。

6.荷载

悬挑脚手架施工荷载应符合设计要求。承重架荷载为 3 kN/m^2，装修架荷载为 2 kN/m^2。材料要堆放整齐，不得集中码放。在悬挑架上不准存放大量材料、过重的设备，施工人员作业时，应尽量分散脚手架的荷载，严禁利用脚手架穿滑轮做垂直运输。

7.架体防护

脚手架外侧要用密目式安全网全封闭，安全网片连结用尼龙绳作承重绳；作业层外侧要有 1.2 m 高的防护栏杆和 180 mm 高的挡脚板。

8.层间防护

按照规定作业层下应有一道大眼安全网做防护层，下面每隔 10 m 处要设一道大眼安全网，防止作业层人及物的坠落。

(1)单层悬挑架一般只搭设一层脚手板为作业层，故须在紧贴脚手板下部挂一道平网作防护层，当在脚手板下挂平网有困难时，也可沿外挑斜立杆的密目网里侧斜挂一道平网，作为人员坠落的防护层。

(2)多层悬挑搭设的脚手架，仍按落地式脚手架的要求，不但有作业层下部的防护，还应在作业层脚手板与建筑物墙体缝隙过大时增加防护，防止人及物的坠落。

(3)安全网作防护层必须封挂严密牢靠，密目网用于立网防护，水平防护时必须采用平网，不准用立网代替平网。

9.交底与验收

脚手架搭设之前，施工负责人必须组织作业人员进行交底；搭设后组织有关人员按照施工方案要求进行检查验收，确认符合要求方可投入使用。

交底、检查验收工作必须严肃认真进行，要对检查情况、整改结构填写记录内容，并有相关人员签字。搭设前要有书面交底，交底双方要签字。每搭完一步架后要按规定校正立杆的垂直、跨度、步距和架宽，并进行验收，要有验收记录。

七、附着式升降脚手架施工安全管理

为保证建筑工程的附着式升降脚手架的施工安全，施工企业必须在使用条件的规定、脚手架的设计计算、架体构造措施、附着支撑设置、升降装置措施、防坠落装置措施、导向防倾装置措施、检查验收规定、脚手板铺设、防护措施、安全作业等方面做好安全保证工作。

1.施工方案

附着式升降脚手架在静止或升降中，需要严格按照操作规程进行检查、监视周转部件的拆除、安装、调整、保养及测量记录等多项操作。施工单位还应结合实际工程的特点制订详细的外爬架施工组织设计及相应的各项规程制度。

(1)附着式升降脚手架的管理。

①建设部对从事附着式升降脚手架工程的施工单位实行资质管理，未取得相应资质证书的单位不得施工；对附着式升降脚手架实行认证制度，即所使用的附着式升降脚手架，必须经过建设行政主管部门组织鉴定或者委托具有资格的单位进行认证。使用时要编制专项施工组织设计和各相关工种的操作规程，并经上级技术、安全等部门审核，分公司技术负责人签字审批后，方可使用。

②附着式升降脚手架工程的施工单位应当根据资质管理有关规定到当地建设行政主管部门办理相应的审查手续，由当地建筑安全监督管理部门发放准用证或备案。

③工程项目的总承包单位必须对施工现场的安全工作实行统一监督管理，对使用的附着式升降脚手架要进行监督检查，发现问题及时采取解决措施。附着式升降脚手架组装完毕，总承包单位必须根据规定及施工组织设计等有关文件的要求进行检查，验收合格后，方可进行升降作业。分包单位应对附着式升降脚手架的使用安全负责。

(2)附着式升降脚手架的专业人员组成：按照有关规定，从事附着式升降脚手架安装操作的人员应具有良好的素质，三年以上的专业工龄及相应资历，应确保人员的稳定，各项工作专职专人负责。所有人员应经过专门培训，熟悉国家有关安全规范，具有很强的责任心，工作态度认真。

(3)附着式升降脚手架的整体施工方案：由附着式升降脚手架生产厂家协助施工单位，根据工程特点及施工需要确定附着式升降脚手架的整体施工方案。

①根据建筑物的外形特点，确定支架平面布置方案。

②确定预埋点(预留孔)的平面位置及与其相关轴线的位置、尺寸。

③确定支架的高度及宽度。

④根据电梯、人货梯、高速井架等位置确定附着式升降脚手架的相对位置及布置方案。

⑤根据支架的平面布置方案排布预埋点位置，确定支架及导轨离墙距离及附着式升降脚手架的初始高度位置，选择不同型号的可调拉杆。

⑥如建筑结构有变化(如逐步向内收缩或向外扩展)，确定相应的施工方案。

⑦确定所需部件的规格及数量。

⑧确定爬升方式及布线方案。

⑨电动提升方式应确定主控室的位置及搭设方法、布线方案。

⑩如需在附着式升降脚手架上搭设物料平台，应制订物料平台的搭设位置及结构的卸荷措施方案。

2.安全装置

(1)为防止脚手架在升降过程中发生断绳、折轴等故障造成坠落事故及保障在升降情况下脚手架不发生倾斜、晃动，必须设置防坠落和防倾斜装置。

(2)防坠落装置必须灵敏可靠，由发生坠落到架体停住的时间不超过 3 s，其坠落距离不大于 150 mm。防坠落装置必须设置在主框架部位，防坠落装置最后应通过两处以上的附着支撑向工程结构传力，且应灵敏可靠，不得设置在架体升降用的附着支撑上。

(3)防倾斜装置必须具有可靠的刚度(不允许用扣件连接)，可以控制架体升降过程中的倾斜度和晃动的程度，在两个方向倾斜度(前后、左右)均不超过 3 cm。防倾斜装置的导向间隙应小于 5 mm，在架体升降过程中始终保持水平约束。

(4)防坠落装置应能在施工现场提供动作试验，确认其可靠性及灵敏度是否符合要求。

3.架体构造

要有定型主框架，其节点上的杆件应焊接或用螺栓连接，两主框架之间距离不得超过 8 m，底部用定型的支撑框架连接，支撑框架的节点处的各杆件也应焊接或用螺栓连接，主框架间脚手架的立杆应支撑在支撑架上，如用扣件式钢管脚手架，要遵守《建筑施工扣件式钢管脚手架安全技术规范》的规定。架体悬臂端长度不得大于架体高度的 1/3，且不能超过 4.5 m。

4.附着支座

附着支座是附着式升降脚手架的主要承载传力装置。附着式升降脚手架在升降和到位的使用过程中，都是靠附着支座附着于工程结构上来实现其稳定的。它有三个作用:第一，传递荷载，把主框架上的荷载可靠地传给工程结构;第二，保证架体稳定性确保施工安全;第三，满足提升、防倾、防坠装置的要求，包括能承受坠落时的冲击荷载。

(1)要求附着支座与工程结构每个楼层都必须设连接点，架体主框架沿竖向侧，在任何情况下均不得少于两处。

(2)附着支座或钢挑梁与工程结构的连接质量必须符合设计要求。

①做到严密、平整、牢固;

②对预埋件或预留孔应按照节点大样图纸做法及位置逐一进行检查，并绘制分层检测平面图，记录各层各点的检查结果和加固措施;

③当起用附墙支撑或钢挑梁时，其设置处混凝土强度等级应有强度报告符合设计规定，并不得小于 C10。

(3)钢挑梁的选材制作与焊接质量均按设计要求。连接使用的螺栓不能使用板牙套制的三角形断面螺纹螺栓，必须使用梯形螺纹螺栓，以保证螺纹的受力性能，并由双螺母或加弹簧圈紧固。螺栓与混凝土之间垫板的尺寸按计算确定，并使垫板与混凝土表面接触严密。

5.架体安装

主框架及水平支承桁架的节点应采用焊接或螺栓连接，各杆件轴线交汇于节点。内外两片水平支承桁架的上弦及下弦之间设置的水平支撑杆件，各节点应采用焊接或螺栓连接；架体立杆底端应设置在水平支承桁架上弦杆件节点处；竖向主框架组装高度应与架体高度相等；剪刀撑应沿架体高度连续设置，并应将竖向主框架、水平支承桁架和架体构架连成一体，剪刀撑斜杆水平夹角应为45°～60°。

6.架体升降

架体主框架要与其覆盖的每个楼层进行连接，连接构件要经过设计计算。升降所用钢挑梁也要经过设计计算，并与建筑物牢固连接。处于工作状态时，架体底部要有支托和斜拉等装置，架体升降时必须有两处与建筑物连接点，架体上不准站人，必须设置高差和荷载的同步装置。不得使用手拉葫芦作为提升设备，通过升降指挥信号系统来提升操作程序。

7.脚手板、防护、安全作业

(1)脚手板应合理铺设，铺满铺严，无探头板，并与架体固定绑牢，有钢丝绳穿过的脚手板，其孔洞应规则，洞口不能过大，人员上下各作业层应设专用通道和扶梯。

(2)架体离墙空隙必须封严，防止落人落物。

(3)脚手架板材质量符合要求，应使用厚度不小于5 cm的木板或专用钢制板。

(4)每个作业层处脚手板与墙之间的空隙，应用安全网等措施封严。

(5)脚手架外侧用密目网封闭，安全网的搭接处必须严密并与脚手架绑牢。

(6)各作业层都应按临边防护的要求设置防护栏杆及挡脚板。

(7)最底部作业层下方应同时采用密目网及平网挂牢封严。

(8)升降脚手架下部、上部建筑物的门窗及孔洞，也应进行封闭。

(9)脚手架的安装搭设都必须按照施工组织设计的要求及施工图进行，安装后应验收并进行荷载试验，确认符合设计要求时，方可正式使用。

(10)按照施工组织设计的规定向技术人员和工人进行全面交底，使参加作业的每个人都清楚全部施工工艺及个人岗位的责任要求。

(11)按照有关规范、标准及施工组织设计中制订的安全操作规程，进行培训考核，专业工种应持证上岗并明确其责任。

(12)脚手架在安装、升降、拆除时，应划定安全警戒范围并设专人监督检查。

(13)架体上荷载应尽量均布平衡，防止发生局部超载，升降时架体上不能有人停留或有大宗材料，也不准有超过2 000 N的设备等。

8.检查验收

(1)附着式升降脚手架在使用过程中,每升降一层都要进行一次全面检查。

(2)提升或下降作业前,检查准备工作是否满足升降时的作业条件,包括脚手架所有连墙处完全脱离、各点提升机具吊索处于同步状态、每台提升机具状况良好、靠墙处脚手架已留出升降空隙、准备起用附着支撑处或钢挑梁处的混凝土强度已达到设计要求以及分段提升的脚手架两端敞开处已用密目网封闭,防倾、防坠等安全装置处于正常状态等。

(3)脚手架升降到位后,不能立即上人进行作业,必须把脚手架进行固定并达到上人作业的条件,如把各连墙点连接牢靠、架体已处于稳固、所有脚手板已按规定铺牢铺严、四周安全网围护已无漏洞、经验收已经达到上人作业条件。

(4)每次验收应按施工组织设计规定内容记录检查结果,并有责任人签字。每次提升、下降前后都必须经过检查验收,确认无误,方可操作,检查要有记录,资料要齐全。

(5)附着式升降脚手架使用注意事项如下:

①现场操作人员应树立"安全第一、预防为主"的思想,健全各项规章制度;

②6 级以上大风及雷雨天严禁升降操作;

③控制柜、电动葫芦应注意防雨;

④防止导线断路、短路,相位应正确一致,在工地总电源改动及新电源柜安装时,应检查其相位是否同控制相位一致;

⑤电动葫芦应注意防雨;

⑥应有可靠的避雷措施;

⑦升降时应设警戒线,任何人员不准在警戒范围内走动;

⑧施工荷载不容许超过规定荷载;

⑨每升降 5 层或使用时间达到一个月,支架结点要全面检查一次,爬升机构每次升降前都应检查一次,如有部件损坏应及时更换,填写有关检查表;

⑩非闭环支架,其端头一跨爬升机构应向外增加一步,以平衡荷载。

(6)升降前的检查如下:

①检查所有碗扣连接点处上、下碗扣是否拧紧;

②检查所有螺纹连接处螺母是否拧紧;

③检查所有障碍物是否拆除,约束是否解除;

④检查所有提升点的预埋点处导轨离墙距离是否符合提升点数据档案;

⑤检查葫芦是否挂好,链条有无翻链、扭曲现象提升倒链是否挂好、拧紧;

⑥检查电控柜、电动葫芦供电系统是否正常;

⑦检查安全钳、保险钢丝绳是否灵活可靠。

(7)升降中的检查如下:

①检查各升降点运动是否同步；

②检查电动(或手动)葫芦链条有无翻链、扭曲现象；

③有无异物干扰架体升降。

(8)升降后的检查如下：

①检查所有碗扣连接处上、下碗扣是否拧紧；

②检查所有螺纹连接处螺母是否拧紧；

③检查所有提升点处导轨离墙距离是否符合提升点数据档案；

④检查导轨离墙距离有无变化，导轨、支架有无变形；

⑤检查临边防护是否搭设妥当。

八、高处作业吊篮施工安全管理

为保证建筑工程的吊篮脚手架的施工安全，施工企业必须从施工方案的编制与审批、安全装置措施、悬挂结构、钢丝绳、安装作业、升降操作规定、交底与验收、防护措施、吊篮稳定、荷载规定等方面做好安全保证工作。

1.施工方案

吊篮脚手架是通过上部设置的支撑点将吊篮等悬吊起来，并可随时供砌筑或装饰用。吊篮必须经设计计算，编制包括梁、铆固、组装、使用、检验、维护等内容的施工方案。方案需经公司总工审批。

2.安全装置

吊篮脚手架的安全装置有保险卡、安全锁、行程限位器、制动器及保险措施。

(1)保险卡(闭锁装置)。

手扳葫芦应装设保险卡，防止吊篮平台在正常工作情况下出现移动下滑事故。

(2)安全锁。

①吊篮必须装有安全锁，并在各吊篮平台悬挂处增设一根与提升钢丝绳相同型号的保险绳(直径不小于12.5 mm)，每根保险绳上安装安全锁；

②安全锁应能使吊篮平台在下滑速度大于25 m/min时动作，并再下滑距离100 mm；

③安全锁的设计、试验应符合《高处作业吊篮安全锁》的规定，并在规定时间(一年)内对安全锁进行标定，当超过标定期限时，应重新标定。

(3)行程限位器。

当使用电动提升机时，应在吊篮平台上下两个方向装设行程限位器，对其上下运行的位置、距离进行限定。

(4)制动器。

电动提升机构一般应配两套独立的制动器，每套均可使带有额定荷载125%的吊篮平台停住。

(5)保险措施。

①钢丝绳与悬挑梁连接应有防止钢丝绳受剪措施。

②钢丝绳与吊篮平台连接应使用卡环。当使用吊钩时，应有防止钢丝绳脱出的保险装置。

③在吊篮内作业人员应配安全带，不应将安全带系挂在提升钢丝绳上，防止提升绳断开。

3. 悬挂结构

悬挂结构前支架不得支撑在建筑物女儿墙上或挑檐边缘等非承重结构上；悬挂结构前梁伸出长度应符合产品说明书规定；前支架应与支撑面垂直，且脚轮不受力；上支架应固定在前一支架调节杆与悬挑梁连接的节点处；严禁使用破损的配重块或采用其他替代物，配重块应固定，重量应符合设计规定。

4. 钢丝绳

钢丝绳应不存在断丝、松股、硬弯、锈蚀及有油污和附着物等情况；安全钢丝绳应单独设置，规格、型号与工作钢丝绳一致；吊篮运行时，安全钢丝绳应紧张悬垂；电焊作业时应对钢丝绳采取保护措施。

5. 安装作业

吊篮平台组装长度应符合产品说明书和规范要求；吊篮组装的构配件应为同一生产厂家的产品。

6. 升降操作

进行升降操作的人员要固定，并经专业培训，考试合格后方可持证上岗。架体升降时，非操作人员不得在吊篮内停留。当两个吊篮连在一起同时升降时，必须装设有效和灵敏的同步装置。

7. 吊篮稳定

前梁应固定，吊篮升降到位必须确认与建筑物固定拉牢后方可上人操作，吊篮与建筑物水平距离(缝隙)应不大于 15 cm，当吊篮晃动时，应及时采取固定措施，人员不得在晃动中继续作业。无论在升降过程中，还是在吊篮定位状态下，提升钢丝绳必须与地面保持垂直，不准斜拉。若吊篮需横向移动时，应将吊篮下放到地面，放松提升钢丝绳，改变屋顶悬挑梁位置固定后，再起升吊篮。

8. 荷载

吊篮脚手架属工具式脚手架，其施工荷载为 1 kN/m，吊篮内堆料及人员总实载不应超过规定。堆料及设备不得过于集中，防止超载。

9. 防护措施

吊篮脚手架应按临边防护的规定，设置高度 1.2 m 以上的两道防护栏杆及高度为 180 mm

的挡脚板。吊篮脚手架外侧必须用密目网或钢板网封闭，建筑物如有门窗等洞口时，也应进行防护。当单片吊篮提升时，吊篮的两端也应加设防护栏杆并用密目网封严。

10.交底与验收

吊篮脚手架安装、拆除和使用之前，由施工负责人按照施工方案要求，针对队伍情况进行详细交底、分工，并确定指挥人员。吊篮在现场安装后，应进行空载安全运行试验，并对安全装置的灵敏可靠性进行检验。每次吊篮提升或下降到位固定后，进行验收确认，符合要求后，方可上人作业。

九、安全管理

(1)扣件钢管脚手架安装与拆除人员必须是经考核合格的专业架子工。架子工应持证上岗。

(2)搭拆脚手架人员必须戴安全帽、系安全带、穿防滑鞋。

(3)脚手架的构配件质量与搭设质量，应按规定进行检查验收，并应确认合格后使用。

(4)钢管上严禁打孔。

(5)作业层上的施工荷载应符合设计要求，不得超载。不得将模板支架、缆风绳、泵送混凝土和砂浆的输送管等固定在架体上；严禁悬挂起重设备，严禁拆除或移动架体上安全防护设施。

(6)满堂支撑架在使用过程中，应设有专人监护施工，当出现异常情况时，应停止施工，并应迅速撤离作业面上人员。应在采取确保安全的措施后，查明原因、做出判断和处理。

(7)满堂支撑架顶部的实际荷载不得超过设计规定。

(8)当有六级及以上强风、浓雾、雨或雪天气时应停止脚手架搭设与拆除作业。雨、雪后上架作业应有防滑措施，并应扫除积雪。

(9)夜间不宜进行脚手架搭设与拆除作业。

(10)脚手架的安全检查与维护，应按规定进行。

(11)脚手板应铺设牢靠、严实，并应用安全网双层兜底。施工层以下每隔 10 m 应用安全网封闭。

(12)单、双排脚手架、悬挑式脚手架沿墙体外围应用密目式安全网。全封闭、密目式安全网宜设置在脚手架外立杆的内侧，并应与架体绑扎牢固。

(13)在脚手架使用期间，严禁拆除主节点处的纵、横向水平杆，纵、横向扫地杆，以及连墙件。

(14)当在脚手架使用过程中开挖脚手架基础下的设备或管沟时，必须对脚手架采取加固措施。

(15)满堂脚手架与满堂支撑架在安装过程中，应采取防倾覆的临时固定装置。

(16)临街搭设脚手架时，外侧应有防止坠物伤人的防护措施。

(17)在脚手架上进行电、气焊作业时，应有防火措施和专人看守。

(18)工地临时用电线路的架设及脚手架接地、避雷措施等，应按现行行业标准《施工现场临时用电安全技术规范》(JGJ 46—2020)的有关规定执行。

(19)搭拆脚手架时,地面应设围栏和警戒标志,并应派专人看守,严禁非操作人员入内。

任务实施

一、资讯

1.工作任务

某学生宿舍楼搭设的长35 m、宽5.3 m、高20 m的屋顶网架施工用扣件式钢管脚手架作业平台,利用汽车吊将约为70根,总重量约为13 t的次桁架弦杆及腹杆,由地面吊运至脚手架上存放,准备安装焊接,此时架体发生整体坍塌,3名作业人员同时坠落,2人当场死亡,1人重伤。请分析事故发生的可能原因,可采用哪些控制措施。

2.收集、查询信息

学生根据任务查阅教材、资料获取必要的知识。

3.引导问题

①脚手架基础要求有哪些?

②脚手板铺设与防护栏杆的要求有哪些?

③杆件间距与杆件连接的要求有哪些?

④构配件材质要求有哪些?

⑤通道设置要求有哪些?

⑥架体稳定性要求有哪些?

二、计划

分析事故发生的可能原因。

三、决策

确定事故发生的原因。

四、实施

小组成员协作确定事故控制措施。

五、检查

根据建筑施工脚手架安全技术规范中脚手架检查评分表的要求,检查是否满足脚手架保证项目和一般项目要求。学生首先自查,然后以小组为单位进行互查,发现错误及时纠正,遇到问题商讨解决,教师再作出改进指导。

六、评价

学生首先自评,然后教师结合学生在实施过程中表现出来的职业素养、参与程度综合考核评价每位同学成绩。

学生评价表

项目名称	建筑施工专项安全管理	任务名称	脚手架安全管理	学生签名	
自评内容			标准分值	实际得分	
施工方案			10		
杆件基础			15		
架体稳定			10		
脚手板与防护栏杆			15		
杆件连接			15		
构配件材质			10		
通道			10		
是否能认真描述困难、错误和修改内容			5		
对自己工作的评价			5		
团队协作能力			5		
合计得分			100		
改进内容及方法：					

教师评价表

项目名称	建筑施工专项安全管理	任务名称	脚手架安全管理	学生签名	
自评内容			标准分值	实际得分	
施工方案			10		
杆件基础			15		
架体稳定			10		
脚手板与防护栏杆			15		
杆件连接			15		
构配件材质			10		
通道			10		
是否能认真描述困难、错误和修改内容			5		
对自己工作的评价			5		
团队协作能力			5		
合计得分			100		

任务3 施工现场临时用电安全管理

任务描述

“电”是人们生产、生活中不可缺少的能源，在建筑施工现场中，“电”也是一种重大危险源，而恰恰好多施工现场就是在“安全用电”上存在薄弱环节，从而引发了触电等生产安全事故。

接收项目后通过掌握施工临时用电三项原则，熟悉外电线及电气设备防护和安全用电知识，需要各小组对学生宿舍楼的施工现场临时用电管理进行安全检查与评分。

一、施工用电要求

施工现场临时用电应按《建筑施工安全检查标准》(JGJ 59—2011)的要求，从用电环境、接地接零、配电线路、配电箱及开关、照明等安全用电方面进行安全管理和控制。从技术上、制度上确保施工现场临时用电安全。

1.临时用电组织设计

(1)施工现场临时用电设备在5台及以上或设备总容量在50 kW及以上者，应编制用电组织设计。

(2)施工现场临时用电组织设计应包括下列内容：

①现场勘测；

②确定电源进线、变电所或配电室、配电装置、用电设备位置及线路走向；

③进行负荷计算；

④选择变压器；

⑤设计配电系统：a.设计配电线路，选择导线或电缆；b.设计配电装置，选择电器；c.设计接地装置；d.绘制临时用电工程图纸，主要包括用电工程总平面图、配电装置布置图、配电系统接线图、接地装置设计图；

⑥设计防雷装置；

⑦确定防护措施；

⑧制订安全用电措施和电气防火措施。

(3)临时用电工程图纸应单独绘制，临时用电工程应按图施工。

(4)临时用电组织设计及变更时，必须履行“编制、审核、批准”程序，由电气工程技术人员组织编制，经相关部门审核及具有法人资格企业的技术负责人批准后实施。变更用电组织设计时应补充有关图纸资料。

(5)临时用电工程必须经编制、审核、批准部门和使用单位共同验收,合格后方可投入使用。

(6)施工现场临时用电设备在5台以下和设备总容量在50 kW以下者,应制订安全用电和电气防火措施。

2.电工及用电人员

(1)电工必须通过国家现行标准考核后,持证上岗工作;其他用电人员必须通过相关安全教育培训和技术交底,考核合格后方可上岗工作。

(2)安装、巡检、维修或拆除临时用电设备和线路,必须由电工完成,并应有人监护。电工等级应同工程的难易程度和技术复杂性相适应。

(3)各类用电人员应掌握安全用电基本知识和所用设备的性能,并应符合下列规定:

①使用电气设备前必须按规定穿戴和配备好相应的劳动防护用品,并应检查电气装置和保护设施,严禁设备带“缺陷”运转;

②保管和维护所用设备,发现问题及时报告解决;

③暂时停用设备的开关箱必须切断电源隔离开关,并应关门上锁;

④移动电气设备时,必须经电工切断电源并做妥善处理后进行。

3.施工用电安全技术交底

施工现场用电人员应加强自我保护意识,特别是电动建筑机械的操作人员必须掌握安全用电措施和电的基本知识,以减少触电事故的发生。对于现场中一些固定机械设备的防护,与操作人员应进行如下交底:

(1)开机前,认真检查开关箱内的控制开关设备是否齐全有效,漏电保护器是否可靠,发现问题及时向工长汇报,工长派电工处理。

(2)开机前,仔细检查电气设备的接零保护线端头有无松动,严禁赤手触摸一切带电绝缘线。

(3)严格执行安全用电规范,凡一切属于电气维修、安装的工作,必须由电工来操作,严禁非电工进行电工作业。

(4)施工现场临时用电施工,必须遵守施工组织设计和安全操作规程。

4.施工用电安全技术档案

(1)施工现场临时用电必须建立安全技术档案,并应包括下列内容。

①用电组织设计的全部资料;

②修改用电组织设计的资料;

③用电技术交底资料;

④用电工程检查验收表;

⑤电气设备的试验、检验凭单和调试记录；

⑥接地电阻、绝缘电阻和漏电保护器漏电动作参数测定记录表；

⑦定期检(复)查表；

⑧电工安装、巡检、维修、拆除工作记录。

(2)安全技术档案应由主管该现场的电气技术人员负责建立与管理。其中“电工安装、巡检、维修、拆除工作记录”可指定电工代管，每周由项目经理审核认可，并应在临时用电工程拆除后统一归档。

(3)临时用电工程应定期检查。定期检查时，应复查接地电阻值和绝缘电阻值。

(4)临时用电工程定期检查应按分部、分项工程进行，对安全隐患必须及时处理，并应履行复查验收手续。

二、外电线路及电气设备防护

外电线路是指施工现场内原有的架空输电电路，施工企业必须严格按有关规范要求妥善处理好外电线路的防护工作，否则极易造成触电事故而影响工程施工的正常进行。

1.外电线路安全距离

安全距离主要是根据空气间隙的放电特性确定的。在施工现场中，安全距离主要是指在建工程(含脚手架)的外侧边缘与外电架空线路的边线之间的最小安全操作距离和施工。现场机动车道与外电架空线路交叉时的最小垂直距离。对此，规范中有具体的规定，详见表5-4、表5-5。

表5-4 在建工程(含脚手架)与外电架空线路的最小安全距离

外电线路电压/kV	<1	1～10	35～110	220	330～500
最小安全距离/m	4.0	6.0	8.0	10	15

表5-5 施工现场的机动车道与架空线路交叉时的最小垂直距离

外电线路电压/kV	<1	1～10	]35
最小垂直距离/m	6.0	7.0	7.0

在建工程不得在外电架空线路正下方施工、搭设作业棚、建造生活设施或堆放构件、架具、材料及其他杂物等。

2.外电防护

起重机严禁越过无防护设施的外电架空线路作业。在外电架空线路附近吊装时，起重机的任何部位或被吊物边缘在最大偏斜时与架空线路边线的最小安全距离应符合表5-6规定。

表 5-6 起重机与架空线路边线的最小安全距离

外电线路电压/kV		<1	10	35	110	220	330	500
最小安全距离	沿垂直距离/m	1.5	3.0	4.0	5.0	6.0	7.0	8.5
	沿水平距离/m	1.5	2.0	3.5	4.0	6.0	7.0	8.5

施工现场开挖沟槽的边缘与埋地外电缆沟槽边缘之间距离不得小于 0.5 m。在建工程与外电线路无法保证规定的最小安全距离时，为了确保施工安全，则必须采取绝缘隔离防护措施，并应悬挂醒目的警告标志牌。

架设防护设施时，必须经有关部门批准，采用线路暂时停电或其他可靠的安全技术措施，并应有电气工程技术人员和专职安全人员监护。防护设施与外电线路之间的安全距离不得小于表 5-7 所列数值。

表 5-7 防护设施与外由线路之间的最小安全距离

外电线路电压等级/kV	≤10	35	110	220	330	500
最小安全距离/m	1.7	2.0	2.5	4.0	5.0	6.0

防护设施应坚固、稳定，且对外电线路的隔离防护应达到 IP30 级。设置网状遮栏、栅栏时，如果无法保证安全距离，则应与有关部门协商，采取停电、迁移外电线路或改变工程位置等措施，不得强行施工。

3. 电气设备防护

(1)电气设备现场周围不得存放易燃易爆物品、污染源和腐蚀介质，否则应予清除或做防护处置，其防护等级必须与环境条件相适应。

(2)电气设备设置场所应能避免物体打击和机械损伤，否则应做防护处置。

三、电气设备接零或接地管理

1. 概述

(1)在施工现场专用变压器的供电的 TN-S 接零保护系统中，电气设备的金属外壳必须与保护零线连接。保护零线应由工作接地线、配电室电源侧零线或总漏电保护器电源侧零线处引出。

(2)当施工现场与外电线路共用同一供电系统时，电气设备的接地、接零保护应与原系统保持一致。不得一部分设备做保护接零，另一部分设备做保护接地。

(3)采用 TN 系统做保护接零时，工作零线必须通过总漏电保护器，保护零线必须由电源进线零线重复接地处或总漏电保护器电源侧零线处引出，开成局部 TN-S 接零保护系统通过总漏电保护器的工作零线与保护零线之间不得再做电气连接。PE 零线应单独敷设。重复接地线必须与 PE 线相连接，严禁与 N 线相连接。保护零线必须采用绝缘导线。

(4)使用一次侧由 50 V 以上电压的接零保护系统供电，二次侧为 50 V 及以下电压的安全隔离变压器时，二次侧不得接地，并应将二次线路用绝缘管保护或采用橡皮护套软线。

(5)当采用普通隔离变压器时，其二次侧一端应接地，且变压器正常不带电的外露可导电部分应与一次回路保护零线相连接。变压器应采取防止直接接触带电体的保护措施。

(6)TN 系统中的保护零线除必须在配电室或总配电箱处做重复接地外，还必须在配电系统的中间处和末端处做重复接地。严禁将单独敷设的工作零线再做重复接地。

(7)接地装置的设置应考虑土壤干燥或冻结及季节变化的影响，并应符合规定，接地电阻值在四季中均应符合要求。

(8)配电装置和电动机械相连接的 PE 线应为截面不小于 2.5 mm^2 的绝缘多股铜线。手持式电动工具的 PE 线应为截面不小于 1.5 mm^2 的绝缘多股铜线。

(9)PE 线上严禁装设开关或熔断器，严禁通过工作电源，且严禁断线。相线、N 线、PE 线的颜色标记必须符合以下规定：相线 L_1(A)、L_2(B)、L_3(C)的绝缘颜色依次为黄、绿、红色；N 线的绝缘颜色为淡蓝色；PE 线的绝缘颜色为绿-黄双色。任何情况下上述颜色标记严禁混用和互用代用。

2.保护接零安全技术要点

(1)在 TN 系统中，电气设备不带电的外露可导电部分应做保护接零的主要包括：电机、变压器、电器、照明器具、手持式电动工具的金属外壳；电气设备传动装置的金属部件；配电柜与控制柜的金属框架；配电装置的金属箱体、框架及靠近带电部分的金属围栏和金属门等。

(2)城防、人防、隧道等潮湿或条件特别恶劣的施工现场的电气设备必须采用保护接零。

3.接地与接地电阻的安全技术要点

(1)单台容量超过 100 kV·A 或使用同一接地装置并联运行且总容量超过 100 kV·A 的电力变压器或发电机的工作接地电阻不得大于 45 Ω，不超过 100 kV·A 时电阻值不得大于 10 Ω。

(2)在 TN 系统中，保护零线每一处重复接地装置的接地电阻值不应大于 10 Ω。在工作接地电阻值允许达到 10 Ω 的电力系统中，所有重复接地的等效电阻值不应大于 10 Ω。

(3)每一接地装置的接地线应采用 2 根及以上导体，在不同点与接地体做电气连接。

(4)不得采用铝导体做接地体或地下接地线。垂直接地体宜采用角钢、钢管或光面圆钢，不得采用螺纹钢。接地可利用自然接地体，但应保证其电气连接和热稳定。

(5)移动式发电机供电的用电设备，其金属外壳或底座应与发电机电源的接地装置有可靠的电气连接。

四、配电室安全用电管理

1.概述

(1)配电室应靠近电源,并应在灰尘少、潮气少、振动小、无腐蚀介质、无易燃易爆物及道路畅通的地方。配电室的建筑物和构筑物的耐火等级不低于3级,室内配置沙箱和可用于扑灭电气火灾的灭火器。配电室和控制室应能自然通风,并应采取防止雨雪侵入和动物进入的措施。配电室的门向外开,并配锁。配电室的照明分别设置正常照明和事故照明。配电室应保持整洁,不得堆放任何妨碍操作、维修的杂物。

(2)成列的配电柜和控制柜两端应与重复接地线及保护零线作电气连接。配电柜应编号,并应有用途标记。配电柜或配电线路停电维修时,应连接地线,并应悬挂标有"禁止合闸、有人工作"字样的停电标志牌。停送电必须由专人负责。

2.安全技术要点

(1)配电柜正面的操作通道宽度:单列布置或双列背对背布置不小于1.5 m,双列面对面布置不小于2 m。配电柜后面的维护通道宽度:单列布置或双列面对面布置不小于0.8 m,双列背对背布置不小于1.5 m,个别有建筑物结构凸出的地方,则此点通道宽度可减少0.2 m,配电柜侧面的维护通道宽度不小于1 m。配电室的顶棚与地面的距离不低于3 m。配电装置的上端距顶棚不小于0.5 m。配电室围栏上端与其正上方带电部分的净距离不小0.075 m。

(2)配电室内设置值班或检修室时,该室边缘距配电室水平距离大于1 m,并采取屏障隔离。配电室内的裸母线与地面垂直距离小于2.5 m时,采用遮拦隔离,遮拦下面通道的高度不小于1.9 m。

(3)配电柜应装设电度表,并应装设电流、电压表。电流表与计费电度表不得共用一组电流互感器。配电柜应装设电源隔离开关及短路、过载、漏电保护电器。电源隔离开关分析时应有明显可见分断点。

五、配电箱及开关箱安全用电管理

1.一般规定

(1)配电箱、开关箱应装设在干燥、通风及常温场所,不得装设在有严重损伤作用的瓦斯、烟气、潮气及其他有害介质中,亦不得装设在易受外来固体物撞击、强烈振动、液体浸溅及热源烘烤场所。否则,应予清除或做防护处理。

(2)总配电箱应设在靠近电源的区域,分配电箱应设在用电设备或负荷相对集中的区域。配电箱、开关箱周围应有足够2人同时工作的空间和通道,不得堆放杂物。

(3)动力配电箱与照明配电箱若合并设置为同一配电箱,动力和照明应分路配电;动力开关箱与照明开关箱必须分设。

(4)配电箱、开关箱应采用冷轧钢板或阻燃绝缘材料制作,钢板厚度应为1.2～2.0 mm,其中开关箱箱体钢板厚度不得小于1.2 mm,配电箱箱体钢板厚度不得小于1.5 mm,箱体表面应体做防腐处理。

(5)配电箱、开关箱内的连接线必须采用铜芯绝缘导线。导线绝缘的颜色标志应按要求配置并排列整齐;导线分支接头不得采用螺栓压接,应采用焊接并做绝缘包扎,不得有外露带电部分。导线的进线口和出线口应设在箱体的下底面。

(6)配电箱、开关箱外形结构应能防雨、防尘。

2.安全技术要点

(1)每台用电设备必须有各自专用的开关箱,严禁用同一个开关箱直接控制2台及2台以上用电设备(含插座)。

(2)配电箱、开关箱应装设端正、牢固。固定式配电箱、开关箱的中心点与地面的垂直距离应为1.4～1.6 m,见图5-15。移动式配电箱、开关箱应装设在坚固、稳定的支架上。其中心点与地面的垂直距离宜为0.8～1.6 m。

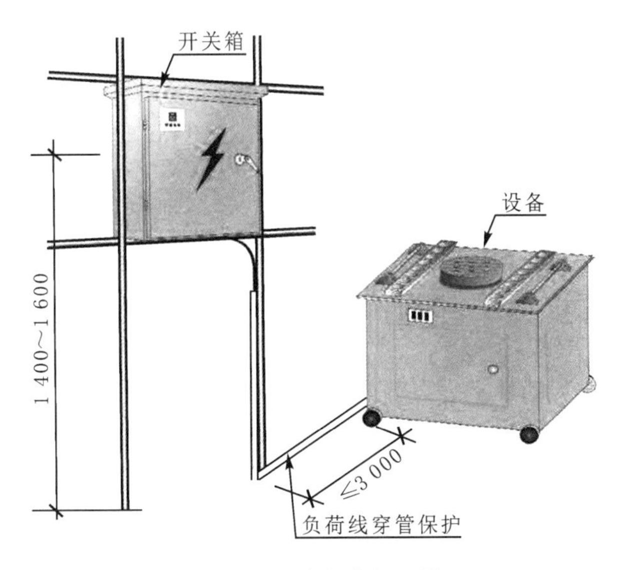

图5-15 设备与电源设置

(3)配电箱、开关箱内的电器(含插座)应先安装在金属或非木质阻燃绝缘电器安装板上,然后方可整体固定在配电箱、开关箱箱体内。金属电器安装板与金属箱体应做电气连接。配电箱、开关箱内的电器(含插座)应按其规定位置紧固在电器安装板上,不得歪斜和松动。

(4)配电箱的电器安装板上必须分设N线端子板和PE线端子板。N线端子板必须与金属电器安装板绝缘;PE线端子板必须与金属电器安装板做电气连接。进出线中的N线必须通过N线端子板连接;PE线必须通过PE线端子板连接。

(5)配电箱、开关箱的箱体尺寸应与箱内电器的数量和尺寸相适应。

六、施工用电线路管理

1.一般规定

(1)架空线和室内配线必须采用绝缘导线或电缆。

(2)架空线导线中的计算负荷电流不大于其长期连续负荷允许载流量。线路末端电压偏移不大于其额定电压的5%。三相四线制线路的N线和PE线截面不小于相线截面的50%,单相线路的零线截面与相线截面相同。按机械强度要求,绝缘铜线截面不小于10 mm^2,绝缘铝线截面不小于16 mm。在跨越铁路、公路、河流、电力线路挡距内,绝缘铜线截面不小于16 mm,绝缘铝线截面不小于25 mm。

(3)架空线路宜采用钢筋混凝土或木杆。钢筋混凝土不得有露筋、宽度大于0.4 mm的裂纹和扭曲;木杆不得腐朽,其梢径不应小于140 mm。电杆埋设深度宜为杆长的1/10加0.6 m,回填土应分层夯实。在松软土质处宜加大埋入深度或采用卡盘等加固。

(4)电缆中必须包含全部工作芯线和用作保护零线或保护线的芯线。需要三相四线制配电的电缆线路必须采用五芯电缆。五芯电缆必须包含淡蓝、绿-黄两种绝缘芯线。淡蓝色芯线必须用作N线;绿-黄双色芯线必须用作PE线,严禁混用。

(5)电缆线路应采用埋地或架空敷设,严禁沿地面明设,并应避免机械损伤和介质腐蚀。埋地电缆路径应设方位标志。埋地电缆在穿越建筑物、构筑物、道路、易受机械损伤、介质腐蚀场所及引出地面从2.0 m高到地下0.2 m处,必须加设防护套管,防护套管内径不应小于电缆外径的1.5倍。

(6)在建工程内的电缆线路必须采用电缆埋地引入,严禁穿越脚手架引入。电缆垂直敷设应充分利用在建工程的竖井、垂直孔洞等,并宜靠近用电负荷中心,固定点每楼层不得少于一处。电缆水平敷设宜沿墙或门口刚性固定,最大弧垂距地不得小于2.0 m。

(7)室内配线应根据配线类型采用瓷瓶、瓷夹、嵌绝缘槽、穿管或钢索敷设。潮湿场所或埋地非电缆配线必须穿管敷设,管口和管接头应密封;当采用金属管敷设时,金属管必须做等电位连接,且必须与PE线相连接。

(8)架空线路、电缆线路和室内配线必须有短路保护和过载保护。

2.架空线路安全技术要点

(1)架空线必须架设在专用电杆上,严禁架设在树木、脚手架及其他设施上。架空线路的线间距不得小于0.3 m,靠近电杆的两导线的间距不得小于0.5 m。

(2)架空线路的挡距不得大于35 m。架空线在一个挡距内,每层导线的接头数不得超过该层导线条数的50%,且一条导线应只有一个接头。在跨越铁路、公路、河流、电力线路挡距内,架空线不得有接头。

(3)电杆的拉线宜采用不少于3根直径4.0 mm的镀锌钢丝。拉线与电杆的夹角在30°～45°之间。拉线埋设深度不得小于1 m。电杆拉线如从导线之间穿过，应在高于地面2.5m处装设拉线绝缘子。

(4)因受地形环境限制不能装设拉线时，可采用撑杆代替拉线，撑杆埋设深度不得小于0.8 m，其底部应垫底盘或石块。撑杆与电杆夹角宜为30%。接户线在挡距内不得有接头，进线处离地高度不得小于2.5 m。

3.电缆线路的安全技术要点

(1)电缆直接埋地敷设的深度不应小于0.7 m，并应在电缆紧邻四周均匀敷设不小于50 mm厚的细砂，然后覆盖砖或混凝土板等硬质保护层。

(2)埋地电缆与其附近外电电缆和管沟的平行间距不得小于2 m，交叉间距不得小于1 m。

(3)埋地电缆的接头应设在地面上的接线盒内，接线盒应能防水、防尘、防机械损伤并应远离易燃、易爆、易腐蚀场所。

(4)架空电缆应沿电杆、支架或墙壁敷设，并采用绝缘子固定，绑扎线必须采用绝缘线，固定点间距应保证电缆能随自重所带来的荷载，敷设高度应符合《施工现场临时用电安全技术规范》对架空线路敷设高度的要求，但沿墙壁敷设时最大弧垂距地不得小于2.0 m。

(5)架空电缆严禁沿脚手架、树木或其他设施敷设。

七、施工照明安全用电管理

1.一般规定

(1)现场照明宜选用额定电压为220 V的照明器，采用高光效、长寿命的照明光源。对需大面积照明的场所，应采用高压汞灯、高压钠灯或混光用的卤钨灯等。

(2)照明变压器必须使用双绕组型安全隔离变压器，严禁使用自耦变压器。开关控制，不得将相线直接引入灯具。

(3)对夜间影响飞机或车辆通行的在建工程及机械设备，必须设置醒目的红色信号灯，其电源应设在施工现场总电源开关的前侧，并应设置外电线路停止供电时的应急自备电源。

(4)无自然采光的地下大空间施工场所，应编制单项照明用电方案。

2.安全技术要点

(1)室外220 V灯具距地面不得低于3 m，室内220 V灯具距地面不得低于2.5 m。

(2)普通灯具与易燃物距离不宜小于300 mm；聚光灯、碘钨灯等高热灯具与易燃物距离不宜小于500 mm，且不得直接照射易燃物。达不到规定安全距离时，应采取隔热措施。

(3)碘钨灯及钠、铊、钢等金属卤化物灯具的安装高度宜在3 m以上，灯线应固定在接线柱上，不得靠近灯具表面。螺口灯头的绝缘外壳无损伤、无漏电。

(4)暂设工程的照明灯具宜采用拉线开关控制，拉线开关距地面高度为2～3 m，与出入口的水平距离为0.15～0.2 m。

(5)携带式变压器的一次性电源线应采用橡皮护套或塑料护套铜芯软电缆，中间不得有接头，长度不宜超过3 m，其中绿-黄双色线只可作PE线使用，电源插销应有保护触头。

(6)隧道、人防工程、高温、有导电灰尘、比较潮湿或灯具离地面高度低于2.5 m等场所的照明，电源电压不应大于36 V。

(7)行灯电源电压不大于36 V，灯体与手柄应坚固、绝缘良好并耐热耐潮湿。灯头与灯体结合牢固，灯头无开关，灯泡外部有金属保护网。金属网、反光罩、悬吊挂钩固定在灯具的绝缘部位上。

八、触电危险与触电急救

1.触电危险

1)触电

人体是导电体，当人体接触到具有不同电位的两点时，产生电位差，在人体内形成电流，电流通过人体就是触电。触电会给触电者带来不同程度的伤害。当交流电电流在0.1A以上时，通过脑干可引起严重呼吸抑制；当电流通过心脏时，造成心室纤维颤动以致心脏停止跳动，严重者会很快死亡。

(1)与触电伤害有关的因素。

①通过人体电流的大小：电流越大，对人体危害越重。1 mA的工频(50～60 Hz)交流电流通过人体时有麻或痛的感觉，自身能摆脱电源；超过20～25 mA时，会使人感觉麻痹或剧痛，且呼吸困难，自身无法摆脱电源；若100 mA工频交流电流通过人体，很短时间就会使触电者窒息、心跳停止、失去知觉而死亡。一般把工频交流电流10 mA、直流电流50 mA看作安全电流。但即使是安全电流，长时间通过人体，也是有危险的。

②外加电压的高低：在危险工作场所，允许使用的电压不得超过规定的安全电压。安全电压是根据作业环境对人体电阻影响确定的。我国根据工作场合、不同危险程度，规定12 V，24 V，36 V为安全电压。安全电压可使通过人体的电流控制在较小的范围。

③人体电阻的大小：人体具有一定电阻，在人体表皮0.05～0.2 mm厚的角质层具有很高的电阻。可达到10 000 Ω以上；除去角质层人体电阻就减少到800～1 000 Ω；若除去皮肤，人体电阻就进一步下降到600～800 Ω，同一个人在大汗淋漓或被雨水淋湿时，比干燥时的电阻要小得多。在一定的电压下，人体电阻愈低，触电时流过的电流就愈大，即危险性愈大。统计分析表明，6、7、8、9月为夏秋之际，雨水较多，空气湿度大，为建筑业触电事故的多发时期。

④电流通过人体的持续时间长短：电流通过人体的时间愈长，对生命危害愈重，所以一旦发生触电事故，要使触电者迅速脱离电源。

⑤电流通过人体的部位与途径：触电时，若电流首先通过人体重要部位，如穿过左胸心脏区

域、呼吸系统和中枢神经等则危险性放大。所以从手到脚的触电电流途径是最危险的,极易造成呼吸停止、心脏麻痹致死。从脚到脚的触电电流途径,虽伤害程度较轻,但常可因剧烈痉挛而摔倒,以至造成电流通过全身的严重情况。此外,还与触电者的健康状况有关,年老、体弱者,受电击后反应比较严重,患有心脏病、结核病等病症的人,受电击引起的伤害程度要比健康人严重。

(2)触电种类。

①双线触电:双线触电是指触电者的身体同时接触到两条不同相带电的电线,电线上的电就会通过人体,从一条电线流至另一条电线,形成回路使人触电,触电的后果往往很严重。这类触电常见于电工违章作业中。

②单线触电:当人未穿绝缘鞋站在地面上,接触到一条带电导线时,电流通过人体与大地形成通路,称为单线触电。如电气设备的金属外壳非正常带电时,人体碰到金属外壳就会发生单线触电。这类触电是最常见的触电事故。

③跨步电压触电:当高压输电线路因某种原因发生断线,导电线落下直接接触地面时,导线与大地构成回路,电流经导线入地时,会在导线周围地面形成一个很强的电场,其电位分布呈圆周状,以接地点为圆心,半径越小,圆周上的电位越高,半径越大,圆周上的电位越低。人员进入此区域,当两脚分别站在地面上具有不同电位的两点时,在人的两脚间形成电位差,即所谓跨步电压。跨步电压达到相当强度时,电流流经人体,导致触电事故。一般,离开接地点 20m 以外,可不考虑跨步电压。

2.触电事故的急救

1)触电急救首先要使触电者迅速脱离电源

(1)脱离低压电源的方法可以用以下五个字来概括。

①“拉”:指就近拉开电源开关,拔出插销或瓷插熔断器(图 5-16(a))。

②“切”:指用带有绝缘柄的利器切断电源线(图 5-16(b))。

③“挑”:如果导线搭落在触电者身上或被压在身下,这时可用干燥的木棒、竹竿等挑开导线或用干燥的绝缘绳套拉导线或触电者,使之脱离电源(图 5-16(c))。

④“拽”:救护人可戴上手套或在手上包缠干燥的衣物等绝缘物品拖拽触电者,或直接用一只手抓住触电者不贴身的干燥衣裤,使之脱离电源。拖拽时切勿触及触电者的身体(图 5-16(d))。

⑤“垫”:如果触电者由于痉挛手指紧握导线或导线缠绕在身上,救护人可先用干燥的模板塞进触电者身下使其与地绝缘来隔断电源,然后再采取其他办法把电源切断。

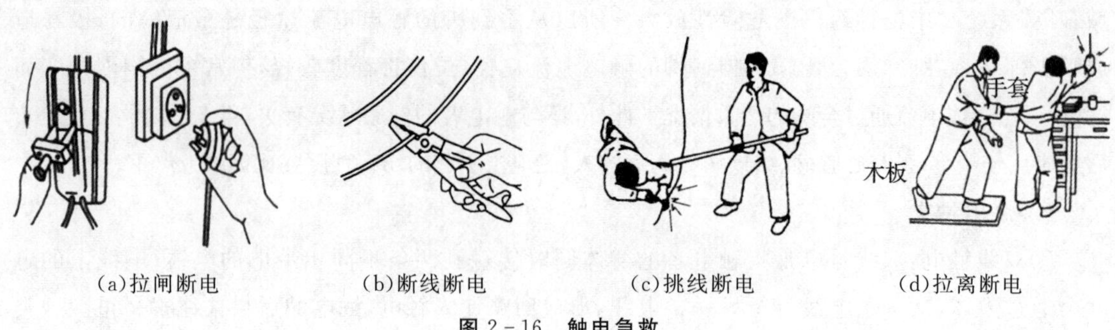

(a)拉闸断电　(b)断线断电　(c)挑线断电　(d)拉离断电

图 2-16　触电急救

(2)脱离高压电源的方法。

立即电话通知有关供电部门拉闸停电;如电源开关离触电现场不远,则可戴上绝缘手套,穿上绝缘靴,拉开高压断路器,或用绝缘棒拉开高压跌落熔断器以切断电源。往架空线路抛挂裸金属软导线,人为造成线路短路,迫使继电保护装置动作,使电源开关跳闸。如果触电者触及断落在地上的带电高压导线,且尚未确证线路无电之前,救护人不可进入断线落地点 8～10 m 的范围内,以防止跨步电压触电。

3.现场触电救护

现场救护触电者脱离电源后,应立即就地进行抢救。同时派人通知医务人员到现场并做好将触电者送往医院的准备工作。

(1)如果触电者所受的伤害不太严重,神志尚清醒,未失去知觉,应让触电者在通风暖和的处所静卧休息,并派人严密观察,同时请医生前来或送往医院诊治。

(2)如果触电者已失去知觉,但呼吸和心跳尚正常,则应使其平卧,解开衣服以利呼吸,四周保持空气流通,冷天应注意保暖,同时立即请医生前来或送往医院诊察。若发现触电者呼吸困难或心跳失常,应立即施行人工呼吸或胸外心脏按压。

(3)如果触电者呈现“假死”(电休克)现象,则可能有三种临床症状:一是心跳停止,但尚能呼吸;二是呼吸停止,但心跳尚存,脉搏很弱;三是呼吸和心跳均停止。若无呼吸或无须动脉搏动,就应立即按心肺复苏法就地抢救。所谓心肺复苏法就是支持生命的三项基本措施,即通畅气道、口对口(鼻)人工呼吸、胸外按压(人工循环)。“假死”症状的判定方法是“看”“听”“试”。“看”是观察触电者的胸部、腹部有无起伏动作;“听”是用耳贴近触电者的口鼻处,听他有无呼气声音;“试”是用手或小纸条试测口鼻有无呼吸的气流,再用两手指轻压喉结旁凹陷处的颈动脉有无搏动感觉。三项基本措施具体如下。

①采用仰头抬颌法通畅气道。若触电者呼吸停止,要紧的是始终确保气道通畅,其操作要领:清除口中异物,使触电者仰躺,迅速解开其领扣和裤带。救护人用一只手放在触电者前额,另一只手的手指将其颏颌骨向上抬起,两手协同将头部推向后仰,舌根自然随之抬起,气道即可畅通。

②口对口(鼻)人工呼吸。完成气道通畅的操作后,应立即对触电者施行口对口或口对鼻人工呼吸。口对鼻人工呼吸用于触电者嘴巴紧闭的情况。人工呼吸的操作要领如下:a.先大口吹气刺激起搏:救护人蹲跪在触电者的一侧,用放在触电者额上的手的手指捏住其鼻翼,另一只手的食指和中指轻轻托住其下巴,救护人深吸气后,与触电者口对口紧合,在不漏气的情况下先连续大口吹气两次,每次1～1.5 s;然后用手指试测触电者颈动脉是否有搏动,如仍无搏动,可判断心跳确已停止,在施行人工呼吸的同时应进行胸外按压;b.正常口对口人工呼吸:大口吹气两次试测搏动后,立即转入正常的口对口人工呼吸阶段。正常的吹气频率是每分钟约12次。正常的口对口人工呼吸操作姿势如上述。但吹气量不需过大,以免引起胃膨胀,如触电者是儿童,吹气量宜小些,以免肺泡破裂。救护人换气时,应将触电者的鼻或口放松,让他借自己胸部的弹性自动吐气。吹气和放松时要注意触电者胸部有无起伏的呼吸动作。吹气时如有较大的阻力,可能是头部后仰不够,应及时纠正,使气道保持畅通;c.触电者如牙关紧闭,可改行口对鼻人工呼吸。吹气时要将触电者嘴唇紧闭,防止漏气。

③胸外按压。胸外按压是借助人力使触电者恢复心脏跳动的急救方法。其操作要领简述如下:a.确定正确的按压位置的步骤:右手的食指和中指沿触电者的右侧肋弓下缘向上,找到肋骨和胸骨接合处的中点。右手两手指并齐中指放在切迹中点(剑突底部),食指平放在胸骨下部,另一只手的掌根紧挨食指上缘置于胸骨上,掌根处即为正确按压位置;b.正确的按压姿势:使触电者仰躺并解开其衣服,仰卧姿势与口对口(鼻)人工呼吸法相同。救护人立或跪在触电者一侧肩旁,两肩位于触电者胸骨正上方,两臂伸直,肘关节固定不屈,两手掌相叠,手指翘起,不接触触电者胸壁。以髋关节为支点,利用上身的重力,垂直将正常成人胸骨压陷3～5 cm(儿童和瘦弱者酌减)。压至要求程度后,立即全部放松,但救护人的掌根不得离开触电者的胸壁。按压有效的标志是在按压过程中可以触到颈动脉搏动;c.恰当的按压频率:胸外按压要以均匀速度进行。操作频率以每分钟80次为宜,每次包括按压和放松一个循环,按压和放松的时间相等。当胸外按压与口对口(鼻)人工呼吸同时进行时,操作的节奏为:单人救护时,每按压15次后吹气2次(15:2),反复进行;双人救护时,每按压15次后由另一人吹气1次(15:1),反复进行。

任务实施

一、资讯

1.工作任务

学生宿舍楼工程正在进行人工挖孔桩施工,因下雨停工,雨停后,工人们又返回工作岗位继续施工。不一会,又下了一阵雨,大部分工人停止施工返回宿舍。其中有两个桩孔因地质情况特殊需要继续施工,而就在此时,由于配电箱进线端电线无穿管保护而被箱体割破绝缘层,造成电箱外壳、提升机械,以及钢丝绳、吊桶带电。江某等工人在没有进行任何检查的情况下,习惯性的按正常情况准备施工，当触及带电的吊桶时，遭到强烈的电击，后经抢救无效死亡。请分析事故发生的可能原因，可采用哪些控制措施。

2.收集、查询信息

学生根据任务查阅教材、资料获取必要的知识。

3.引导问题

①施工用电的保护接地有哪些类型？

②什么是三级配电和二级漏电保护？

③哪些情况应使用安全电压的电源？

④架空线导线截面的选择应符合哪些要求？

二、计划

分析事故发生的可能原因。

三、决策

确定事故发生的原因。

四、实施

小组成员协作确定事故控制措施。

五、检查

根据《建筑现场临时用电安全技术规范》对施工用电检查评分表的要求，检查是否满足施工用电保证项目和一般项目要求。学生首先自查，然后以小组为单位进行互查，发现错误及时纠正，遇到问题商讨解决，教师再作出改进指导。

六、评价

学生首先自评，然后教师结合学生在实施过程中表现出来的职业素养、参与程度综合考核评价每位学生的成绩。

学生评价自评表

<table>
<tr><td>项目名称</td><td>建筑施工专项安全管理</td><td>任务名称</td><td>施工现场临时用电安全管理</td><td>学生签名</td><td></td></tr>
<tr><td colspan="2">自评内容</td><td colspan="2">标准分值</td><td colspan="2">实际得分</td></tr>
<tr><td colspan="2">外电防护</td><td colspan="2">10</td><td colspan="2"></td></tr>
<tr><td colspan="2">接地与接零保护系统</td><td colspan="2">15</td><td colspan="2"></td></tr>
<tr><td colspan="2">配电线路</td><td colspan="2">10</td><td colspan="2"></td></tr>
<tr><td colspan="2">配电室与配电装置</td><td colspan="2">15</td><td colspan="2"></td></tr>
<tr><td colspan="2">配电箱与开关箱</td><td colspan="2">15</td><td colspan="2"></td></tr>
<tr><td colspan="2">现场照明</td><td colspan="2">10</td><td colspan="2"></td></tr>
<tr><td colspan="2">用电档案</td><td colspan="2">10</td><td colspan="2"></td></tr>
<tr><td colspan="2">是否能认真描述困难、错误和修改内容</td><td colspan="2">5</td><td colspan="2"></td></tr>
<tr><td colspan="2">对自己工作的评价</td><td colspan="2">5</td><td colspan="2"></td></tr>
<tr><td colspan="2">团队协作能力</td><td colspan="2">5</td><td colspan="2"></td></tr>
<tr><td colspan="2">合计得分</td><td colspan="2">100</td><td colspan="2"></td></tr>
<tr><td colspan="6">改进内容及方法：</td></tr>
</table>

教师评价表

项目名称	建筑施工专项安全管理	任务名称	施工现场临时用电安全管理	学生签名	
自评内容			标准分值	实际得分	
外电防护			10		
接地与接零保护系统			15		
配电线路			10		
配电室与配电装置			15		
配电箱与开关箱			15		
现场照明			10		
用电档案			10		
是否能认真描述困难、错误和修改内容			5		
对自己工作的评价			5		
团队协作能力			5		
合计得分			100		

任务4 施工现场消防安全管理

任务描述

建筑施工过程中，无论是电气短路还是违规抽烟、使用明火等现象都有可能造成火灾的发生。而建筑火灾破坏力极大，危害严重，造成的经济损失不可预计。

接收项目后通过掌握平面布置要求，熟悉防火管理和临时消防设施管理，需要各小组对学生宿舍楼的施工现场消防安全管理进行安全检查与评分。

一、施工现场平面布置管理

1.平面布置要求

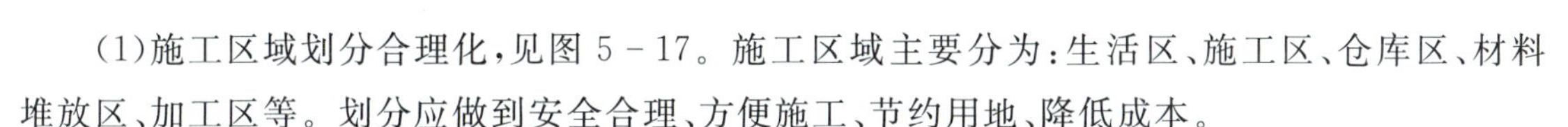

(1)施工区域划分合理化，见图5-17。施工区域主要分为：生活区、施工区、仓库区、材料堆放区、加工区等。划分应做到安全合理、方便施工、节约用地、降低成本。

图5-17 施工区域划分

(2)施工现场总平面布局应明确与现场防火、灭火及人员疏散密切相关的临建设施的具体位置，以满足现场防火、灭火及人员疏散的要求。

(3)临时用房、临时设施的布置应满足现场防火、灭火及人员安全疏散的要求。

(4)临时用房和临时设施应纳入施工现场总平面布局。

(5)施工现场出入口的设置应满足消防车通行的要求，并宜布置在不同方向，其数量不宜少于2个。当确有困难只能设置1个出入口时，应在施工现场内设置满足消防车通行的环形道路。

(6)施工现场临时办公、生活、生产、物料存储等功能区宜相对独立布置，防火间距应符合规范规定。

(7)固定动火作业场应布置在可燃材料堆场及其加工场、易燃易爆危险品库房等全年最小频率风向的上风侧,并宜布置在临时办公用房、宿舍、可燃材料库房、在建工程等全年最小频率风向的上风侧。

(8)易燃易爆危险品库房应远离明火作业区、人员密集区和建筑物相对集中区。

(9)可燃材料堆场及其加工场,易燃易爆危险品库房不应布置在架空电力线下。

2.防火间距

施工现场要明确划分出禁火作业区(易燃、可燃材料的堆放场地)、仓库区(易燃废料的堆放区)和现场的生活区。各区域之间一定要有可靠的防火间距。

(1)易燃易爆危险品库房与在建工程的防火间距不应小于 15 m,可燃材料堆场及其加工场、固定动火作业场与在建工程的防火间距不应小于 10 m,其他临时用房、临时设施与在建工程的防火间距不应小于 6 m。

(2)施工现场主要临时用房、临时设施的防火间距不应小于规范的规定,当办公用房、宿舍成组布置时,其防火间距可适当减小,但应符合下列规定。

①每组临时用房的栋数不应超过 10 栋,组与组之间的防火间距不应小于 8 m;

②组内临时用房之间的防火间距不应小于 3.5 m,当建筑构件燃烧性能等级为 A 级时,其防火间距可减少到 3 m。

3.消防车道

(1)施工现场内应设置临时消防车道,临时消防车道与在建工程、临时用房、可燃材料堆场及其加工场的距离不宜小于 5 m,且不宜大于 40 m;施工现场周边道路满足消防车通行及灭火救援要求时,施工现场内可不设置临时消防车道。

(2)临时消防车道的设置应符合下列规定。

①临时消防车道宜为环形,设置环形车道确有困难时,应在消防车道尽端设置尺寸不小于 12 m×12 m 的回车场。

②临时消防车道的净宽度和净空高度均不应小于 4 m。

③临时消防车道的右侧应设置消防车行进路线指示标识。

④临时消防车道路基、路面及其下部设施应能承受消防车通行压力及工作荷载。

(3)下列建筑应设置环形临时消防车道,设置环形临时消防车道确有困难时,除应设置回车场外,还设置临时消防救援场地:

①建筑高度大于 24 m 的在建工程。

②建筑工程单体占地面积大于 3 000 m^2 的在建工程。

③超过 10 栋,且成组布置的临时用房。

(4)临时消防救援场地的设置应符合下列规定。

①临时消防救援场地应在在建工程装饰装修阶段设置。

②临时消防救援场地应设置在成组布置的临时用房场地的长边一侧及在建工程的长边

一侧。

③临时救援场地宽度应满足消防车正常操作要求，且不应小于 6 m，与在建工程外脚手架的净距离不宜小于 2 m，且不宜超过 6 m。

二、建筑防火管理

1.建筑防火管理原则

(1)临时用房和在建工程应采取可靠的防火分隔和安全疏散等防火技术措施。

(2)临时用房的防火设计应根据其使用性质及火灾危险性等情况进行确定。

(3)在建工程防火设计应根据施工性质、建筑高度、建筑规模及结构特点等情况进行确定。

2.临时用房防火

(1)宿舍、办公用房的防火设计应符合下列规定。

①建筑构件的燃烧性能等级应为 A 级。当采用金属夹芯板材时，其芯材的燃烧性能等级应为 A 级；

②建筑层数不应超过 3 层，每层建筑面积不应大于 300 m^2；

③层数为 3 层或每层建筑面积大于 200 m^2 时，应设置至少 2 部疏散楼梯，房间疏散门至疏散楼梯的最大距离不应大于 25 m；

④单面布置用房时，疏散走道的净宽度不应小于 1.0 m；双面布置用房时，疏散走道的净宽度不应小于 1.5 m；

⑤疏散楼梯的净宽度不应小于疏散走道的净宽度；

⑥宿舍房间的建筑面积不应大于 30 m^2，其他房间的建筑面积不宜大于 100 m^2；

⑦房间内任一点至最近疏散门的距离不应大于 15 m，房门的净宽度不应小于 0.8 m；房间建筑面积超过 50 m^2 时，房门的净宽度不应小于 1.2 m；

⑧隔墙应从楼地面基层隔断至顶板基层底面。

(2)发电机房、变配电房、厨房操作间、锅炉房、可燃材料库房及易燃易爆危险品库房的防火设计应符合下列规定。

①建筑构件的燃烧性能等级应为 A 级；

②层数应为 1 层，建筑面积不应大于 200 m^2；

③可燃材料库房单个房间的建筑面积不应超过 30 m^2，易燃易爆危险品库房单个房间的建筑面积不应超过 20 m^2；

④房间内任一点至最近疏散门的距离不应大于 10 m，房门的净宽度不应小于 0.8 m。

(3)其他防火设计应符合下列规定。

①宿舍、办公用房不应与厨房操作间、锅炉房、变配电房等组合建造；

②会议室、文化娱乐室等人员密集的房间应设置在临时用房的第一层，其疏散门应向疏散

方向开启。

3.在建工程防火

(1)在建工程作业场所的临时疏散通道应采用不燃、难燃材料建造,并应与在建工程结构施工同步设置,也可利用在建工程施工完毕的水平结构、楼梯。

(2)在建工程作业场所临时疏散通道的设置应符合下列规定:

①耐火极限不应低于0.5 h;

②设置在地面上的临时疏散通道,其净宽度不应小于1.5 m;利用在建工程施工完毕的水平结构、楼梯作临时疏散通道时,其净宽度不宜小于1.0 m;用于疏散的爬梯及设置在脚手架上的临时疏散通道,其净宽度不应小于0.6 m;

③临时疏散通道为坡道,且坡度大于25°时,应修建楼梯或台阶踏步或设置防滑条;

④临时疏散通道不宜采用爬梯,确需采用时,应采取可靠固定措施;

⑤临时疏散通道的侧面为临空面时,应沿临空面设置高度不小于1.2 m的防护栏杆;

⑥临时疏散通道设置在脚手架上时,脚手架应采用不燃材料搭设;

⑦临时疏散通道应设置明显的疏散指示标志;

⑧临时疏散通道应设置照明设施。

(3)既有建筑进行扩建、改建施工时,必须明确划分施工区和非施工区。施工区不得营业使用和居住;非施工区继续营业、使用和居住时,应符合下列规定。

①施工区和非施工区之间应采用不开设门、窗、洞口的且耐火极限不低于3.0 h的不燃烧体隔墙进行防火分隔。

②非施工区内的消防设施应完好和有效,疏散通道应保持畅通,并应落实日常值班及消防安全管理制度。

③施工区的消防安全应配有专人值守,发生火情应能立即处置。

④施工单位应向居住和使用者进行消防宣传教育,告知建筑消防设施、疏散通道的位置及使用方法,同时应组织疏散演练。

⑤外脚手架搭设不应影响安全疏散、消防车正常通行及灭火救援操作,外脚手架搭设长度不应超过该建筑物外立面周长的1/2。

(4)外脚手架、支模架的架体宜采用不燃或难燃材料搭设,下列工程的外脚手架、支模架的架体应采用不燃材料搭设。

(5)下列安全防护网应采用阻燃型安全防护网。

①高层建筑外脚手架的安全防护网。

②既有建筑外墙改造时,其外脚手架的安全防护网。

③临时疏散通道的安全防护网。

④作业场所应设置明显的疏散指示标志,其指示方向应指向最近的临时疏散通道入口。

⑤作业层的醒目位置应设置安全疏散示意图。

三、临时消防设施管理

1. 临时消防设施设置要求

(1)施工现场应设置灭火器(图 5－18(a))、临时消防给水系统(图 5－18(b))和应急照明(图 5－18(c))等临时消防设施。

(a)灭火器

(b)临时消防给水系统

(c)应急照明

图 5－18 临时消防设施

(2)临时消防设施应与在建工程的施工同步设置。房屋建筑工程中,临时消防设施的设置与在建工程主体结构施工进度的差距不应超过 3 层。

(3)在建工程可利用已具备使用条件的永久性消防设施作为临时消防设施。当永久性消防设施无法满足使用要求时,应增设临时消防设施,并应符合规范的规定。

(4)施工现场的消火栓泵应采用专用消防配电线路。专用消防配电线路应自施工现场总配电箱的总断路器上端接入,不间断供电。

(5)地下工程的施工作业场所宜配备防毒面具。

(6)临时消防给水系统的储水池、消火栓泵、室内消防竖管及水泵接合器等应设置醒目标志。

2. 灭火器

(1)在建工程及临时用房的下列场所应配置灭火器。

①易燃易爆危险品存放及使用场所。

②动火作业场所。

③可燃材料存放、加工及使用场所。

④厨房操作间、锅炉房、发电机房、变配电房、设备用房、办公用房、宿舍等临时用房。

⑤其他具有火灾危险的场所。

(2)施工现场灭火器配置应符合下列规定。

①灭火器的类型应与配备场所可能发生的火灾类型相匹配。

②灭火器的最低配置标准应符合表 5－8 的规定。

表 5-8 灭火器的最低配置标准

项目	固定物质火灾		液体或可熔化固体物质火灾、气体火灾	
	单具灭火器最小灭火级别	单位灭火级别最大保护面积/($m^2 \cdot A^{-1}$)	单具灭火器最小灭火级别	单位灭火级别最大保护面积/($m^2 \cdot B^{-1}$)
易燃易爆危险品存放及使用场所	3A	50	89B	0.5
固定动火作业场	3A	50	89B	0.5
临时动火作业点	2A	50	55B	0.5
可燃材料存放、加工及使用场所	2A	75	55B	1.0
厨房操作间、锅炉房	2A	75	55B	1.0
自备发电机房	2A	75	55B	1.0
变配电房	2A	75	55B	1.0
办公用房、宿舍	1A	100	—	—

③灭火器的配置数量应按现行国家标准《建筑灭火器配置设计规范》(GB 50140—2005)中有关规定经计算确定，且每个场所的灭火器数量不应少于2具。

④灭火器的最大保护距离应符合表5-9的规定。

表 5-9 灭火器的最大保护距离

单位：m

灭火器配置场所	固体物质火灾	液体或可熔化固体物质火灾、气体火灾
易燃易爆危险品存放及使用场所	15	9
固定动火作业场	15	9
临时动火作业点	10	6
可燃材料存放、加工及使用场所	20	12
厨房操作间、锅炉房	20	12
发电机房、变配电房	20	12
办公用房、宿舍等	25	—

3.临时消防给水系统

(1)施工现场或其附近应设置稳定、可靠的水源，并应能满足施工现场临时消防用水的需要。消防水源可采用市政给水管网或天然水源。当采用天然水源时，应采取确保冰冻季节、枯水期最低水位时顺利取水的措施，并应满足临时消防用水量的要求。

(2)临时消防用水量应为临时室外消防用水量与临时室内消防用水量之和。

(3)临时室外消防用水量应按临时用房和在建工程的临时室外消防用水量的较大者确定，施工现场火灾次数可按同时发生1次确定。

(4)临时用房建筑面积之和大于1 000 m^2或在建工程单体体积大于10 000 m^3时，应设置临时室外消防给水系统。当施工现场处于市政消火栓150 m保护范围内，且市政消火栓的数量满足室外消防用水量要求时，可不设置临时室外消防给水系统。

(5)临时用房的临时室外消防用水量不应小于表5－10的规定。

表5－10 临时用房的临时室外消防用水量

临时用房的建筑面积之和	火灾延续时间/h	消火栓用水量/$(L \cdot s^{-1})$	每支水枪最小流量/$(L \cdot s^{-1})$
1 000 m^2＜面积＜3 000 m^2	1	10	5
面积＞3 000 m^2		15	5

(6)在建工程的临时室外消防用水量不应小于表5－11的规定。

表5－11 在建工程的临时室外消防用水量

在建工程(单体)体积	火灾延续时间/h	消火栓用水量/$(L \cdot s^{-1})$	每支水枪最小流量/$(L \cdot s^{-1})$
1 000 m^3＜体积＜3 000 m^3	1	15	5
体积＞3 000 m^3	2	20	5

(7)施工现场临时室外消防给水系统的设置应符合下列规定。

①给水管网宜布置成环状。

②临时室外消防给水干管的管径，应根据施工现场临时消防用水量和干管内水流计算速度计算确定，且不应小于DN100。

③室外消火栓应沿在建工程、临时用房和可燃材料堆场及其加工场均匀布置，与在建工程、临时用房和可燃材料堆场及其加工场的外边线的距离不应小于5 m。

④消火栓的间距不应大于120 m。

⑤消火栓的最大保护半径不应大于150 m。

(8)建筑高度大于24 m或单体体积超过30 000 m^3 的在建工程，应设置临时室内消防给水。

(9)在建工程的临时室内消防用水量不应小于表5－12的规定。

表5－12 在建工程的临时室内消防用水量

建筑高度、在建工程(单体)体积	火灾延续/h	消火栓用水量/$(L \cdot s^{-1})$	每支水枪最小流量/$(L \cdot s^{-1})$
24 m＜建筑高度≤50 m或 3 000 m^3＜面积≤5000 m^3	1	10	5
建筑高度＞50 m或体积 ＞5 000 m^3	1	15	5

(10)在建工程临时室内消防竖管的设置应符合下列规定。

①消防竖管的设置位置应便于消防人员操作，其数量不应少于2根，当结构封顶时，应将消防竖管设置成环状。

②消防竖管的管径应根据在建工程临时消防用水量、竖管内水流速度计算确定，且不应小于DN100。

(11)设置室内消防给水系统的在建工程，应设置消防水泵接合器。消防水泵接合器应设在室外便于消防车取水的部位，与室外消火栓或消防水池取水口的距离宜为15～40 m。

(12)设置临时室内消防给水系统的在建工程，各结构层均应设置室内消火栓接口及消防接口，并应符合下列规定。

①消火栓接口及软管接口应设置在位置明显且易于操作的部位。

②消火栓接口的前端应设置截止阀。

③消火栓接口或软管接口的间距，多层建筑不应大于50 m，高层建筑不应大于30 m。

(13)在建工程结构施工完毕的每层楼梯处应设置消防水枪、水带及软管，且每个设置点不应少于2套。

(14)高度超过100 m的在建工程，应在适当楼层增设临时中转水池及加压水泵。中转水池的有效容积不应少于10 m^3，上、下两个中转水池的高度差不宜超过100 m。

(15)临时消防给水系统的给水压力应满足消防水枪充实水柱长度不小于10 m的要求；给水压力不能满足要求时，应设置消火栓泵，消火栓泵不应少于2台，且应互为备用；消火栓泵设置自动启动装置。

(16)当外部消防水源不能满足施工现场的临时消防用水量要求时，应在施工现场设置临时储水池。临时储水池宜设置在便于消防车取水的部位，其有效容积不应小于施工现场火灾延续1 h内一次灭火的全部消防用水量。

(17)施工现场临时消防给水系统可与施工现场生产、生活给水系统合并设置，且应设置生产、生活用水转为消防用水的应急阀门。应急阀门不应超过2个，且应设置在易于操作的场所，并应设置明显标志。

(18)严寒和寒冷地区的现场临时消防给水系统应采取防冻措施。

4.应急照明

(1)施工现场的下列场所应配备临时应急照明。

①自备发电机房及变配电房；

②水泵房；

③无天然采光的作业场所及疏散通道；

④高度超过100 m的在建工程的室内疏散通道；

⑤发生火灾时仍需坚持工作的其他场所。

(2)作业场所应急照明的照度不应低于正常工作所需照度的90%,疏散通道的照度值不应小于0.5。临时消防应急照明灯具宜选用自备电源的应急照明灯具,自备电源的连续供电时间不应小于60 min。

四、施工现场防火管理

1.施工现场防火要求

(1)施工现场的消防安全管理应由施工单位负责。实行施工总承包时,应由总承包单位负责。分包单位应向总承包单位负责,并应服从总承包单位的管理,同时应承担国家法律法规规定的消防责任和义务。

(2)监理单位应对施工现场的消防安全管理实施监理。

(3)施工单位应根据建设项目规模、现场消防安全管理的重点,在施工现场建立消防安全管理组织机构及义务消防组织,并应确定消防安全负责人和消防安全管理人员,同时应落实相关人员的消防安全管理责任。

(4)施工单位应针对施工现场可能导致火灾发生的施工作业及其他活动,制订消防安全管理制度。消防安全管理制度应包括下列主要内容:

①消防安全教育与培训制度;

②可燃及易燃易爆危险品管理制度;

③用火、用电、用气管理制度;

④消防安全检查制度;

⑤应急预案演练制度。

(5)施工单位应编制施工现场防火技术方案,并应根据现场情况变化及时对其修改、完善防火技术方案防火技术方案。防火技术方案应包括下列主要内容:

①施工现场重大火灾危险源辨识;

②施工现场防火技术措施;

③临时消防设施、临时疏散设施配备;

④临时消防设施和消防警示标志布置图。

(6)施工单位应编制施工现场灭火及应急疏散预案。灭火及应急疏散预案应包括下列主要内容:

①应急灭火处置机构及各级人员应急处置职责;

②报警、接警处置的程序和通信联络的方式;

③扑救初起火灾的程序和措施;

④应急疏散及救援的程序和措施。

(7)施工人员进场时,施工现场的消防安全管理人员应向施工人员进行消防安全教育和培训。消防安全教育和培训应包括下列内容：

①施工现场消防安全管理制度、防火技术方案、灭火及应急疏散预案的主要内容；

②施工现场临时消防设施的性能及使用、维护方法；

③扑灭初起火灾及自救逃生的知识和技能；

④报警、接警的程序和方法。

(8)施工作业前，施工现场的施工管理人员应向作业人员进行消防安全技术交底。消防安全技术交底应包括下列主要内容：

①施工过程中可能发生火灾的部位或环节；

②施工过程应采取的防火措施及应配备的临时消防设施；

③初起火灾的扑救方法及注意事项；

④逃生方法及路线。

(9)施工过程中，施工现场的消防安全负责人应定期组织消防安全管理人员对施工现场的消防安全进行检查。消防安全检查应包括下列主要内容：

①可燃物及易燃易爆危险品的管理是否落实；

②动火作业的防火措施是否落实；

③用火、用电、用气是否存在违章操作，电、气焊及保温防水施工是否执行操作规程；

④临时消防设施是否完好有效；

⑤临时消防车道及临时疏散设施是否畅通。

(10)施工单位应依据灭火及应急疏散预案，定期开展灭火及应急疏散的演练。

(11)施工单位应做好并保存施工现场消防安全管理的相关文件和记录，并应建立现场消防安全管理档案。

2. 可燃物及易燃易爆危险品管理

(1)用于在建工程的保温、防水、装饰及防腐等材料的燃烧性能等级应符合设计要求。

(2)可燃材料及易燃易爆危险品应按计划限量进场。进场后，可燃材料宜存放于库房内，露天存放时，应分类成垛堆放，垛高不应超过 2 m，单垛体积不应超过 50 m^3；垛与垛之间的最小间距不应小于 2 m，且应采用不燃或难燃材料覆盖；易燃易爆危险品应分类专库储存，库房内应通风良好，并应设置严禁明火标志。

(3)室内使用油漆及其有机溶剂、乙二胺、冷底子油等易挥发产生易燃气体的物资作业时，保持良好通风，作业场所严禁明火，并应避免产生静电。

(4)施工产生的可燃、易燃建筑垃圾或余料，应及时清理。

3. 施工现场用火、用电、用气管理

(1)施工现场用火应符合下列规定。

①动火作业应办理动火许可证；动火许可证的签发人收到动火申请后，应前往现场查验确

认动火作业的防火措施落实后，再签发动火许可证。

②动火操作人员应具有相应资格。

③焊接、切割、烘烤或加热等动火作业前，应对作业现场的可燃物进行清理；作业现场及其附近无法移走的可燃物应采用不燃材料对其覆盖或隔离。

④施工作业安排时，宜将动火作业安排在使用可燃建筑材料的施工作业前进行。确需在使用可燃建筑材料的施工作业之后进行动火作业时，应采取可靠的防火措施。

⑤裸露的可燃材料上严禁直接进行动火作业。

⑥焊接、切割、烘烤或加热等动火作业应配备灭火器材，并应设置动火监护人进行现场监护，每个动火作业点均应设置1个监护人(图5-19)。

⑦五级(含五级)以上风力时，应停止焊接、切割等室外动火作业；确需动火作业时，应采取可靠的挡风措施。

⑧动火作业后，应对现场进行检查，并应在确认无火灾危险后，动火操作人员再离开。

⑨具有火灾、爆炸危险的场所严禁明火。

⑩施工现场不应采用明火取暖。

⑪厨房操作间炉灶使用完毕后，应将炉火熄灭，排油烟机及油烟管道应定期清理油垢。

图5-19 动火监护

(2)施工现场用电应符合下列规定。

①施工现场供用电设施的设计、施工、运行和维护应符合《施工现场临时用电安全技术规范》的有关规定。

②电气线路应具有相应的绝缘强度和机械强度，严禁使用绝缘老化或失去绝缘性能的电气线路，严禁在电气线路上悬挂物品。破损、烧焦的插座、插头应及时更换。

③电气设备与可燃、易燃易爆危险品和腐蚀性物品应保持一定的安全距离。

④有爆炸和火灾危险的场所，应按危险场所等级选用相应的电气设备。

⑤配电屏上每个电气回路应设置漏电保护器、过载保护器，距配电屏2 m范围内不应堆放可燃物，5 m范围内不应设置可能产生较多易燃、易爆气体及粉尘的作业区。

⑥可燃材料库房不应使用高热灯具，易燃易爆危险品库房内应使用防爆灯具。

⑦普通灯具与易燃物的距离不宜小于 300 mm，聚光灯、碘钨灯等高热灯具与易燃物的距离不宜小于 500 mm。

⑧电气设备不应超负荷运行或带故障使用。

⑨严禁私自改装现场供用电设施。

⑩应定期对电气设备和线路的运行及维护情况进行检查。

(3)施工现场用气应符合下列规定。

①储装气体的罐瓶及其附件应合格、完好和有效；严禁使用减压器及其他附件缺损的氧气瓶，严禁使用乙炔专用减压器、回火防止器及其他附件缺损的乙炔瓶。

②气瓶运输、存放时，应符合下列规定：a. 气瓶应保持直立状态(图 5 - 20(a))，并采取防倾措施，乙炔瓶严禁横躺卧放(图 5 - 20(b))；b. 严禁碰撞、敲打、抛掷、滚动气瓶；c. 气瓶应远离火源，与火源的距离不应小于 10 m，并应采取避免高温和防止暴晒的措施；d. 燃气储装瓶罐应设置防电装置；e. 气瓶应分类储存，库房内应通风良好；空瓶和实瓶同库存放时，应分开放置，空瓶、实瓶的间距不应小于 1.5 m。

(a)气瓶直立

(b)横躺卧放

图 5 - 20　气瓶存放

③气瓶使用时，应符合下列规定：a. 使用前，应检查气瓶及气瓶附件的完好性，检查连接气路的气密性，并采取避免气体泄漏的措施，严禁使用已老化的橡皮气管；b. 氧气瓶与乙炔瓶的工作间距不应小于 5 m，气瓶与明火作业点的距离不应小于 10 m(图 5 - 21)；c. 冬季使用气瓶，气瓶的瓶阀、减压器等发生冻结时，严禁用火烘烤或用铁器敲击瓶阀，严禁猛拧减压器的调节螺钉(图 5 - 22)；d. 氧气瓶内剩余气体的压力不应小于 0.1 MPa。

④气瓶用后应及时归库。

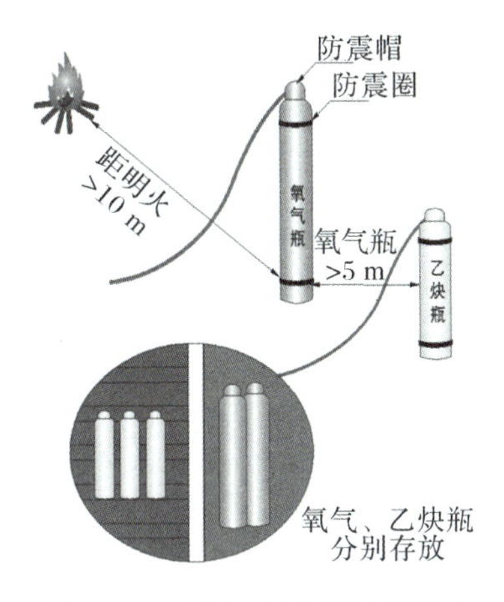

图 5-21 氧气、乙炔瓶使用距离

图 5-22 氧气瓶内剩余气体的压力

4.其他防火管理

(1)施工现场的重点防火部位或区域应设置防火警示标志。

(2)施工单位应做好施工现场临时消防设施的日常维护工作,对已失效、损坏或丢失的消防设施应及时更换、修复或补充。

(3)临时消防车道、临时疏散通道、安全出口应保持畅通,不得遮挡、挪动疏散指示标志,不得挪用消防设施。

(4)施工期间,不应拆除临时消防设施及临时疏散设施。

(5)施工现场严禁吸烟。

任务实施

一、资讯

1.工作任务

某建筑公司承接了一栋学生宿舍楼的施工任务,该学生宿舍楼位于城市中心区,建筑面积 24 112 m^2,地下 1 层,地上 17 层,局部 9 层。该建筑北面靠一座小山、南面是一条城市主干道,该综合楼南北方向 140 m,东西方向 35 m。请按照消防的要求绘制施工现场平面布置图。

2.收集、查询信息

学生根据任务查阅教材、资料获取必要的知识准备。

3.引导问题

①施工现场平面布局的要求是什么?

②施工现场防火间距的规定是什么?

③施工现场临时消防车道设置的规定是什么?

④临时消防设施的一般规定是什么?

⑤临时用房灭火器的配置要求是什么?

⑥施工现场哪些场所配置临时应急照明?

二、计划

初步确定该施工现场平面布置图内容。

三、决策

绘制施工现场平面布置图初稿。

四、实施

绘制完整施工现场平面布置图。

五、检查

根据消防要求检查施工现场平面布置图。学生首先自查,然后以小组为单位进行互查,发现错误及时纠正,遇到问题商讨解决,教师再作出改进指导。

六、评价

学生首先自评,然后教师结合学生在实施过程中表现出来的职业素养、参与程度综合考核评价每位学生的成绩。

学生自评表

项目名称	建筑施工专项安全管理	任务名称	施工现场消防安全管理	学生签名	
自评内容			标准分值	实际得分	
施工现场平面布局			10		
施工现场防火间距			15		
施工现场临时消防车道设置			10		
作业场所防火			15		
临时消防设施			15		
临时用房灭火器配置			10		
应急照明			10		
是否能认真描述困难、错误和修改内容			5		
对自己工作的评价			5		
团队协作能力			5		
合计得分			100		
改进内容及方法：					

教师评价表

项目名称	建筑施工专项安全管理	任务名称	施工现场消防安全管理	学生签名	
自评内容			标准分值	实际得分	
施工现场平面布局			10		
施工现场防火间距			15		
施工现场临时消防车道设置			10		
作业场所防火			15		
临时消防设施			15		
临时用房灭火器配置			10		
应急照明			10		
是否能认真描述困难、错误和修改内容			5		
对自己工作的评价			5		
团队协作能力			5		
合计得分			100		